Stahlhallen

Oskar Büttner / Horst Stenker

Stahlhallen

Entwurf
und Konstruktion

VEB Verlag
für Bauwesen
Berlin

Folgende Mitautoren haben
zum Gelingen des Fachbuches
beigetragen:

VEB Metalleichtbaukombinat
    Dr.-Ing. D. Grünberg,
    Dr.-Ing. J. Laabs,
    Dr.-Ing. H. Reuß,
    Dr.-Ing. P. Schmalzried,
    Dr.-Ing. S. Marx,
    Dr.-Ing. H. Wilde

VEB Bau- und Montagekombinat
Kohle und Energie
    Dr.-Ing. S. Thomas

VEB BMK Chemie
    Autorenkollektiv

Ingenieurhochschule Cottbus
    Doz. Dr.-Ing. H. Bark,
    Prof. Dr. sc. techn. K.-H. George,
    Prof. Dr. sc. techn. A. Michael,
    Prof. Dr. sc. oec. H. Rohde,
    Doz. Dr.-Ing. H. Skwirblies

Technische Hochschule Leipzig
    Prof. Dr.-Ing. H.-D. Glas

Hochschule für Architektur und
Bauwesen Weimar
    Ass. Dipl.-Ing. W. Rietel

Charkover Bauingenieurinstitut,
UdSSR
    Prof. Kand. der techn. Wissenschaften J. M. Grin,
    Prof. Dr. der techn. Wissenschaften D. E. Lipovskij,
    Doz. Kand. der techn. Wissenschaften V. V. Ljachin,
    Doz. Kand. der techn. Wissenschaften M. S. Vladovskij,
    Doz. Kand. der techn. Wissenschaften P. I. Zajcev

Kiever Bauingenieurinstitut,
UdSSR
    Prof. Dr. der techn. Wissenschaften M. M. Žerbin

Moskauer Architekturinstitut,
UdSSR
    Prof. Kand. der techn. Wissenschaften W. K. Faibišenko

Rostover Bauingenieurinstitut,
UdSSR
    Prof. Dr. der techn. Wissenschaften J. W. Osetinskij,
    Doz. Kand. der techn. Wissenschaften A. A. Shuravlov

BIPROSTAL, Kraków, VR Polen
    Ing. R. Walczykiewicz,
    M. Sc. i. C. E.

Politechnika Krakowska,
VR Polen
    Prof. Dr. hab. inż. B. Lisowski

Politechnika Poznańska,
VR Polen
    Prof. Dr. hab. inż.
    W. Jankowiak

Politechnika Wrocławska,
VR Polen
    Doz. Dr. inż. Z. Bodarski,
    Doz. Dr. inż. K. Czapliński

Copyright by VEB Verlag für Bauwesen, Berlin, 1986

Geleitwort

Stahlhallen nehmen in modernen Volkswirtschaften in allen Teilen der Welt einen wichtigen Platz ein. Als gebaute Hüllen für industrielle Produktionsprozesse und technische Komplexe, aber auch in der Landwirtschaft und in der Lagerwirtschaft, für Kultur- und Sportbauten gewährleisten sie Unabhängigkeit von Klimaschwankungen und nachteiligen Klimaeinwirkungen wie Wärme und Kälte, Regen, Schnee und Wind.

Die breite Palette der Gestaltungsmöglichkeiten, abgestimmt auf die unterschiedlichsten nutzertechnologischen Anforderungen, Montagemöglichkeiten und Investitionen, erfüllen sie höchste Ansprüche. Sie tragen somit entscheidend zur Verbesserung der Arbeitsumwelt und der Erlebnisqualität, zum Wohlbefinden der Menschen, ihrer Erholung oder Leistungsfähigkeit bei.

Die Bedeutung des Stahlhallenbaus wird mit steigendem Bedarf an Hallenflächen für die genannten unterschiedlichsten Bedürfnisse weltweit anwachsen. Stahlhallen erfüllen die unterschiedlichsten spezifischen Anforderungen wie:
- Schaffung weitgespannter stützenfreier Räume
- schnelle Montier- und Demontierbarkeit
- einfacher Korrosionsschutz
- weitgehende Rückgewinnung des Werkstoffes Stahl nach Ablauf der Nutzungszeit.

Zunehmende Bedeutung erlangt in der Gegenwart und in der Zukunft die Tatsache, daß Stahlhallen auch ohne eine entwickelte nationale Stahlbauindustrie an geplanten Standorten errichtet werden können. Ihr geringes Transportvolumen und geringe Eigenmassen sowie relativ einfache Montagemöglichkeiten verleihen dem Stahleinsatz für Hallen Überlegenheit gegenüber dem Stahlbeton. Unter diesen Gesichtspunkten können Stahlhallen im Export dazu beitragen, in jungen Nationalstaaten und wenig erschlossenen Gebieten schnell eine leistungsfähige Produktion aufzubauen und gesellschaftliche Bedürfnisse zu befriedigen.

Mit dem vorliegenden Fachbuch greifen die Autoren wesentliche Probleme des Stahlhallenbaues der Gegenwart und der Zukunft auf. Indem sie übersichtlich und in knapper Form methodisch gut aufbereitet die Zusammenhänge zwischen Tragwerk, Konstruktion, Montage und Hüllkonstruktion vorstellen, geben sie den in der Praxis tätigen Ingenieuren und Architekten sowie den Studenten ein aktuelles und anwendungsfreundliches Hilfsmittel für ihre Entwurfs- und Projektierungsaufgaben in die Hand.

Eine Fülle realisierter Beispiele des In- und Auslandes vermittelt einen umfassenden Überblick über den Stand der Technik des Stahlhallenbaues. Dazu konnte der VEB Metalleichtbaukombinat (VEB MLK) der DDR mit seinen Erfahrungen und wissenschaftlich-technischen Leistungen wesentlich beitragen.

So vermitteln die einzelnen Abschnitte vielfältige Anregungen, um den Stahlhallenbau umfassender anzuwenden und effektiver und attraktiver zu gestalten. Mit dieser Zielstellung ist dem vorliegenden Fachbuch »Stahlhallen« eine günstige Aufnahme in der internationalen Fachwelt zu wünschen.

Oberingenieur Dr.-Ing. W. Mielsch
Generaldirektor des VEB Metalleichtbaukombinat der DDR

Vorwort

Die Anregung zum vorliegenden Buch verdanken die Autoren zahlreichen Diskussionen mit Kollegen der Praxis auch im Zusammenhang über eine von Bauingenieur und Architekt zu vertretende Arbeitsteilung bei der Projektierung von Stahlhallen. Im Ergebnis dieser Diskussionen soll ein Fachbuch vorgestellt werden, das eine breite Palette von Möglichkeiten für die Lösung des Stahlhallenbaus kritisch erfaßt.

Besondere Bedeutung kommt dabei den *eingeschossigen Mehrzweckgebäuden* (EMZG) zu, denn sie gestatten, mit einem begrenzten Sortiment von Bauwerksteilen, Baugruppen oder Bauelementen, wie z. B. Fachwerkbinder, Stützen und Außenwände, breitgefächerte nutzertechnologische Forderungen zu befriedigen.

Die Auswahl des für die konkrete Bauaufgabe zweckmäßigsten Tragwerkes und seine konstruktive Durchbildung sind wichtige Bestandteile der Investitionsvorbereitung. Hier sind Alternativlösungen erforderlich, die im Hinblick auf Kosten-Nutzen-Relationen eindeutig vergleichbar sind und dadurch die Entscheidung zugunsten der Vorzugslösung ermöglichen. Wert wird dabei auf eine komplexe Problemdarstellung gelegt. Von großer Bedeutung ist, daß solche Aspekte wie:
- Nutzertechnologie
- Tragwerk und Konstruktion
- technische Gebäudeausrüstung
- Montagetechnologie
- Gestaltung

eng mit den Möglichkeiten der effektiven und materialökonomischen bautechnischen Realisierung verknüpft werden.

Mit der Fülle dieser Probleme müssen sich Architekt und Bauingenieur gemeinsam in Zusammenarbeit mit Spezialprojektanten auseinandersetzen.

Für diesen interdisziplinären Planungs- und Projektierungsprozeß wollen die Autoren Verständnis wecken und Grundlagen sowohl für Studenten der Hoch- und Fachschulen als auch für Projektanten sowie Auftraggeber und Auftragnehmer entsprechender Bauaufgaben bereitstellen. Hierin sehen die Autoren das Hauptanliegen und hoffen, mit dem vorliegenden Fachbuch eine Lücke im Fachbuchangebot zu schließen.

Der Inhalt des Buches wird in zwölf Hauptabschnitte gegliedert, die jeweils nach weitgehend einheitlichen methodischen Gesichtspunkten aufbereitet sind. In den tragwerksspezifischen Hauptabschnitten wird folgende Gliederung eingehalten:
- Tragwerks- und Konstruktionstheorie
- Konstruktionsprinzip
- Havariefälle bei Mißachtung konstruktiver Regeln
- nationale und internationale Tragwerks- und Konstruktionsbeispiele im Zusammenhang mit ökonomischen Fertigungs- und Montageprinzipien.

Ausgegangen wird dabei vom »Baukastensystem« als grundlegendem Prinzip industriellen Bauens. Der industriellen Vorfertigung, d. h. der Herstellung von Tragwerks- und Konstruktionselementen, die zu Segmenten oder Bauwerken zusammengefügt werden, liegt eine einheitliche Maßordnung zugrunde.

Die Bearbeitung des Buches wurde dankenswerter Weise durch Hinweise, Ratschläge und konstruktive Zusammenarbeit mit den genannten Mitautoren aus der Praxis und Hochschulen des In- und Auslandes gefördert. Insbesondere dem VEB Metalleichtbaukombinat (VEB MLK), der Beratungsstelle für Stahlverwendung, Düsseldorf, der Ingenieurhochschule Cottbus sowie der Hochschule für Architektur und Bauwesen Weimar sei an dieser Stelle gedankt. Besonderer Dank gilt den Mitarbeitern der Lehrgebiete Metallbau und Metalleichtbau und den Mitarbeiterinnen der Sektion Ingenieurbau an der Ingenieurhochschule Cottbus und denen des Wissenschaftsbereiches Baukonstruktionen der Sektion Architektur an der Hochschule für Architektur und Bauwesen Weimar für die umfangreiche Mithilfe bei der Manuskriptbearbeitung. Dem VEB Verlag für Bauwesen, insbesondere Frau Lektorin Bärbel Lange und Herrn Cheflektor Siegfried Schikora, sei an dieser Stelle für ihre Ratschläge und für die gute Ausstattung des Buches gedankt.

O. Büttner/H. Stenker

Inhaltsverzeichnis

Geleitwort 5
Vorwort 6

1.
Stahlhallenentwicklung seit der Jahrhundertwende 9

2.
Allgemeine Grundlagen 22

2.1.
Vorzugsstützenraster Industriebau 26
2.2.
Tragstrukturen 28

3.
Zeichnerische Grundlagen 33

3.1.
Zeichnungssystem 34
3.2.
Zeichnungsausführung 44

4.
Nutzertechnologische Teilanforderungen 46

4.1.
Wärmeschutz und Heizung 47
4.2.
Be- und Entlüftung 48
4.3.
Belichtung und Beleuchtung 49
4.4.
Schallschutz 50
4.5.
Brandschutz 51
4.6.
Rauchabzugsanlagen 52

5.
Korrosionsschutz 55

5.1.
Ursachen der Korrosion 56
5.2.
Korrosionsschutzverfahren 57
5.3.
Technologien und Verfahren 60
5.4.
Konstruktive Regeln, Ausführungsbeispiele 61

6.
Fachwerke 73

6.1.
Allgemeine Grundlagen 74
6.2.
Entwurfsgrundlagen 76
6.3.
Tragwerke mit ebener Stabanordnung 78
6.4.
Tragwerke mit räumlicher Stabanordnung 89
6.5.
Ausgewählte Probleme 92
6.6.
Konstruktionsbeispiele 99

7.
Rahmen 116

7.1.
Grundlagen 117
7.2.
Prinzipien 118
7.3.
Rahmenecken 119
7.4.
Einfache Rahmenecken 122
7.5.
Doppelte Rahmenecken 128

8.
Stabilisierung 134

8.1.
Grundlagen 135
8.2.
Stabilisierung in Querrichtung 137
8.3.
Stabilisierung in Längsrichtung 139
8.4.
Stabilisierung in Quer- und Längsrichtung 141
8.5.
Stabilisierung von Kranbahnen 151
8.6.
Stützen 154
8.7.
Stützenkopfausbildung bei Stahlstützen 163
8.8.
Gelenkige Stützenfüße 164
8.9.
Eingespannte Stützenfüße 165

9.
Montagetechnologie *168*

9.1.
Grundlagen *169*

9.2.
Auflager *172*

9.3.
Stoßausbildungen *173*

9.4.
Seitliche Anschlüsse *174*

9.5.
Lastaufnahmemittel *175*

9.6.
Anschlagpunkte *176*

9.7.
Dachsegment-Kranmontage *178*

9.8.
Kombinierte Dachsegmentmontage *183*

9.9.
Dachsegmentmontage mit leichten Hubmechanismen *186*

10.
Hüll- und Ausbauelemente *187*

10.1.
Funktionelle Grundlagen *188*

10.2.
Vorschriften *191*

10.3.
Baukörperanschlüsse *192*

10.4.
Wandausbildung im Industriebau *194*

10.5.
Konstruktionsbeispiele (VEB MLK) *198*

10.6.
Internationale Beispiele *218*

10.7.
Türen, Tore, Fenster *230*

10.8.
Treppen, Steigleitern, Geländer *235*

11.
Industriehallen mit Kranbetrieb *239*

11.1.
Einleitung *240*

11.2.
Einschiffige Hallen *241*

11.3.
Zweischiffige Hallen *245*

11.4.
Dreischiffige Hallen *249*

12.
Rotationssymmetrische Hallentragwerke *252*

12.1.
Stabnetzwerktonnen *253*

12.2.
Kuppeltragwerke *254*

Anhang *270*

Vorschriften *270*
Literaturverzeichnis *273*
Sachwörterverzeichnis *275*
Bildnachweis *276*

1
Stahlhallenentwicklung seit der Jahrhundertwende

1. Stahlhallenentwicklung seit der Jahrhundertwende

1.1. Ausgewählte Beispiele

Zweckbauten und ihre Gestaltung

1.1

1.2

Bestimmend für die Architekturauffassung in Industrie- und Gesellschaftsbau vieler Jahrzehnte waren die Bauten der *Pariser Weltausstellung* von 1889.
Neue nutzertechnologische Bedürfnisse des aufstrebenden Kapitalismus erforderten weitgespannte großflächige Hallen für Handel, Verkehr und Produktion.
Realisiert wurden die neuen Bauaufgaben weitgehend in *Eisen* auf der Grundlage neuer ingenieurtheoretischer Erkenntnisse. Während das von außen nicht sichtbare Tragwerk konstruktiv-sachlich durchgebildet wurde, brachten repräsentativ und reich dekorierte Schaufassaden das Geltungsbedürfnis ihrer Auftraggeber zum Ausdruck.

Die folgenden ausgewählten Beispiele erheben keinen Anspruch auf Vollständigkeit einer chronologischen Entwicklung; sie sollen in erster Linie einige wichtige Etappen vorstellen.

1.1
Eingangsportal der Ausstellungshalle
Dôme central von *Bouvard* und *Antoine* mit dekorativer Überladung auf der *Pariser Weltausstellung* 1889.
(Foto: *Deutsche Fotothek Dresden*)

1.2
Im Innenraum der Maschinenhalle auf der *Pariser Weltausstellung* 1889 ist das Tragwerk streng nach statischen und materialtechnischen Bedingungen des Eisens gegliedert.
Die sichtbaren Fußgelenke veranschaulichen die Lastkonzentration auf Walzengelenke.
(Foto: *Deutsche Fotothek Dresden*)

1. Stahlhallenentwicklung seit der Jahrhundertwende

1.1. Ausgewählte Beispiele

Zweckbauten und ihre Gestaltung

1.3

Neben den Bestrebungen, Industrie- und Gesellschaftsbauten durch dekorative Gestaltungselemente »optisch« aufzuwerten, entwickeln sich um die Jahrhundertwende vergleichsweise sachlich gestaltete Fassaden ohne repräsentativen Anspruch.

Eisenprofile und Blech entwickeln sich zu überzeugenden Trag- und Gestaltungselementen.
Diese Architekturrichtung hat einen historischen Grundbeginn »in der Tradition der einfachen Zweckbauten aus der frühindustriellen Phase, den ländlichen Bauten und anderen Bereichen«, wie Erzgewinnung und Hüttenwesen [1.1; 1.2]

Bild 1.3 bis 1.5
Synthese zwischen klarer Stabstruktur und der Organik des Jugendstils
Maschinenhalle der Schachtanlage *Zollern II* in Dortmund-Bövinghausen, erbaut 1902 bis 1904
(Fotos: *Stahlberatung Düsseldorf*)

1.3
Teilansicht mit Giebelgestaltung und Seiteneingang

1.4
Ansicht des Hauptportals

1.5
Ansicht des Seiteneinganges

1.4

1.5

1. Stahlhallenentwicklung seit der Jahrhundertwende

1.1. Ausgewählte Beispiele

Zweckbauten und ihre Gestaltung

Widerspruch zwischen eklektisch gestalteten Fassaden und der bewußt sachlich gehaltenen Einbeziehung des Dachtragwerks in den Innenraum

Bild 1.6 und 1.7
Festhalle in Frankfurt/M. bei Fertigstellung 1908
(Fotos: *Stahlberatung Düsseldorf*)

1.6
Ansicht

1.7
Innenansicht mit radial gerichteten Kuppelrippen sowie Randbogen und Ringträger mit Wabenstruktur

1.6

1.7

1. Stahlhallenentwicklung seit der Jahrhundertwende

1.1. Ausgewählte Beispiele

Bahnsteighallen

1.8
a)
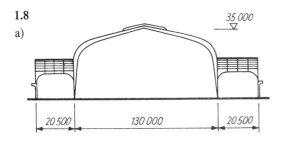

b)
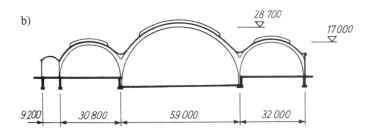

c)
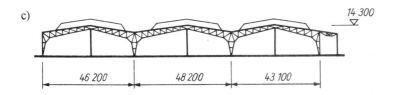

d)
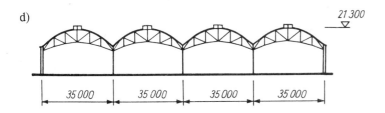

e)
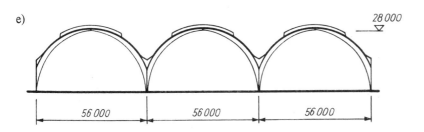

f)
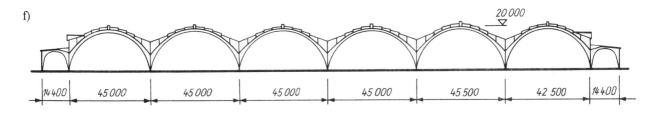

1.8

Vergleich der wichtigsten, vor dem 1. Weltkrieg in Deutschland errichteten Bahnsteighallen in bezug auf: Tragstruktur + Spannweite + Formgebung + Größe der überdachten Fläche

a) Hamburg-Hauptbahnhof (Hbf.): 20 000 m²
b) Dresden-Hbf.: 27 600 m²
c) Chemnitz-Hbf. (Karl-Marx-Stadt): 22 300 m²
d) München-Hbf.: 21 000 m²
e) Frankfurt/M.-Hbf.: 31 300 m²
f) Leipzig-Hbf.: 59 500 m²

1. Stahlhallenentwicklung seit der Jahrhundertwende

1.1. Ausgewählte Beispiele

Bahnsteighallen

1.9

1.10

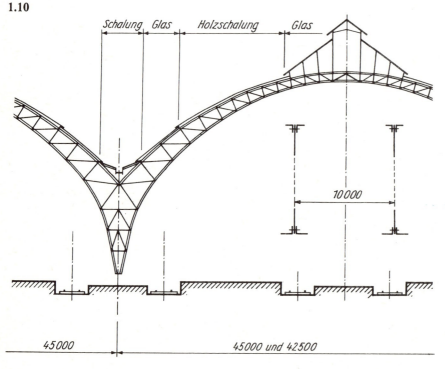

Schwerpunkt: Leipziger Hauptbahnhof
Tragstruktur-Tragwerk-Montage

Bild 1.9 bis 1.14

1906 wurde ein öffentlicher Wettbewerb zur Herstellung des Stahltragwerkes ausgeschrieben, an dem sich 25 deutsche Firmen beteiligten.

1.9

Einweihung 1915 nach 14jähriger Gesamtbauzeit
Montageansicht um 1910
Links am Bildrand ist eine fahrbare Montagebühne mit Auslegerkran erkennbar. Im Hintergrund wird das Schalgerüst der Querhalle, die in Stahlbeton ausgeführt wird, errichtet.
Herstellung der standardisierten Tragwerksegmente im Werk, abgestimmt mit Montagetechnologie ohne Zwischenlagerung
(Foto: *Deutsche Fotothek Dresden*)

1.10

Das realisierte Tragwerk nach *L. Eilers*, Hannover
- Binderspannweiten 45,00 m und 42,50 m
- Binderabstand 10,00 m
- Die in 15 Felder angeordneten Dachbinder sind zweigurtige Fachwerkträger mit stetig gekrümmten Gurtungen und einfachem Strebenzug.
- Gesamtmasse des Stahltragwerkes rund 4705 t ≙ rund 60 kg/m² Grundfläche
- Bahnsteiganlage
  Breite 295 m
  Länge 240 m
  bebaute Grundfläche gesamt 70 800 m²
  Längshallen überspannen 59 500 m²
- Gründungskörper der Regelbinder: Brunnengründung rund 8 m tief

1.11

Tragstrukturen von 5 ausgewählten Hallenquerschnitten von insgesamt 76 eingereichten Entwürfen aus dem Jahre 1906 [1.3]

a) *Heidenreich & Michel* u. *Jacobs*, Berlin-Charlottenburg
b) *Jürgen Kröger*, Berlin
c) *Billing & Vittali*, Karlsruhe
d) Kennwort *»Winterstürme«*
e) *Birkenholz*, München

1. Stahlhallenentwicklung seit der Jahrhundertwende

1.1. Ausgewählte Beispiele

Bahnsteighallen

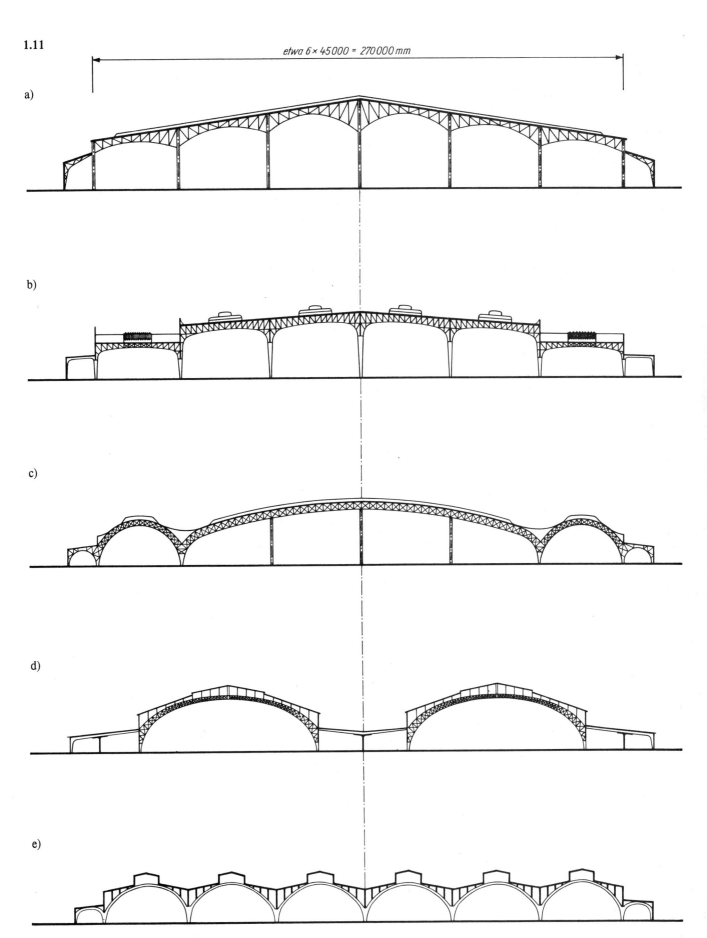

1.11

1. Stahlhallenentwicklung seit der Jahrhundertwende

1.1. Ausgewählte Beispiele

Bahnsteighallen

1.12

1.12
Einblick in die Bahnsteighalle um 1914. Mit 26 Bahnsteigen ist der Leipziger Hauptbahnhof auch in der Gegenwart noch der größte Kopfbahnhof Europas.
(Foto: *Deutsche Fotothek Dresden*)

1.13

1.13
Ansicht der Schürze (Nordansicht) um 1914
(Foto: *Deutsche Fotothek Dresden*)

1.14

1.14
Ansicht des unvollendeten Hauptbahnhofs
- Die Westhalle fehlt noch.
(Foto: *Deutsche Fotothek Dresden*)

1. Stahlhallenentwicklung seit der Jahrhundertwende

1.1. Ausgewählte Beispiele

Luftschiffhallen

1.15

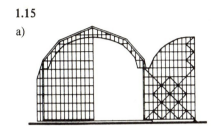
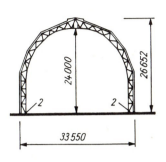

Schwerpunkt: Luftschiffhallen
Formgebung-Tragstruktur-Spannweiten

1.15
Auswahl deutscher Luftschiffhallen im Querschnitt, erbaut von 1911 bis 1929 [1.4]

a) Frankfurt, erbaut 1911
  - Nutzlänge 160 m
  - Gesamtstahlmasse
    540 t ≙ 100 kg/m² Grundfläche
  1 Dreigelenk-Bogenfachwerk-Rahmen; *2* Gelenke

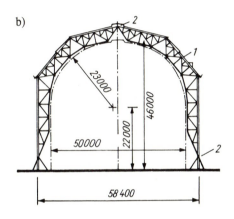

b) Friedrichshafen/Bodensee, erbaut 1929
  - Gesamtlänge 248,50 m
  - Gesamtstahlmasse
    2 200 t ≙ 150 kg/m² Grundfläche
  1 dreigelenkiger geknickter Fachwerkrahmen; *2* Gelenke

c) Ahlhorn, Luftschiff-Doppelhalle, erbaut 1916/17
  - Gesamtlänge 260 m
  - Gesamtstahlmasse
    4 400 t ≙ 195 kg/m² Grundfläche
  1 dreigelenkiger geknickter Fachwerkrahmen; *2* Gelenke

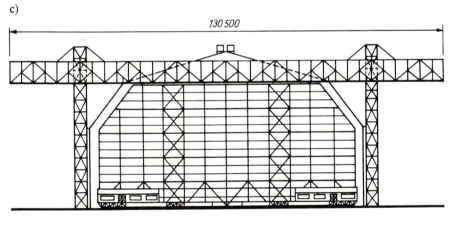
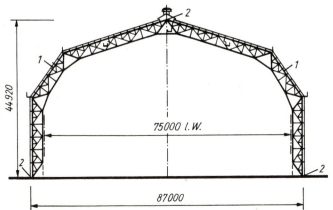

1. Stahlhallenentwicklung seit der Jahrhundertwende

1.1. Ausgewählte Beispiele

Luftschiffhallen

1.16

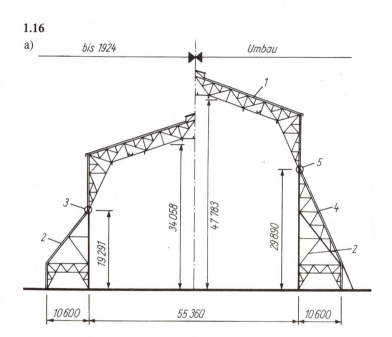

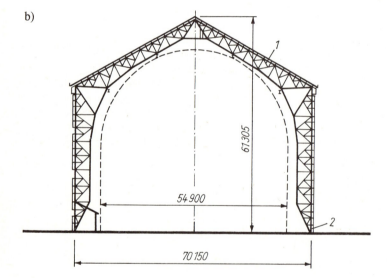

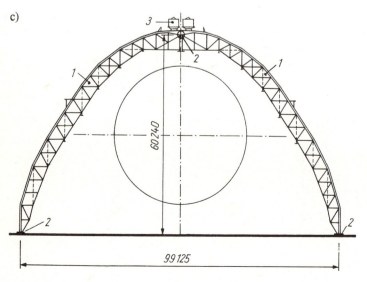

1.16

Auswahl internationaler Luftschiffhallen im Querschnitt, erbaut von 1916 bis 1929 in Stahlfachwerk [1.4]

a) Cardington (Großbritannien), erbaut 1916/17
- Nutzlänge 210 m
- Gesamtstahlmasse nach Umbau 3 720 t ≙ 320 kg/m² Grundfläche

1 Zweigelenk-Fachwerkrahmen; *2* Seitenportale; *3* Gelenke; *4* Fachwerk-Portalerhöhung; *5* höher gelegte Gelenke

b) Karatschi (Indien), erbaut 1925
- Nutzlänge rund 280 m
- Gesamtstahlmasse 4 200 t ≙ 220 kg/m² Grundfläche

1 Zweigelenk-Fachwerkrahmen; *2* Fußgelenke

c) Akron (USA), erbaut 1929
- Nutzlänge 358 m
- Gesamtstahlmasse 7 400 t ≙ 210 kg/m² Grundfläche

1 Dreigelenk-Bogenfachwerk-Rahmen; *2* Gelenke; *3* Entlüfter

1. Stahlhallenentwicklung seit der Jahrhundertwende

1.1. Ausgewählte Beispiele

Werkhallen

1.17

Schwerpunkt: Das größte bis 1910 errichtete *Eisenbauwerk* in Berlin als Dreigelenk-Fachwerkbogen mit Zugband

Bild 1.17 und 1.18
Halle der Turbinenfabrik der *Allgemeinen Elektrizitätsgesellschaft (AEG)* in Berlin aus dem Jahre 1908
Projekt: *K. Bernhard;* Architektur: *P. Behrens;* Ausführung Eisentragwerke: *Union Dortmund*

1.17
Ansicht der 207,38 m langen, 39 m breiten und im Scheitel etwa 25 m hohen Halle: »Die Gliederung der Giebelwände ist in erster Linie aus künstlerischen Gründen erfolgt, denen sich die Konstruktion anzupassen hatte. Sie bestehen aus eisernen Pfosten und Riegeln, welche teils die Verglasung, teils die Betonfüllungen tragen.«

1.18
Querschnitt der Haupthalle und der Seitenhalle
1 Dreigelenk-Fachwerkbogen, siebeneckiger Kreisbogen; *2* Knickpunkte mit Pfetten; *3* Zementdielen mit Pappe; *4* Zugband; *5* Hänger; *6* Oberlicht; *7* Gesims; *8* U-vollwandige Stahlstützen; *9* Glasfassade; *10* Gelenk; *11* Aussteifungsträger; *12* eingespannter Einfeld-Stahlrahmen

1.18

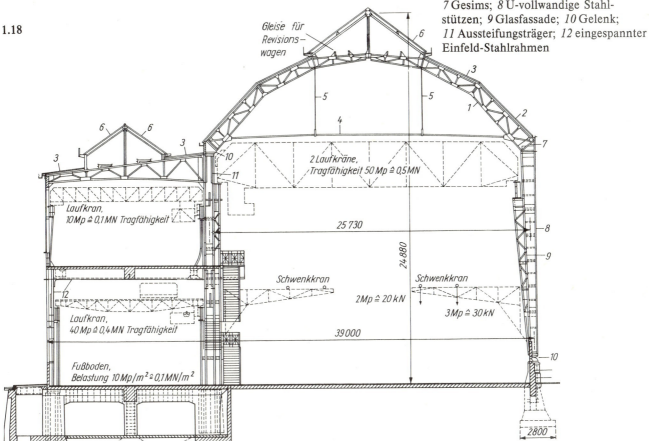

1. Stahlhallenentwicklung seit der Jahrhundertwende

1.1. Ausgewählte Beispiele

Werkhallen

1.19 A a)

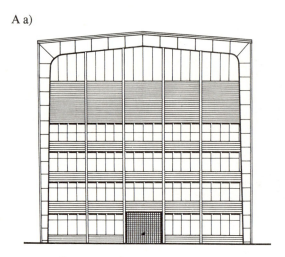

A b)

B c)

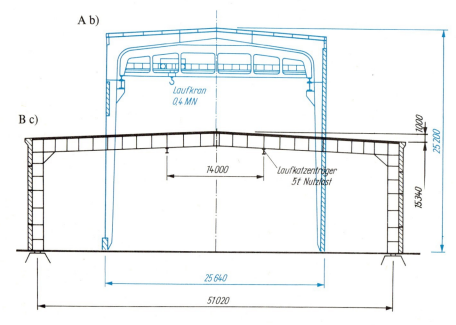

Nach dem 1. Weltkrieg ergab sich für den Stahlbau oder Eisenbau, wie es damals hieß, ein umfangreiches Anwendungsgebiet im Industriebau.

1.19

Beispiele: Genietete Vollwandzweigelenk-Rahmen [1.6; 1.7]

A Turbinenhalle des Kraftwerkes Klingenberg der *BEWAG* in Rummelsburg aus den Jahren 1925/26
- einschiffig, 146 m lang
- Binderabstand 8,30 m
- rahmenartiger Laufkran für 40 Mp ≙ 0,4 MN

a) Ansicht
b) Querschnitt

B Ausstellungshalle 21a auf dem Messegelände in Leipzig (DDR), erbaut in den 20er Jahren
- einschiffig, 86 m lang
- Binderabstand 12,44 m
- Horizontalschub von 43 Mp ≙ 0,43 MN wird von Fundamenten aufgenommen.

c) Querschnitt

1.20

Beispiele: Fachwerk-Rahmen [1.6]

a) Halle in Lemgo (BRD), erbaut 1938
   - Dreigelenk-Fachwerkrahmen
b) Flugzeughalle Luftfahrtministerium Paris, erbaut 1932
   - Zweigelenk-Fachwerkrahmen
   - Systemhöhe Fachwerkriegel/ Spannweite = 1/9,1

1.20 a)

b)

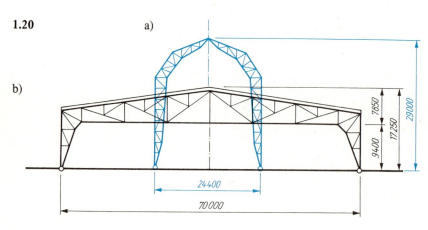

1. Stahlhallenentwicklung seit der Jahrhundertwende

1.1. Ausgewählte Beispiele

Ausstellungshallen

In der Gegenwartsarchitektur werden die tragstrukturellen Besonderheiten des Stahls: gerade Stab- oder Bogenelemente bewußt in die Tragwerkgestaltung als optischer Ausdruck des Tragens in die Gestaltungsabsicht des Baukörpers integriert.

1.21

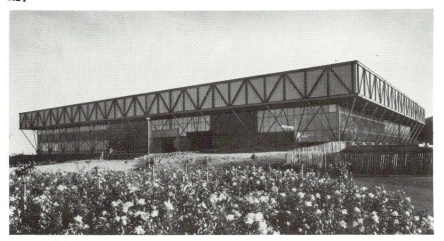

Leisure Centre in **Newtownabbey in Nordirland,** erbaut 1975
- überspannte Grundfläche 61 m × 79 m

Entwurf: *I. G. Doran and Partners,* Belfast
Ausführung: *J. Laing Construction Ltd.,* London
(Foto: *J. Laing and Son Ltd.*)

Die Stabstruktur der ebenen Fachwerkplatte, ablesbar an den Außenfronten, und die Leichtigkeit der gereihten Pyramidenabstützung vor der transparenten Fassade bringen die Einheit von Tragwerk und die klare Gestaltung des Baukörpers überzeugend zum Ausdruck.
Außen- und Innenraum sowie Hülle und Tragstruktur bilden unabhängig vom Standort des Betrachtens eine bewußt gestaltete Einheit.

Bild 1.22 und 1.23
US-Pavillon auf der *EXPO '67* in Montreal am St. Lawrence River (Kanada)
Entwurf: *R. Buckminster Fuller/Sadao Inc.*
(Fotos: *T. Shaw,* Weston/Ontario, Kanada)

1.22

Ansicht der geodätischen Kuppel von 67 m Durchmesser und etwa 55 m Höhe
Die Tragstruktur der Kuppel bildet ein räumliches, hexagonales Raumstabwerk aus 2400 Stäben und 6000 Knotenelementen.
Die Tragwerkmasse beträgt 600 t ≙ 170 kg/m² Grundfläche.

1.23

Räumlich geformte Plexiglasscheiben innerhalb der hexagonalen Stabstruktur ermöglichen die Transparenz der Hülle.

2
Allgemeine Grundlagen

2. Allgemeine Grundlagen   Stahlhallen

Einsatzbereiche

Stahlhallen werden vorwiegend eingesetzt im:
- *Industriebau* für Produktions- und Lagerhallen
- *Gesellschaftsbau* für Kaufhallen; Theater; Mehrzweckhallen; Gaststätten; Sporthallen.

In der Gegenwart gewinnt die *Rekonstruktion* bestehender Bausubstanz zunehmend an Bedeutung. Besonders bei Bauwerken und baulichen Anlagen der Industrie- und Lagerwirtschaft besteht oft die Forderung, bei *laufender Produktion* Um- und Einbauten, Verstärkungen und Auswechseln ganzer Bauteile vorzunehmen. Diese Forderungen lassen sich durch den Stahlbau im Gegensatz zu anderen Bauweisen relativ leicht realisieren.

Stahlanwendung

Der Einsatz wird im wesentlichen von *zwei Kriterien der Leichtbauprinzipien* bestimmt:
1. Stahl wird nur für Bauaufgaben verwandt, wenn gegenüber anderen Bauweisen durch Variantenvergleiche ein klarer ökonomischer Vorteil sich abzeichnet und wenn die Lösung einer Aufgabe mit anderen Materialien technisch nicht möglich ist.
2. Stahl wird nach den Prinzipien höchster Materialökonomie eingesetzt, das bedeutet die Ausnutzung aller Möglichkeiten der experimentellen Spannungsanalyse sowie neuer wissenschaftlich gesicherter Bemessungsverfahren bis hin zu Großversuchen von Bauteilprüfungen bei Serienerzeugnissen.

Tragwerkelemente, Profile

Entwicklung und Erfahrung führten zur Herausbildung gegenwärtig typischer Profile und Tragwerkelemente in Stahl. Wir unterscheiden nach Bild 2.1:
- Walzträger
- Blechträger (geschweißt)
- Rohre
- zusammengesetzter Querschnitt aus Walzprofilen
- Fachwerkträger
- Wabenträger.

Begriff

Der Begriff des Stahlbaus ist nicht eindeutig definiert, er umfaßt im weiteren Sinne auch den Stahlbau der Fördertechnik sowie den Stahlbau für den Anlagenbau. Eine Übersicht vermittelt Tafel 2.1.

Stahlhallenbau

Im engeren Sinne, so das Anliegen des Buches, verstehen wir unter Stahlbau, abgeleitet aus der Aufgabenstellung, die Festlegung:
- der Tragstruktur und des statischen Systems
- des Tragwerkes und seiner Elemente (auch als Bauwerkteile bezeichnet) wie
    Stützen
    Rahmenstiele und -riegel
    Fachwerkträger
    Pfetten
    Kranbahnträger

für den Industrie-, Gesellschafts- und Landwirtschaftsbau.
Daneben wird Stahl als Hüllelement für Dacheindeckungen und Wände sowie für den Innenausbau als Trennwände eingesetzt.

Vorteile

Wie jede Bauweise, hat auch der Stahl seine Vorteile. Hier hat der Projektant in Abstimmung mit den Planungsorganen zu entscheiden, die Stahlbauweise so sinnvoll einzusetzen, daß ein Optimum erzielt wird.
- *Realisierung der Leichtbauweise.* Ihr charakteristisches Merkmal läßt sich folgendermaßen umreißen: Eine vorgegebene Aufgabe ist nutzertechnologisch optimal mit einem minimalen Bau-, Investitions- und Unterhaltungsaufwand zu realisieren [2.1].
- *Realisierung maximaler Spannweiten* mit einer Vielzahl von Tragstruktur-Varianten auf der Grundlage von Stab-Flächen- oder Seilstrukturelementen.
- Die hohe Materialfestigkeit des Stahles ermöglicht dynamische Belastungen.
- Gegenüber einigen anderen Bauweisen, insbesondere der Betonbauweise, hat die Stahlbauweise einen *hohen Anpassungsgrad* an spezielle nutzertechnologische Anforderungen.
- Auch nach der Endmontage und während der Nutzung des Bauwerkes sind *Änderungen in der baulichen Konzeption* mit verhältnismäßig geringem Bauaufwand möglich.

2. Allgemeine Grundlagen — Stahlhallen

Tafel 2.1. Stahlbau-Übersicht Einsatzbereiche

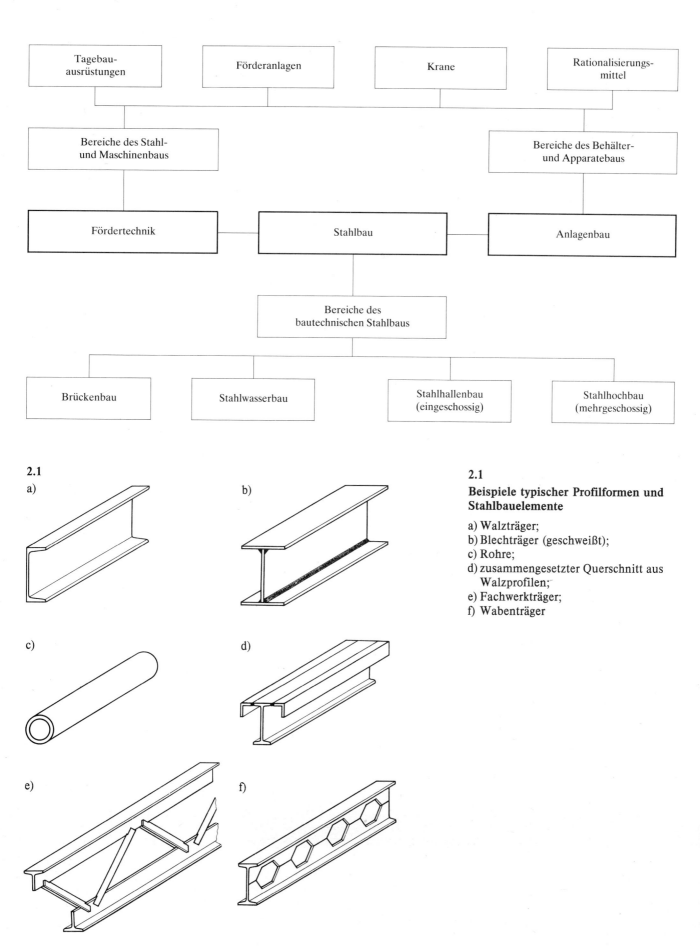

2.1 Beispiele typischer Profilformen und Stahlbauelemente

a) Walzträger;
b) Blechträger (geschweißt);
c) Rohre;
d) zusammengesetzter Querschnitt aus Walzprofilen;
e) Fachwerkträger;
f) Wabenträger

2. Allgemeine Grundlagen Stahlhallen Fertigteilbauweise

Als ideale Fertigteilbauweise realisiert die Stahlbauweise seit Jahrzehnten die Forderungen nach:
- *hohem industriellen Vorfertigungsgrad* in stationären Werkstätten
- *hoher Paßgenauigkeit* der einzelnen Stahlbauelemente
- *einfach herzustellenden kraftschlüssigen Verbindungen* zwischen den einzelnen Elementen während der Montage
- Anwendung des *Baukastenprinzips.*

Fertigteilbauweise

Die Festlegung der bautechnischen und geometrischen Parameter erfolgt unter folgenden Gesichtspunkten:

Voraussetzungen

eine optimale Unabhängigkeit in der Führung technologischer Produktionslinien gegenüber den Bedingungen aus der baulichen Anlage
Berücksichtigung spezifischer Bedingungen bestimmter Wirtschaftszweige
Spezialbauobjekte, beispielsweise Pressereien, benötigen technologische Linien, für die massenintensive und komplizierte Produktionsmittel mit aufwendigen Tiefbaumaßnahmen typisch sind: Diese Technologien unterliegen in ihrem primären Verfahren und ihren Produktionslinien nicht so rasch den Veränderungen wie technologische Produktionsprozesse in den Industriezweigen des allgemeinen und leichten Maschinenbaus, der Lebensmittel- und der Gebrauchsgüterindustrie.

Die Belastungen sind bestimmt durch:
1. Standort (Schneegebiet)
2. Möglichkeiten der Dacheindeckung
3. Zusatzlasten, z. B. für Dachtragwerke aus Hängekranen und technologischen Lasten und untergehängter Decke.

Belastung

Die Größe der Zusatzlasten muß bei Angebots- oder Serienhallen sorgfältig bestimmt werden, um die Relationen zwischen der vielseitigen Verwendbarkeit und der damit verbundenen Verteuerung des Tragwerkes im ökonomisch vertretbaren Rahmen zu halten.

Abhängigkeit der geometrischen Grundparameter von technologischen Linien

Die Stützengrundraster in mehrschiffigen Universalhallen ergeben sich aus den Forderungen der technologischen Produktionslinien.
Diese Beziehungen bilden die Grundlage zur Bestimmung der Grundraster in Abhängigkeit von der Richtung und der Anzahl der Produktionslinien (Bild 2.2.)
Für die verschiedensten Industriezweige sind in den letzten Jahren eingehende Untersuchungen über die Probleme des Stützenrasters im Hinblick auf Flächenbilanz der Betriebsfläche durchgeführt worden [2.2].

Untersuchungen

Die untersuchten Betriebe der Industriezweige lassen sich in zwei Gruppen einteilen:
1. Betriebe mit außerordentlich differenzierten technologischen Linien und hohen Flächenanteilen für Werkstätten und Lager.
2. Betriebe mit Hallen gleichen Typs und primär gleichen technologischen Linien.

Hieraus resultieren für mehrschiffige Universalhallen bestimmte Grundrißraster [2.2]:

Folgerungen

- Raster 12 m × 18 m und 18 m × 18 m
  bei mittleren Abmessungen der Werkzeugmaschinen für mittelgroße Werkstücke
- Raster 12 m × 24 m und 24 m × 24 m
  bei großen Abmessungen der Werkzeugmaschinen oder großen Werkstücken
- Raster 18 m × 18 m und 24 m × 24 m
  für Mehrzweckhallen und flexible Richtungen der Produktionslinien.

Unter Umständen kann im Maschinenbau die Vergrößerung des Stützenabstandes AA (über 12 m) in Richtung der Produktionslinie effektiver sein als die Vergrößerung der Systembreite (SB) (Bild 2.4).
Im Werkzeugmaschinenbau entfällt bei einem Stützenabstand AA von 18 m die Notwendigkeit, Querspannweiten für die Vorfertigungs- und Montagehalle einzurichten, hierdurch wird die Bauausführung des gesamten Gebäudeblocks bedeutend verbessert (Bild 2.5).

2. Allgemeine Grundlagen

2.1. Vorzugsstützenraster Industriebau

Geometrische Darstellungen

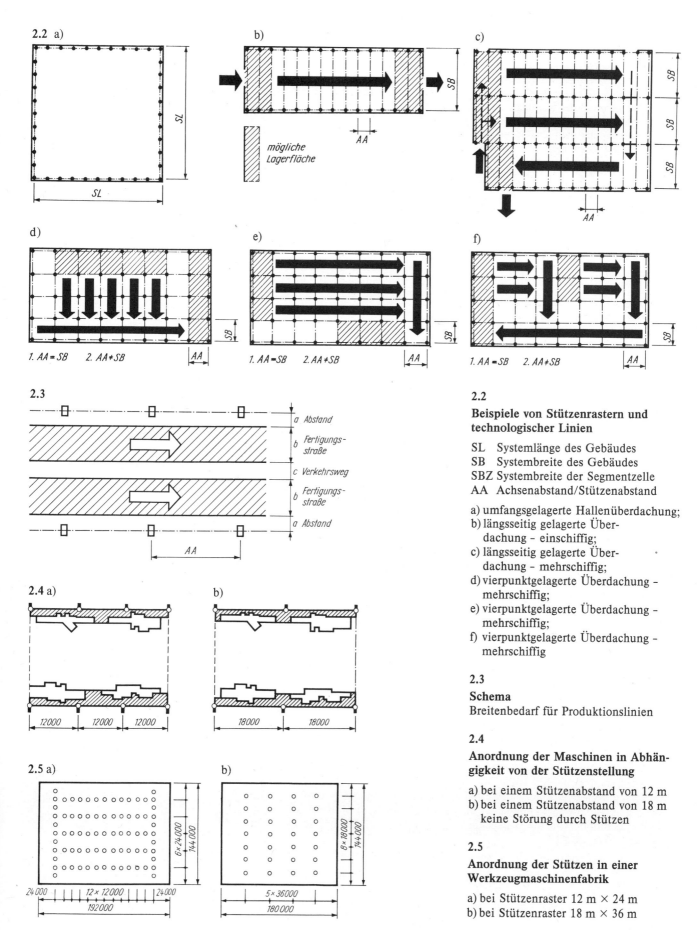

2.2
Beispiele von Stützenrastern und technologischer Linien

SL Systemlänge des Gebäudes
SB Systembreite des Gebäudes
SBZ Systembreite der Segmentzelle
AA Achsenabstand/Stützenabstand

a) umfangsgelagerte Hallenüberdachung;
b) längsseitig gelagerte Überdachung - einschiffig;
c) längsseitig gelagerte Überdachung - mehrschiffig;
d) vierpunktgelagerte Überdachung - mehrschiffig;
e) vierpunktgelagerte Überdachung - mehrschiffig;
f) vierpunktgelagerte Überdachung - mehrschiffig

2.3
Schema
Breitenbedarf für Produktionslinien

2.4
Anordnung der Maschinen in Abhängigkeit von der Stützenstellung

a) bei einem Stützenabstand von 12 m
b) bei einem Stützenabstand von 18 m keine Störung durch Stützen

2.5
Anordnung der Stützen in einer Werkzeugmaschinenfabrik

a) bei Stützenraster 12 m × 24 m
b) bei Stützenraster 18 m × 36 m

2. Allgemeine Grundlagen

2.1. Vorzugsstützenraster Industriebau

Untersuchungsergebnisse

Untersuchungsergebnisse [2.2 bis 2.5]

Zur Frage einer vertretbaren Relation zwischen dem *Mehraufwand bei der Erstinvestition* und dem zu erwartenden ökonomischen Nutzen sind nach *Guhl* folgende Gesichtspunkte zu berücksichtigen [2.5]:

1. Mehraufwand bei den Erstinvestitionen belastet die Selbstkosten der Erzeugnisse durch die unvollständige Nutzung der im Grundfondsbestandteil steckenden Möglichkeiten so lange, wie die Ersttechnologie beibehalten wird.
   Es tritt also durch die Berücksichtigung der Flexibilität zunächst ein ökonomischer Verlust ein.
2. Mehraufwand bei der Erstinvestition vermindert spätere Investitionskosten für Veränderungen und ermöglicht durch günstige Produktionsbedingungen für die Folgetechnologien verminderte Selbstkosten bzw. höheren Ausstoß an Erzeugnissen. Es tritt also durch Berücksichtigung der Flexibilität ein späterer ökonomischer Gewinn ein.

Erstinvestitionen

Im einzelnen konzentrieren sich die Forderungen nach *Flexibilität* auf folgende Bereiche:
- große Stützenabstände in Längs- und Querrichtung des Gebäudes, gegebenenfalls in beiden Richtungen einheitliche Abmessungen, womit die Definition nach Längs- und Querrichtung des Gebäudes funktionell gänzlich aufgehoben würde
- ausreichende lichte Höhen der Produktionsräume für derzeitige und künftige Technologie.

Flexibilität

Unter Berücksichtigung des Umstandes, daß der Mehraufwand für eine größere Gebäudehöhe relativ sehr gering ist (für 1,00 m Mehrhöhe nur etwa 1 Prozent Mehrpreis), die Flexibilität aber davon maßgeblich bestimmt wird, sind künftig größere Reserven bei der Auswahl der Höhe zweckmäßiger [2.5].
- Möglichkeit der Eintragung technologischer Lasten bis zu einem maximalen Gewicht an jedem beliebigen Punkt des Tragwerkes
- Umsetzbarkeit von Teilen des Ausbaus (vorwiegend Wände und Zwischendecken) oder des gesamten Gebäudes entsprechend künftigen Anforderungen.

Mehraufwand

Mit der Erweiterung der Spannweiten steigt die Zahl der anzuordnenden technologischen Linien.

Technologische Linien

Die Einsparung an Fläche hängt in diesem Fall vom Verhältnis zwischen der Größe der Spannweite und den Außenmaßen der technologischen Linien ab.

Großraster

Bis 30 m Spannweite
- Zellstoff-, Papier- und Pappe-Industrie
- holzverarbeitende Industrie
- Nahrungs- und Genußmittel-Industrie
- Fahrzeug-Industrie
- Kautschuk-Industrie
- Keramische Industrie
- Kunststoff-Industrie
- Chemische Industrie
- Baustoff-Industrie.

Bis 40 m Spannweite
- Metallverarbeitende Industrie
- Glasindustrie (bis 35 m)
- Holzindustrie.

Bis 50 m Spannweite
- Textil-Industrie (Ausnahme bei 60 m).
  In Gebäuden der Textilindustrie mit einem quadratischen Stützennetz ist die Wirksamkeit bei der Ausnutzung der Betriebsfläche geringer als bei einem rechteckigen Stützennetz gleicher Größe.
  Für Hallen, die *keine Kranausrüstung* besitzen, z. B. in der
  Kammgarn-, Tuch-, Seiden- und Baumwollproduktion der Textilindustrie,
  führt die Vergrößerung des Stützenabstandes zur Einsparung der Betriebsfläche.
- Elektroindustrie (bis 45 m)

In *vollklimatisierten Kompaktbauten*, die für die Betriebe der Elektronik- und radiotechnischen Industrie genutzt werden, wird die größte Flächeneinsparung in den Montagehallen der Elektronikerzeugnisse erreicht.

Kompaktbauten

2. Allgemeine Grundlagen

2.2. Tragstrukturen

Tafel 2.2. Ausgewählte Tragstrukturen für Stahlhallen

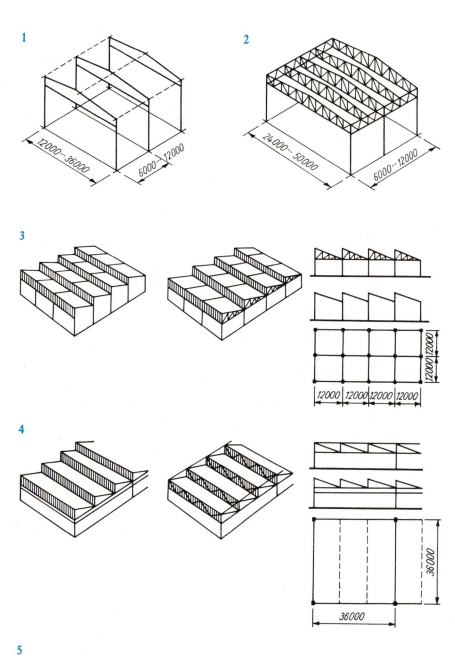

1

Vollwandbinder und Rahmen

- Einsatz bei hoher Beanspruchung
- Einsatz in aggressiver Industrieatmosphäre
- Anordnung von Hängekranen möglich
- Oberlichtanordnung möglich

2

Fachwerkbinder

- maximale Anwendung im Industrie- und Gesellschaftsbau
- materialsparendes Tragwerk mit offenen oder geschlossenen Profilen
- Korrosions- und Brandschutz notwendig
- günstige Gebrauchswerteigenschaften
- Oberlichtanordnung möglich

3

Shedbinder Nr. 3 bis 6

Für Dächer über Werkstatträumen, die eine gleichmäßige und intensive Tageslichtbeleuchtung erfordern, werden Sheds verwendet. Für Stützraster 12 m × 12 m bildet jedes Shed einen selbständigen Konstruktionsteil.

- vorwiegend in Industriebau bei erforderlicher Nordbeleuchtung angewandt
- wie unter 2
- maximale Tageslichteinführung

- Detailausbildung im Zusammenhang mit Entlüftung und Entwässerung klären

4

Durch Vergrößerung des Stützenrasters in beiden Richtungen können entweder ein System von Fachwerkbindern, die üblicherweise drei Sheds verbinden, oder in beiden Richtungen Vollwandträger, auf denen die Sheds aufgelegt sind, verwendet werden.

5

Sinngemäß ist es auch möglich, wenn es technologische Bedingungen erfordern, den Stützenabstand parallel zu den Fensterbändern durch Einfügen eines Fachwerkbinders hinter das Fensterband oder durch Verwendung eines Vollwandbinders zu vergrößern.

2. Allgemeine Grundlagen

2.2. Tragstrukturen

Tafel 2.2. Ausgewählte Tragstrukturen für Stahlhallen

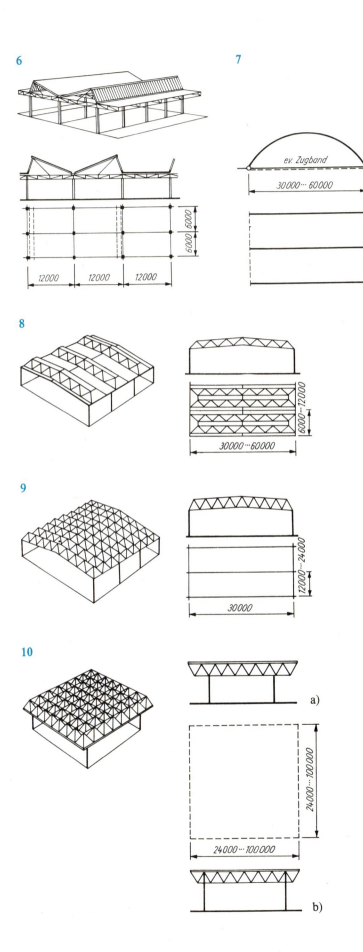

6
Produktionshalle mit gegeneinandergekehrten Shedfenstern

Diese Struktur ermöglicht eine besonders wirksame Belüftung der Arbeitsräume, und zwar bei geringer ebenso wie bei rascher Luftbewegung.

7
Bogen

- Reihung in Längsrichtung auf Stützen
- frei stehende Spezialbauwerke mit/ohne Zugband
- sehr gut geeignet für große Spannweiten oder -breiten (SB = Systembreiten)

8/9
Dreigurtfachwerk-Träger

- Die größere Systemhöhe der Fachwerkteile ermöglicht größere SB, die sich zwischen 30 und 60 m bewegen. Die Verglasung der Fachwerkteile ermöglicht eine gute Beleuchtung des Halleninneren.
- Diese Tragstruktur ermöglicht eine gute Beleuchtung der Innenräume durch Verglasung. Eine beachtliche Sektionstiefe wird durch die räumliche Fachwerkstruktur erzielt.
- vorwiegend im Industriebau eingesetzt
- wie unter 10.

10
Raumfachwerke

a) Untergurtlagerung
b) Obergurtlagerung

Vorteilhaftes Tragwerk für Stahlrohre. Der Raum des Fachwerkes kann sowohl für Installationsleitungen als auch bei größeren Spannweiten und Höhen für Betriebsbüros und Sozialeinrichtungen ausgenutzt werden. Quadratische Stützenraster für Spannweiten von 24 bis 100 m
Eigenmassen:
  12 m × 30 m ≙ 30 kg/m²
  48 m × 48 m ≙ 40 kg/m²
  60 m × 60 m ≙ 45 kg/m²
  100 m × 100 m ≙ 60 kg/m²

- geeignet für weitgespannte Hallen im Industrie- und Gesellschaftsbau
- komplexe Vormontage/Komplettierung
- geringe Bauzeiten

2. Allgemeine Grundlagen

2.2. Tragstrukturen

Tafel 2.2. Ausgewählte Tragstrukturen für Stahlhallen

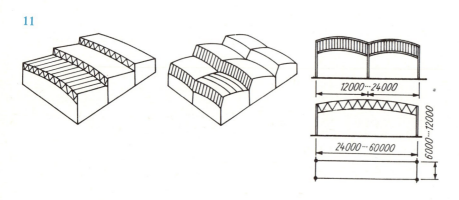

11

Einfach gekrümmte Schalen

In Zylinder- oder Kegelform aus Stahl mit Systembreiten bis 60 m
- Einsatz im Industriebau und vereinzelt im Gesellschaftsbau
- günstige Belichtungsverhältnisse analog 6.
- industrielle Vorfertigung der Tragwerkelemente
- günstigere Entwässerung
- Montage analog 10.

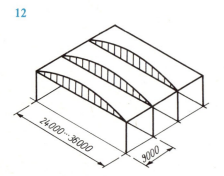
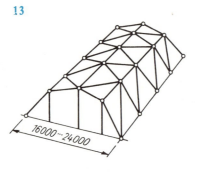

12

Konoid-Stahltragwerke
- Einsatz im Industriebau
- Lichtvorteile wie Sheds unter 5.
- umlaufender gleich hoher Wandabschluß

13

Stabnetze (Zylinderform)
- vorwiegend Kaltdächer im Industrie- und Gesellschaftsbau
- Hülle auch als untergehängte Membrane möglich
- Vorfertigung und Montage analog 10.

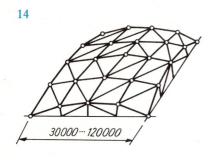
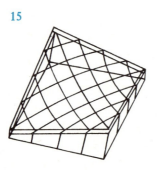

14

Stabnetz-Kugelkalotte mit senkrechten Randfachwerken
- Einsatz für individuelle Bauaufgaben im Industrie- und Gesellschaftsbau
- vielfältige Strukturen
- Hülle, Vorfertigung und Montage analog 10.

15

Hyperbolisches Paraboloid,
auch bezeichnet als Hypar oder HP

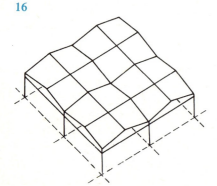
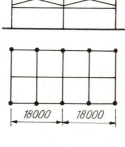

16

Gereihte Hypar-Strukturen

Ein Feld wird durch vier hyperbolische Paraboloide überdacht, die vorgespannte Randglieder besitzen. Dieses System ist für Überdachung von Betriebsräumen mit nur künstlicher Beleuchtung und Klimatisierung besonders geeignet.

16...19
- zugbeanspruchte Sattelfläche mit großer architektonischer Aussage
- Nach vorwiegend individueller Anwendung im Gesellschaftsbau für Sportbauten und Mehrzweckhallen beginnt sich das Hypar im Industriebau durchzusetzen.

2. Allgemeine Grundlagen

2.2. Tragstrukturen

Tafel 2.2. Ausgewählte Tragstrukturen für Stahlhallen

17

Reihung von quadratischen Hypar-Segmenten

- Die Stützen verzweigen in quadratische Dachplatten, auf denen immer vier Dachteile lagern, die für sich jeweils aus vier hyperbolischen Paraboloiden bestehen.
- Die Lücken zwischen den Überdachungen ermöglichen eine lotrechte Giebelverglasung und natürliche Beleuchtung. Die Tragstruktur hat waagerechte Zugbänder.

18

Reihung von rechteckigen Hypar-Segmenten

- Wenn Segmente aus hyperbolischen Paraboloiden mit geraden Rändern bestehen, kann der Scheitelabschluß der geraden Ränder so gestaltet werden, daß diese Tragstruktur das Aufsetzen von waagerechten Oberlichtern ermöglicht, wobei die Form von den technologischen Produktionsforderungen abhängig ist.
- Die Möglichkeit, die hyperbolischen Paraboloide mit verschiedener Neigung zu versehen, gestattet die Verwendung dieser Tragstruktur für unterschiedliche Spannweiten bei gleicher Firsthöhe.

19

Reihung von quadratischen Hypar-Segmenten als Shed (UdSSR)

- Die Überdachung wird aus vorgefertigten Tafeln mit 3 m × 3 m Abmessung montiert. Die Tragstruktur hat waagerechte Zugbänder im Bereich der Rinnen.

20

Kombinierte Seil-Stab-Tragstrukturen

- Hängedächer
- Die tragenden Strukturelemente bilden in jedem Feld zwei zwischen den Stützen gespannte Seile. Das obere Seil trägt, das untere dient zum Anspannen des oberen. Bei Winddruck innerhalb der Halle ist die Funktion umgekehrt.

- Einsatz im Industrie- und Gesellschaftsbau
- optimalste Tragstruktur zur Überspannung großer Freiräume
- bei Verankerung mit Rückhalteseilen max. Außenfläche notwendig
- hoher Vorfertigungsgrad, geringe Montagezeiten und min. Eigenmasse

2. Allgemeine Grundlagen

2.2. Tragstrukturen

Tafel 2.2. Ausgewählte Tragstrukturen für Stahlhallen

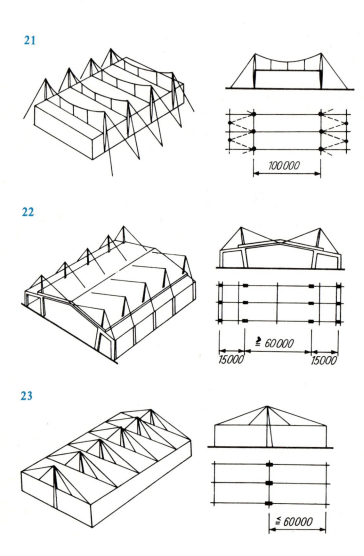

21
Kombinierte Seil-Stab-Tragstrukturen

Abgehängte horizontale Platte

Industriehallen größerer Systembreiten können durch eine an Seilen angehängte starre Platte überdacht werden. Die zwischen zwei Stützen gespannten Seile übertragen alle Kräfte in Stützen und Seilverankerung. Diese Tragstruktur ermöglicht beachtliche Stützweiten bis 100 m bei Achsabständen von 9, 12 und 15 m.

vereinzelter Einsatz im Gesellschafts- und Industriebau
Vorteile analog 20

22
Abgehängte Satteldach-Tragstruktur

Das Tragwerk besteht aus Rahmen, die an den Seiten der Haupthalle zwei für Hilfsprozesse geeignete Nebenschiffe bilden. Über zusätzliche Stützen gespannte Tragseile sind an den Enden der konsolartigen Binder befestigt und in den Außenstielen der Rahmen verankert.

23
Über Mittelstützen abgehängte horizontale Platte

Eine beachtliche Freimachung des Grundrisses von Stützen ermöglicht die Hängedachstruktur, deren Binder, gelenkig an den Tragpfeilern befestigt, konsolartig nach beiden Seiten auskragen. Die Binder werden durch an den Pylonspitzen befestigte Seile getragen. Diese Lösung verringert die Biegemomente der Pylonspitzen. Die Ausladung der Binder kann bis 60 m betragen. Umfassungswände können entfallen.

3
Zeichnerische Grundlagen

3. Zeichnerische Grundlagen

3.1. Zeichnungssystem

Hinweise, Gestaltung und Inhalt

Allgemeiner Hinweis

Dem Zeichnungssystem liegen die Standards des »Einheitlichen Systems der Konstruktionsdokumentation des Rates für Gegenseitige Wirtschaftshilfe (RGW)« zugrunde. Diese Standards bilden eine wichtige Grundlage für die Zusammenarbeit auf wissenschaftlich-technischem Gebiet und für die Aufstellung wissenschaftlich-technischer Dokumentationen. Abschnitt 3 beschränkt sich auf die Gestaltung technischer Zeichnungen für den Stahlbau, insbesondere den Hallenbau.

Die technische Zeichnung dient nicht nur zur Verständigung zwischen den Beteiligten für Entwurf, Konstruktion, Fertigung und Montage, sondern widerspiegelt die nutzertechnischen und nutzertechnologischen Forderungen des Auftraggebers in konstruktiven Strukturen. Sie bildet damit eine dokumentarische Grundlage für den Austausch von Informationen zwischen Auftraggeber und Auftragnehmer.

Gestaltung und Inhalt

Das Zeichensystem unterscheidet zwei Zeichnungsarten (TGL 10215, Ausgabe 9/79): *Projektzeichnungen* und *Ausführungszeichnungen*.

Projektzeichnungen

In Projektzeichnungen sind die Konstruktion und die Hauptmaße eines Bauwerkes oder Gerätes festzulegen, siehe Bild 3.1. Projektzeichnungen müssen so hergestellt werden, daß Art und Zusammenwirken der funktionsbestimmenden Bauteile, die insgesamt die Metallkonstruktion charakterisieren, deutlich erkennbar sind. Anschlußstellen zu anderen bautechnischen Bereichen, die Forderungen an die Metallkonstruktion stellen, sind eindeutig maßlich und konstruktiv festzulegen. Es ist zu sichern, daß alle zu berechnenden Bauteile in dem dazugehörigen Festigkeitsnachweis eindeutig identifiziert werden können. Übersichten und Darstellungen der Metallkonstruktion sind anzufertigen (TGL 35048, Ausgabe 12/80).

Übersichten

In den Übersichten ist die Konstruktion durch Grundrisse und Schnitte unter Berücksichtigung der bautechnischen und ausrüstungstechnischen Belange sowie der Anforderungen des Gesundheits-, Arbeits- und Brandschutzes darzustellen; insbesondere müssen sie enthalten:
- Setzungs- und Dehnungsfugen, Abspannungen, Auflagerungen, Verankerungen
- technologische Ausrüstungen und Geräte mit Lagerungsbedingungen und Abmessungen bei Engstellen und wenn der Zusammenhang der Metallkonstruktion es erfordert
- vorgesehene Hebezeuge mit Laststufe, Fahrbereich, Lichtraumquerschnitt und für den Antrieb derselben zu berücksichtigende Maßnahmen
- Laufstege, Podeste, Treppen, Leitern und Notabstiege
- Angaben über Umhüllungs- und Ausbauelemente, sofern diese die Metallkonstruktion belasten oder an ihr verankert werden
- zu berücksichtigende Verkehrswege, wie Gleise, Werkstraßen und andere Transportwege, einschließlich der Lichtraumquerschnitte, Öffnungen und Tore
- Positionsnummern der Haupttragglieder.

Erfüllen die bautechnischen Übersichtszeichnungen diese Anforderungen, dürfen gesonderte stahlbautechnische Übersichten entfallen.

Darstellungen der Metallkonstruktion

Es werden Einzelheiten der Bauteile oder Baugruppen der Metallkonstruktion unter besonderer Berücksichtigung der Beziehungen zum Bauwerk dargestellt, z. B.
- Anschlüsse von Umhüllungs- und Ausbauelementen
- Fußpunkte auf Gründungskörpern, Verankerungen
- Befestigungen technologischer Ausrüstungen.

Ausführungszeichnungen

Ausführungszeichnungen sind die für die Fertigung und den Zusammenbau von Metallkonstruktionen zu verwendenden Unterlagen. Unterschieden werden Ausführungszeichnungen nach dem *Werkstattsystem* (als Konstruktionszeichnungen, Einzelteilzeichnungen als Schablonen) und dem *Skizzensystem* (als Konstruktionszeichnungen, Einzelteilzeichnungen als Skizzen und Schablonen) nach TGL 21-12003.

Konstruktionszeichnungen nach dem Werkstattsystem

Diese Zeichnungen müssen sämtliche Maße und Angaben enthalten, die für die Fertigung und den Zusammenbau erforderlich sind, siehe Bild 3.2. Je nach Erfordernis sind Übersichten zu zeichnen, wenn die Metallkonstruktion nicht zusammenhängend darzustellen ist, z. B. Trägerlage einer Bühne, oder wenn die Lage der dargestellten Metallkonstruktion innerhalb eines Bauwerkes veranschaulicht werden soll. Alle konstruktionsbestimmenden Bauteile, die nach der betreffenden Konstruktionszeichnung zu fertigen sind, müssen auf der Übersicht hervorgehoben und mit der jeweiligen Positionsnummer auf der Zeichnung versehen werden.

Konstruktionszeichnungen nach dem Skizzensystem

Sie müssen nur die für den Zusammenbau erforderlichen Maße und Angaben enthalten, wie System- und Kontrollmaße, Profilangaben und Höhenmarken, siehe Bild 3.3. Niete und Schrauben sind durch Sinnbilder in richtiger Anzahl, jedoch ohne Abstandsmaße darzustellen. Bei Übersichten ist wie zuvor zu verfahren.

3. Zeichnerische Grundlagen

3.1. Zeichnungssystem

Projektzeichnung

3.1 a)

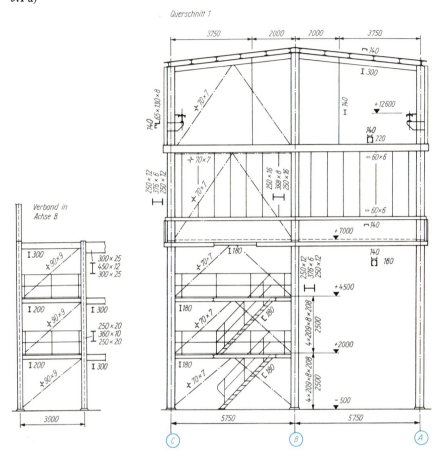

3.1

Beispiel einer Projektzeichnung für ein Rahmensystem, dargestellt in Übersichten

a) Fundamentplan, Querschnitt 1 und Verband in Achse B

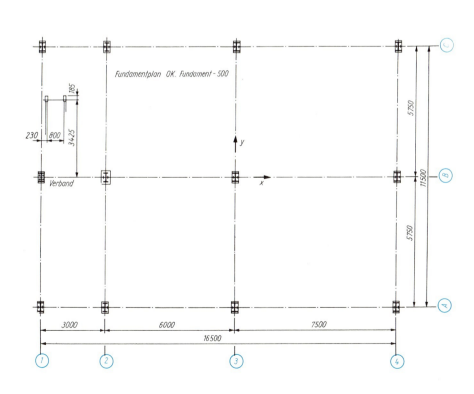

3. Zeichnerische Grundlagen

3.1. Zeichnungssystem

Projektzeichnung

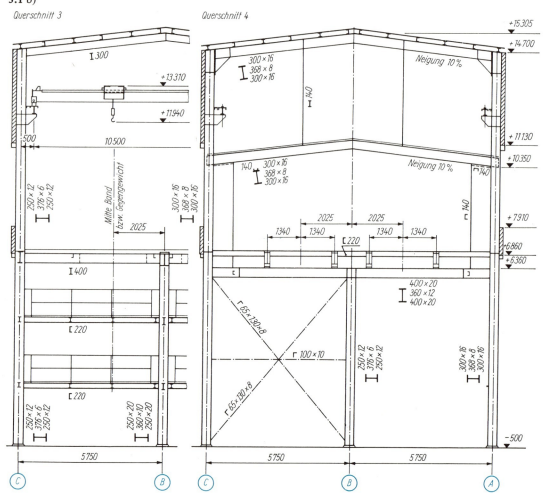

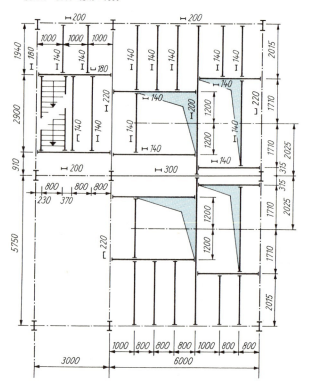

3.1

Beispiel einer Projektzeichnung für ein Rahmensystem, dargestellt in Übersichten

b) Querschnitte 3 und 4 sowie Bühne in Höhe +2 m bzw. +4,5 m

c) Längswände A und C sowie Dach

3. Zeichnerische Grundlagen

3.1. Zeichnungssystem

Projektzeichnung

3.1 c)

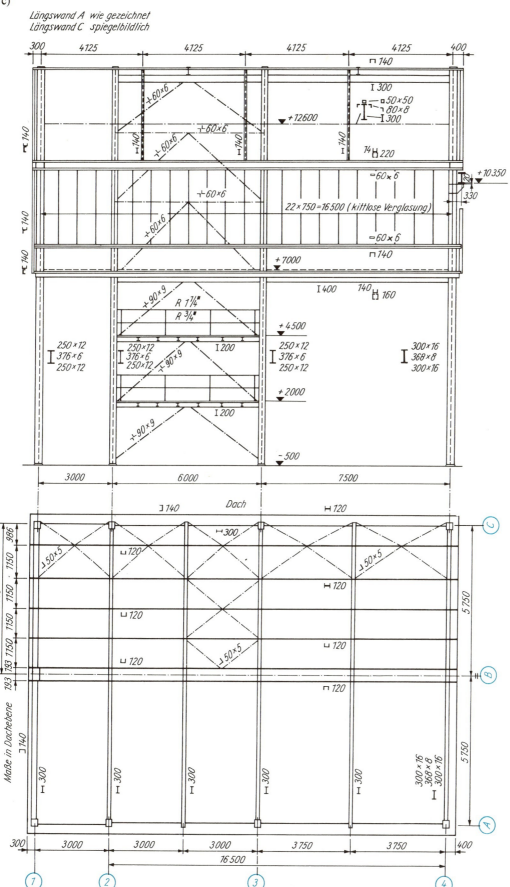

3. Zeichnerische Grundlagen

3.1. Zeichnungssystem

Projektzeichnung

3.1 d)

Angegebene Kräfte sind Aktionskräfte in kN

Achse	Reihe	1			2		3		4	
	Lastfall	V	H_x	H_y	V	H_x	V	H_x	V	H_y
C	Eigengewicht	118,7	–	–	165,9	–	235,5	–	272,3	–
	Verkehrslast	96,2	–	–	226,0	–	238,8	–	265,3	–
	Wind in x-Richtung	–	–	–	∓ 80,7	± 26,3	± 80,7	± 26,3	–	–
	Wind in y-Richtung	± 130,0	–	± 31,2	–	–	–	–	± 96,0	– 82,4
	Bandzug	–	–	–	– 101,1	40,5	101,1	40,5	–	–
	Bremskraft	–	–	–	∓ 08,3	± 01,7	± 7,3	± 01,7	41,3	–
B	Eigengewicht	144,5	–	–	112,6	–	199,1	–	91,0	–
	Verkehrslast	80,9	–	–	320,8	–	533,0	–	–	–
	Wind in x-Richtung	∓ 98,0	± 43,6	–	± 98,0	± 43,6	–	–	–	–
	Wind in y-Richtung	∓ 130,0	–	± 31,2	–	–	–	–	± 96,0	– 82,4
	Bandzug	– 687,5	275,0	–	687,5	275,0	–	–	–	–
A	Eigengewicht	104,6	–	–	166,4	–	241,7	–	262,6	–
	Verkehrslast	60,9	–	–	201,5	–	311,1	–	255,1	–
	Wind in x-Richtung	–	–	–	∓ 80,7	± 26,3	± 80,7	± 26,3	–	–
	Wind in y-Richtung	–	–	–	–	–	–	–	–	–
	Bandzug	–	–	–	– 101,1	40,5	101,1	40,5	–	–
	Bremskraft	–	–	–	∓ 08,3	± 01,7	± 07,3	± 01,7	–	–

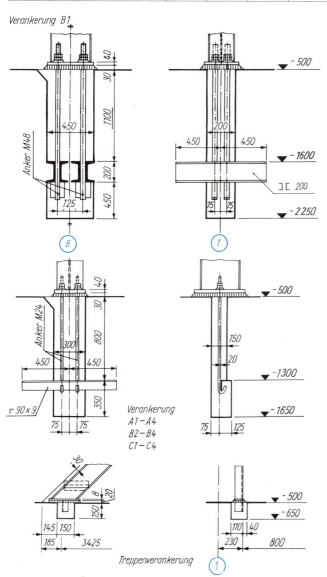

Hinweise

1. Dacheindeckung:
   Asbestzementwelltafeln nach
   TGL 117-0065/04
2. Bühne +2 m bzw. +4,50 m:
   Abdeckung GR 300 TGL 9310/02
3. Ausmauerung:
   120 mm Mauerwerk aus Vkh
   in KZM (MG II)
4. Lichtband:
   kittlose Verglasung nach
   TGL 21-382501
5. Laufkran:
   3,2 t Tragkraft
   nach TGL 20-360101

3.1
Beispiel einer Projektzeichnung für ein Rahmensystem, dargestellt in Übersichten

d) Aktionskräfte, Verankerungen und Hinweise

3. Zeichnerische Grundlagen

3.1. Zeichnungssystem

Konstruktionszeichnung, Werkstattsystem

3.2

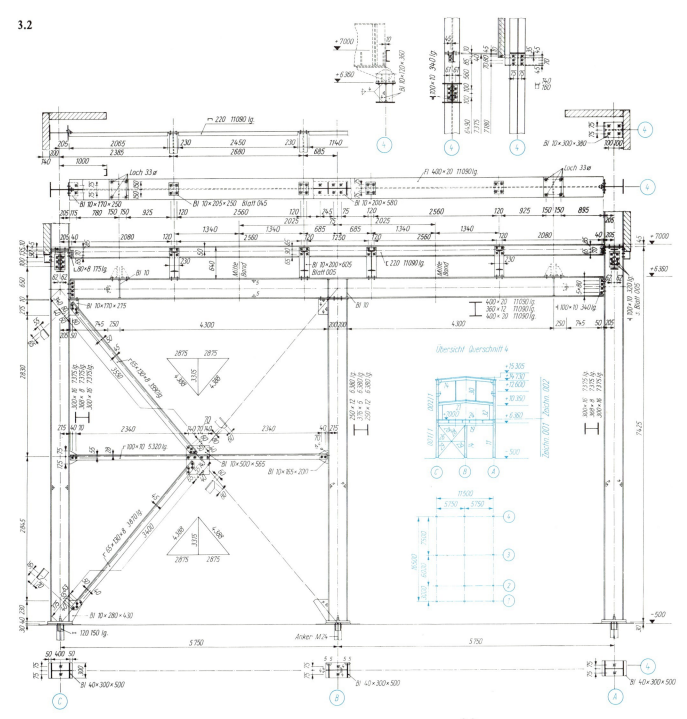

3.2 Beispiel einer Konstruktionszeichnung nach dem Werkstattsystem

3. Zeichnerische Grundlagen

3.1. Zeichnungssystem

Konstruktionszeichnung, Skizzensystem

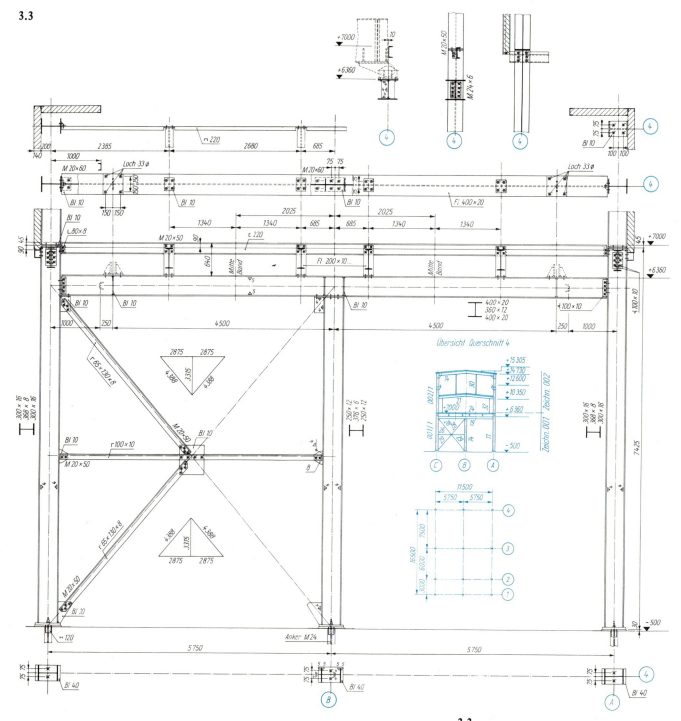

3.3
Beispiel einer Konstruktionszeichnung nach dem Skizzensystem

Weitere Beispiele von Ausführungszeichnungen gehen aus den Bildern 3.4 bis 3.7 hervor.

3. Zeichnerische Grundlagen

3.1. Zeichnungssystem

Skizze, Schablone

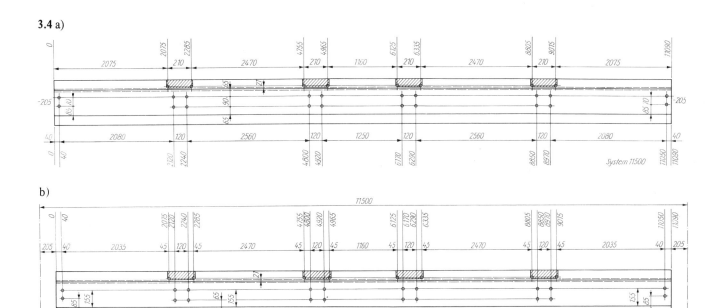

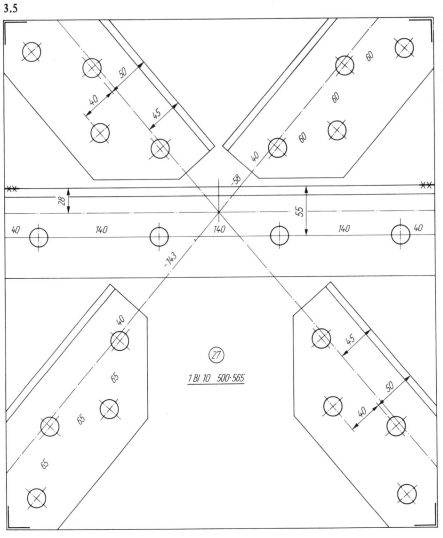

3.4
Beispiel einer Einzelteilzeichnung als **Skizze** nach dem Skizzensystem für die Positionsnummer 24 bei einmaliger Ausführung als U 220 mit einer Gesamtlänge von 11,09 m

a) Skizze für normale Fertigung
b) Skizze für halbautomatische Fertigung

3.5
Beispiel einer Einzelteilzeichnung als **Schablone** nach dem Skizzensystem mit Positionsnummer

Schablone Pos. 27
Angegebene Lochabstände sind nur Hilfsmaße des Bearbeiters im Skizzenbüro

3. Zeichnerische Grundlagen

3.1. Zeichnungssystem

Konstruktionszeichnung, Werkstattsystem

3.6 a)

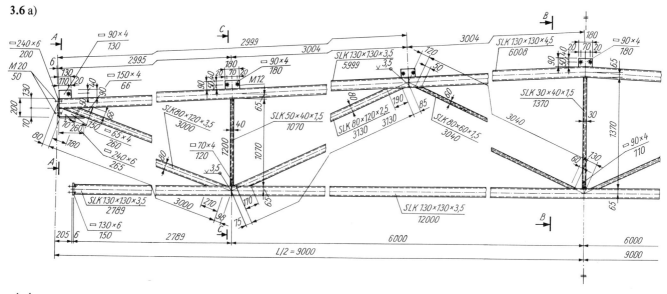

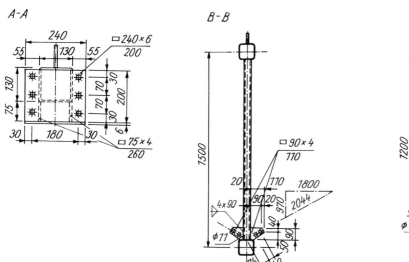

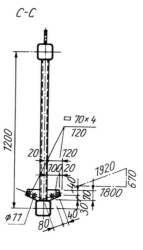

b)

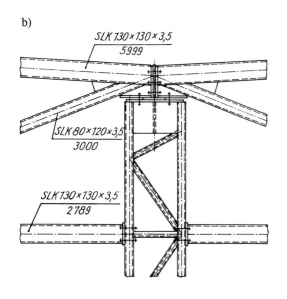

3.6
Beispiel einer Konstruktionszeichnung nach dem Werkstattsystem für einen Fachwerkbinder nach [6.29] mit
- geschlossenen Profilen und
- geschweißten Stabanschlüssen

a) Ansicht einer Binderhälfte
b) Randauflager und Anschluß an eine Fachwerkmittelstütze

3. Zeichnerische Grundlagen

3.1. Zeichnungssystem

Konstruktionszeichnung, Skizzensystem

3.7 a)

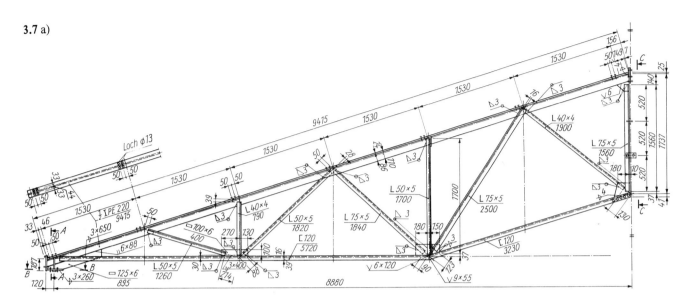

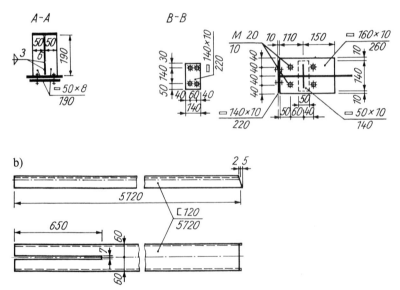

b)

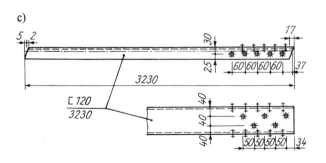

c)

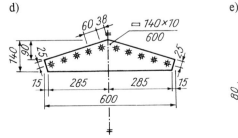

d) e)

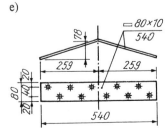

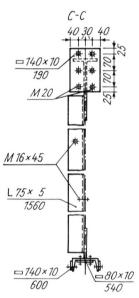

3.7
Beispiel einer Konstruktionszeichnung nach dem Skizzensystem für einen Satteldachbinder mit geknicktem Untergurt nach [6.29] mit
- offenen Walzprofilen und
- geschweißten Stabanschlüssen

a) Ansicht einer Binderhälfte
b) Horizontaler Untergurt mit Randausbildung
   links: geschlitzt
   rechts: abgeschrägt
c) Schräger Untergurt mit Randausbildung
   links: abgeschrägt
   rechts: abgeschrägt und gelocht
d) Randzuglasche zur Verbindung der schrägen Untergurtstäbe im Zusammenbau
e) Geknickte Zuglasche wie bei d)

3. Zeichnerische Grundlagen

3.2. Zeichnungsausführung

Tafel 3.1 Darstellungsmittel (Auszug) nach TGL 10215

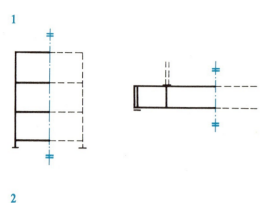

1

Symmetrie

Vorhandene Symmetrie gemäß Prinzipdarstellung ist grundsätzlich im Sinne einer besseren Übersichtlichkeit der Zeichnung und Vereinfachung der zeichnerischen Darstellung zu berücksichtigen. Nur die voll ausgezogenen Bereiche sind zeichnerisch darzustellen.

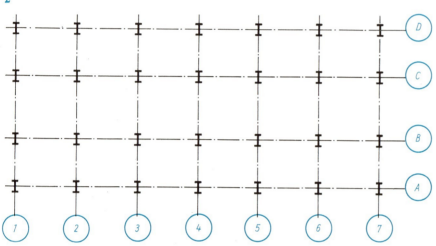

2

Achsen und Reihen

Achsen sind in Querrichtung durch das Metalltragwerk gehende Hauptsystemlinien.
Reihen kreuzen Achsen als Systemlinien rechtwinklig oder in einem bestimmten Winkel.
Kennzeichnung von Achsen und Reihen nach Prinzipdarstellung
Hilfsachsen durch Kleinbuchstaben, Hilfsreihen mit apostrophierten arabischen Zahlen (1') kennzeichnen

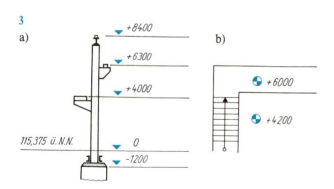

3

Höhenlagen

a) Höhenlagen durch Höhenmaße angeben. In bezug auf N.N. ist Höhenangabe in m mit drei Dezimalstellen einzutragen.
b) Höhenangaben im Grundriß

4

Maßeintragung

Festlegung des Endzustandes von den dargestellten Teilen
Meßzahlen beziehen sich auf mm-Angabe.
Maßlinien dienen zur Angabe der Abmessungen und liegen ≥ 8 mm entfernt von Körperkanten.
Das Durchmesserzeichen »$\emptyset$« kennzeichnet die Kreisform und steht vor der Maßzahl.
Geschlossene Maßketten sind zu vermeiden.
Maßketten bei Symmetrie in Projektzeichnungen auf Schwerachse beziehen
Bei gleicher Lochteilung lassen sich längere Maßketten vermeiden; viele gleiche Teilungen und gleiche Lochdurchmesser lassen sich vereinfacht bemaßen.

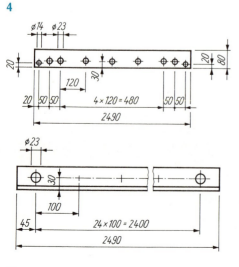

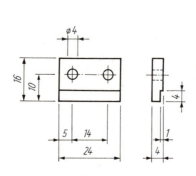

3. Zeichnerische Grundlagen

3.2. Zeichnungsausführung

Tafel 3.1 Darstellungsmittel (Auszug) nach TGL 10215

5

6

7

Bezeichnung	Nach TGL	Kurz-zeichen	Sinnbild z. B. für M 20 Werkstattschrauben
Schrauben für tragende Verbindungen	0–7990	R-	
Schrauben für nichttragende Verbindungen	0–601	(R-)	
Paßschrauben	12518	P-	
Schrauben ohne Passung	12517	HR-	
Schrauben ohne Passung	0–931 (0–931)	HD- (HD-)	
Schrauben für gleitfeste Schraubverbindungen	12517	HV-	

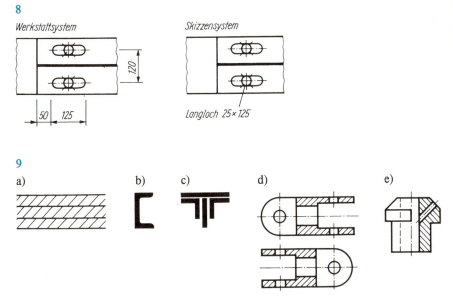

5

Profilangabe

Auf Ausführungszeichnungen sind Profile entsprechend ihrer dargestellten Lage anzugeben.
Bei zusammengesetzten Profilen ist sinngemäß zu verfahren.

6

Schweißverbindungen

Schweißnahtangaben auf Konstruktionszeichnungen nach
- TGL bzw. MLK-Richtlinie C2 (DDR)
- DIN (BRD)

Ausführungsklassen angeben, am Schweißnahtsymbol kennzeichnen
Erforderliche Nahtdicke ist hinter dem Schweißnahtsymbol anzugeben.
Bei stabartigen Anschlüssen sind die Nahtlängen anzugeben.
Baustellenschweißung wird durch ein Zusatzzeichen (Fahne bzw. Häkchen) am Schweißsymbol gekennzeichnet.
Zusatzwerkstoffe für Baustellenschweißungen im Zeichnungskopf in Spalte »Zusatzwerkstoffe« angeben. Nähte gesondert angeben.

7

Schraubverbindungen

In Anlehnung an TGL 0-407 werden für Schraubverbindungen auf Konstruktionszeichnungen nebenstehende Angaben festgelegt.

8

Langlöcher

Maßeintragung für Langlöcher in Konstruktionszeichnungen

9

Schraffuren von Stahlbauelementen

a) Sollen die Schraffurlinien benachbarter Schnittflächen gleiche Richtung und Dichte aufweisen, sind die Linien zu versetzen.
b) Schnittflächenbreiten ≤ 2 mm werden schwarz ausgezeichnet.
c) Zwischen schwarz ausgezeichneten benachbarten Schnittflächen ist ein Zwischenraum darzustellen.
d) Schraffurlinien sind nach links oder rechts geneigt, jedoch gleiche Neigung in allen Schnittdarstellungen des gleichen Gegenstandes, unabhängig von der Anzahl der Zeichnungsblätter.
e) Schraffurlinienneigung nach links oder rechts, jedoch so, daß sie mit keiner Umrißlinie zusammenfällt.

4
Nutzertechnologische
Teilanforderungen

4. Nutzertechnologische Teilanforderungen

4.1. Wärmeschutz und Heizung

Forderungen des bautechnischen Wärmeschutzes an Industriehallen

Kriterien

Der bautechnische Wärmeschutz muß in enger Verbindung mit dem bautechnischen Feuchtigkeitsschutz, dem Bautenschutz und im Zusammenhang mit der Heizungs-, Lüftungs- und Klimatechnik funktionsbedingt folgende Kriterien vorrangig gewährleisten:
1. Erfüllung der Mindestforderungen der Hygiene in Aufenthaltsräumen für Menschen
2. Gewährleistung der Funktionstüchtigkeit des Bauwerkes
3. Erhaltung der Bausubstanz durch Verhüten von Bauwerksteil-Durchfeuchtungen
4. Reduzierung der Aufwendungen für alle Maßnahmen der Heizung, Lüftung, Klimatisierung

Planungs-/Projektierungsphase

Durch folgende Maßnahmen lassen sich in der Planungs- bzw. Projektierungsphase die geforderten Wärmeschutzbedingungen bautechnisch erfüllen:
- bevorzugt sind Gebäudeformen, bei denen das Verhältnis Volumen zur Oberfläche einem maximalen Wert zustrebt
- optimale Zuordnung von Räumen mit gleichen Nutzungsanforderungen an das Innenraumklima
- wärmeschutztechnisch einwandfreie Ausbildung von Dachdecken, Außenwänden und Bauwerksteilen der Gebäude
- Schutz der Wärmedämmschichten vor Feuchtigkeit
- weitestgehende Vermeidung von Wärmebrücken und Reduzierung ihrer Auswirkungen
- Anordnung von Wetterschutzschichten an Außenwänden bei besonderen standortklimatischen Bedingungen
- erforderliche Größe der Fensterfläche durch lichttechnische Bemessung nachweisen
- Anordnung von Verschattungsvorrichtungen.

Klimatische Einordnung

Von besonderer Bedeutung für den bautechnischen Wärmeschutz ist die klimatische Einordnung des Gebäudestandortes. Das Außenklima ist eine wichtige Einflußgröße für die Ausbildung von Außenbauwerksteilen.

Die Festlegung bautechnischer Maßnahmen zur Gewährleistung des Wärmeschutzes von Bauwerksteilen erfolgt für die Gebiete in Abhängigkeit vom Klima nach staatlich festgelegten Bestimmungen.

Nachweise

Im Verlaufe der bautechnischen Projektierung müssen u. a. im Rahmen des bautechnischen Wärmeschutzes folgende Nachweise erbracht werden:
- Nachweis des Mindestwärmeschutzes von Einzelbauwerksteilen zur Gewährleistung der hygienisch bedingten Empfindungstemperaturen
- Nachweis des Mindestwärmeschutzes von Einzelbauwerksteilen aus bautechnischer Sicht (Vermeidung von Kondensat auf der Innenoberfläche)
- Nachweis des komplexen Wärmeschutzes des Gebäudes im Interesse des energieökonomisch vorteilhaften Bauens
- Nachweis der Einhaltung der nutzungsabhängigen zulässigen sommerlichen Wärmebelastung
- Nachweis der Kondenswasserfreiheit bzw. der jährlichen Feuchtebilanz, insbesondere für Räume und Betriebe mit »Naßbetrieb«
- Nachweis des optimalen Wärmeschutzes, insbesondere bei der Entwicklung von Serien.

Tafel 4.1

Heizung

1 Decken-Strahlplatten-Heizung
2 Wand-Heiz-Lüfterapparate

Anwendung

Sowohl für ein- als auch mehrschiffige Industriegebäude haben sich in der Praxis 2 Beheizungssysteme bewährt.

Einflußfaktoren

Berücksichtigung bei zu treffenden Belastungsannahmen
Beachtung erforderlicher Bedingungen für die Montage, die Wartung und Reparatur der Heizungsanlage
Berücksichtigung der Abmessungen und erforderlicher Hilfskonstruktionen zum Einbau der Installationen im Bereich tragender Bauteile

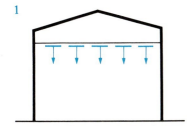
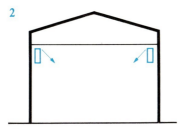

4. Nutzertechnologische Teilanforderungen

4.2. Be- und Entlüftung

Tafel 4.2 Be- und Entlüftung

Anwendung

1

Für ein- bis dreischiffige Mehrzweckgebäude ist unter bestimmten technologischen Voraussetzungen eine natürliche Be- und Entlüftung mittels Fenster bzw. Dachaufbauten in der Praxis üblich.

2

Für mehrschiffige eingeschossige Mehrzweckgebäude mit erhöhten technologischen Anforderungen kommt eine künstliche Be- und Entlüftung in Frage.

3

Bei besonderen technologischen Erfordernissen bzw. bei Mehrschiffigkeit des Objektes ist eine Kombination zwischen Wand-Heiz-Lüfterapparaten für die Belüftung mit im Dachbereich angeordneten Absaugvorrichtungen bzw. Ventilatoren für die Entlüftung des Gebäudes möglich.

4

Für Industriegebäude, bei denen eine Klimatisierung erforderlich ist, macht sich in den meisten Fällen die Anordnung eines speziellen Lüfterschiffes zur Unterbringung von Klima- bzw. Lüftungsanlagen notwendig.
Die Luftzu- bzw. -abführung erfolgt in gesonderten Kanalsystemen, die wiederum im Dach- bzw. Fußbodenbereich vorgesehen werden.

Einflußfaktoren

In der Regel erfolgt eine Anordnung von Lüftungskanälen im Dach- bzw. Fußbodenbereich:
- Beachtung bei zu treffenden Belastungsannahmen
- Beachtung der Bedingungen für die Montage, die Wartung und Reparatur der Belüftungsanlage
- Beachtung der Abmessungen und notwendiger Befestigungs- bzw. zusätzlicher Konstruktionen zur Anordnung von Kanälen bzw. Anlagen im Bereich der Tragwerkelemente

Bei Zwangslüftungssystemen ist der Einsatz von Wärmerückgewinnungsanlagen anzustreben.

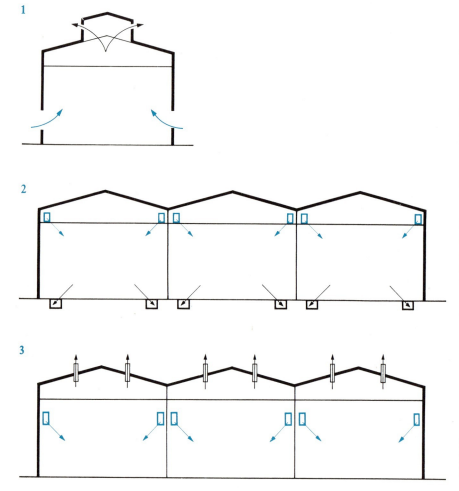

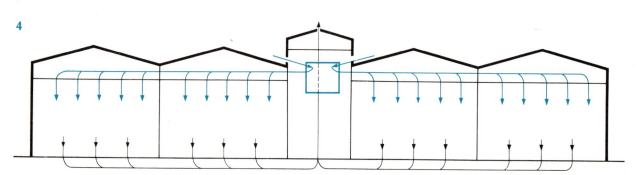

4. Nutzertechnologische Teilanforderungen

4.3. Belichtung und Beleuchtung

Tafel 4.3 Belichtung und Beleuchtung

Anwendung

1
Für ein- bzw. zweischiffige Hallen für normale Beanspruchungen erfolgt eine Belichtung durch Anordnung ausreichender Fensterflächen in den Außenwänden bzw. durch Anbringen von elektrischen Beleuchtungsanlagen an die Dachunterkonstruktion.

2
Für mehrschiffige Hallen mit normalen bzw. geringen technologischen Anforderungen werden zur natürlichen Beleuchtung der Arbeitsplätze in den Außenwänden Fensterflächen und im Dachbereich Oberlichtkonstruktionen vorgesehen.
Zur ausreichenden Beleuchtung der Arbeitsplätze ist eine zusätzliche künstliche Arbeitsplatzbeleuchtung erforderlich.
Außerdem ist an der Dachunterkonstruktion eine künstliche Beleuchtungsanlage zur Allgemeinausleuchtung des Halleninneren angeordnet.

3
Für besondere Produktionszweige in fensterlosen Gebäuden wird ausschließlich eine Beleuchtungsanlage im Unterbereich der Dachkonstruktion angeordnet.
Von Fall zu Fall ist eine zusätzliche Arbeitsplatzbeleuchtung notwendig.

4
Unter Beachtung gegebener Standortbedingungen und entsprechender technologischer Voraussetzungen werden zur natürlichen Belichtung mehrschiffiger Gebäude Shed- bzw. shedähnliche Tragwerke eingesetzt.
Die Fensterflächen im Dachbereich sind in derartigen Fällen vorrangig nach Norden zu orientieren.
Für eine ausreichende künstliche Beleuchtung des Halleninneren wird wiederum im unteren Dachbereich eine elektrische Beleuchtungsanlage vorgesehen.

Einflußfaktoren

- Die Anordnung von Fensterflächen führt zu einer wesentlichen Beeinflussung des Wärmehaushaltes der Gebäude.
- Die Anordnung von Fensterflächen muß in Abstimmung mit den Erfordernissen für die Rauch- und Hitzeableitung bei Brandausbrüchen erfolgen.
- Die Anordnung von Öffnungsflügeln in Fensterflächen muß unter Beachtung des vorgesehenen Belüftungssystems für das entsprechende Gebäude erfolgen.
- Die Anordnung von Fensterflächen muß unter Beachtung der standortbedingten Himmelsrichtung der Gebäudeanordnung erfolgen.
- Bei der Anordnung von Oberlichten bzw. Shed-Dachtragwerken müssen die statischen Auswirkungen im Hinblick auf die Bildung von Schneesäcken beachtet werden.
- Die Anordnung konstruktiver Maßnahmen zur Befestigung künstlicher Beleuchtungsanlagen muß bei der Berechnung und konstruktiven Ausbildung des Dachtragwerkes berücksichtigt werden.
- Die Bedingungen für Montage, Wartung und Reparatur künstlicher Beleuchtungsanlagen müssen bei der konstruktiven Gebäudekonzeption beachtet werden.

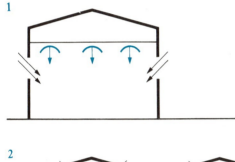

1

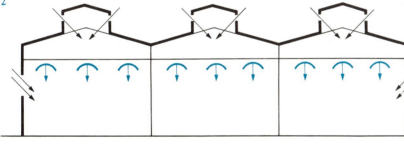

2

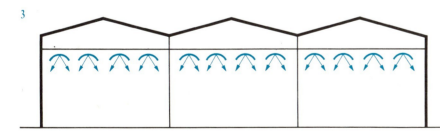

3

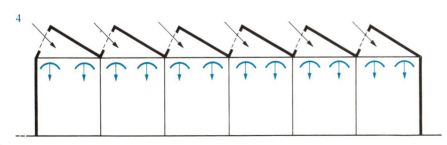

4

4. Nutzertechnologische Teilanforderungen

4.4. Schallschutz

Forderungen des bautechnischen Schallschutzes an Industriehallen

Schallschutzkriterien

Im Zusammenhang mit der Projektierung und Errichtung von Industriebauwerken müssen für die Realisierung des Schallschutzes folgende 2 Kriterien berücksichtigt werden:

1. Der Industriebetrieb als Lärmquelle muß ausreichend gegenüber angrenzenden Bebauungsformen oder Wohn- sowie gesellschaftlichen Zonen abgeschirmt werden. Der zulässige Nachbarschaftslärm ist den entsprechenden Bestimmungen zu entnehmen.
2. Für die im Industriebetrieb vorhandenen Arbeitsplätze dürfen bestimmte Lärmgrenzen nicht überschritten werden. Der zulässige Lärm an Arbeitsplätzen in Industriegebieten ist den entsprechenden Bestimmungen zu entnehmen.

Schallschutzmaßnahmen

Aktive Schallschutzmaßnahmen unmittelbar an der Lärmquelle, z. B. durch:

- konstruktive Maßnahmen zur Verringerung des Geräusches einer Lärmquelle
- Begrenzung der Nutzungszeit.

Nachweise

Bei besonders komplizierten Fällen ist in der Planungsphase durch ein spezielles Schallschutzgutachten der Nachweis zu erbringen, alle erforderlichen Maßnahmen zur Gewährleistung des Schallschutzes getroffen zu haben.

Für bauliche Maßnahmen (Trennwände, Decken) ist der Nachweis ausreichender Luftschalldämmung erforderlich. Einfache Abhängigkeiten zwischen Dämmung und Masse zeigt Tafel 4.4.

Tafel 4.4
Mittlere Luftschalldämmung einheitlicher Baustoffe

(nach *Cremer*: Dämmzahl $D = 14 \lg G$ in dB)

Baustoff	Dicke mm	Masse kg/m²	Dämmzahl dB
Zementgebundene Holzfaserplatten	100	80	41
Gipsplatten	100	100	42
Zementgebundene Hüttenbimsplatten	100	120	43
Schwemmsteine	150	170	45
Mauerwerk			
– Mauervollziegel	115	225	47
	540	880	55
– Basalt	1000	3000	63
Baustoff unterteilt nach Masse		1	14
		10	28
		100	42
		1000	56

4. Nutzertechnologische Teilanforderungen

4.5. Brandschutz

Forderungen des bautechnischen Brandschutzes an Industriehallen

Aufgaben

Der bautechnische Brandschutz dient primär der Abwendung von Gefahren für Menschen. Darüber hinaus geht es darum, volkswirtschaftliche Werte vor Havarien, Bränden, Explosionen und anderen Auswirkungen zu schützen und für die vorgesehene Nutzungsdauer zu erhalten.

Für die Festlegung bautechnischer Maßnahmen zum Brandschutz sind u. a. folgende Kriterien maßgebend:

Brandlast

Die Brandlast oder die Brandbelastung ist das Produkt aus der Masse der brennbaren Stoffe im betrachteten Raum oder Gebäudeabschnitt mit deren Heizwerten, bezogen auf die Grundfläche in m².

Die Brennbarkeit der Baustoffe wird gemäß Vorschrift beurteilt.

Brandausbreitung

Die Brandausbreitung charakterisiert das komplexe Brandverhalten der Baustoffe.

Feuerwiderstand

Der Feuerwiderstand beurteilt den zeitlichen Widerstand, den ein Bauwerksteil bei Feuer- oder Wärmeeinwirkung aufbringt, ohne unter der rechnerisch zulässigen Belastung seine Standsicherheit einzubüßen oder eine Brandübertragung zuzulassen.

Feuerwiderstandsklassen

In Abhängigkeit verschiedenartiger brandschutztechnischer Kriterien, wie beispielsweise zulässige Brandlaststufe, zulässige Bauwerkshöhe, Brandgefahrenklasse, Tragwerk und Bauweise, erfolgt eine Einteilung der Bauwerke in Feuerwiderstandsklassen.

Je nach erfolgter Zuordnung eines Bauwerkes zu einer bestimmten Feuerwiderstandsklasse werden differenzierte brandschutztechnische Anforderungen an das Brandverhalten konstruktiv bedingter Bauelemente und Bauwerksteile gestellt. Die Forderungen des Explosionsschutzes sind zu beachten.

Brandabschnitte

Die Größe zulässiger Brandabschnitte wird nach der Bewertung folgender Kriterien ermittelt:

Brandlast im betreffenden Brandabschnitt
Brandgefahrenklasse des betreffenden Gebäudes oder Brandabschnittes
Vorhandensein von Brandwarn- oder Brandmeldeanlagen
Vorhandensein einer Betriebsfeuerwehr
Vorhandensein automatischer Feuerlöschanlagen.

Maßnahmen

Zur Erfüllung bautechnischer Brandschutzforderungen sind u. a. folgende technische Maßnahmen in der Planungs- und Projektierungsphase zu treffen. Es sind anzuordnen:
Brandtrennwände
Brandwände
Brandsperren (Maßnahmen zur Verhinderung einer Brandausbreitung im Bereich von Wand- und Deckendurchbrüchen oder Kanälen u. dgl.)
Brandschutzverkleidungen bzw. Brandschutzanstriche
Brandwarnanlagen
Brandlöschanlagen
Vorrichtungen bzw. Möglichkeiten zur Rauch- und Hitzeableitung.

Brandschutzvoraussetzungen

Neben diesen Maßnahmen ist bereits in der ersten Planungsphase auf brandschutztechnisch erforderliche Gebäudeabstände zu achten. Es müssen Voraussetzungen geschaffen werden für:
Evakuierung der Menschen im Brandfall
Zufahrt der Feuerwehr
Zugang der Löschmannschaften zum Brandherd
Löschwasserzuführung und -entnahme.

4. Nutzertechnologische Teilanforderungen

4.6. Rauchabzugsanlagen

Projektierungsgrundsätze

Funktion

Rauchabzüge, d. h. Vorrichtungen in Decken und Wänden zur Ableitung der bei Bränden auftretenden Rauchgase, dienen dem bautechnischen Brandschutz und sollen im Brandfall folgende Funktionen übernehmen:
- Sicherung der Evakuierung vor Verqualmung
- Schutz des Bauwerkes und seiner Ausrüstung, indem das Entstehen explosiver Gasgemische infolge unvollständiger Verbrennung verhindert wird
- Ermöglichen eines schnelleren und gefahrloseren Vorgehens der Brandschutzorgane bei der Brandbekämpfung
- Verminderung der Sekundärschäden, hervorgerufen durch Rauchgase
- Verminderung der Brandfolgeschäden, z. B. durch gezieltes Vorgehen der Löschkräfte
- Verringerung der Ausdehnungsgeschwindigkeit des Brandes.

Bemessung

Nach TGL 10 685/09 und der Vorschrift Nr. 9/84 der *Staatlichen Bauaufsicht* werden Mindestgrößen für Abzugsflächen zur Rauch- und Wärmeableitung in Prozent der Nettofläche des betreffenden Raumes als Funktion der Brandgefahrenklasse und der Brandbelastung ausgewiesen.

Lüftungsquerschnitt

Die Wirksamkeit einer Rauchabzugsanlage wird durch das Verhältnis von aerodynamisch freier Fläche zu geometrisch freier Fläche charakterisiert. Die geometrisch freie Fläche ist mit dem Lüftungsquerschnitt identisch.

Bestimmung der Rauchgasmenge

Für die Bemessung der Rauchabzugsöffnungen ist neben dem aerodynamischen Gesichtspunkt die bei einem Brand erzeugte Rauchgasmenge von entscheidender Bedeutung. Sie hängt von einer Vielzahl von Faktoren ab, wie Abbrandgeschwindigkeit, Heizwert, Art und Zustand des Stoffes und Lüftungsverhältnis.

Aerodynamische Fläche

Entscheidend für den Einsatz ist die sogenannte aerodynamisch freie Fläche, die sich aus der Multiplikation des Wirkungsgrades mit der geometrisch freien Fläche ermitteln läßt.

$A_{ae} = \eta \cdot A_g$

A_{ae} aerodynamisch freie Fläche in m²
η Wirkungsgrad
A_g geometrisch freie Fläche in m²

Die aerodynamisch freie Fläche ist die durch Kontraktion und Reibungswiderstände reduzierte, geometrisch freie Fläche. Der Wirkungsgrad η einer Rauchabzugsanlage kann über 0,8 betragen. Dagegen erreichen Rauchabzugsklappen Werte von wenig über 0,3 bei Öffnungswinkeln $\leq 45°$. Angestrebt werden sollte ein Wirkungsgrad $\eta \geq 0,7$.

Anordnung der Rauchabzugsanlagen

Sie müssen gemäß Vorschrift im oberen Raumdrittel angeordnet sein und dürfen untereinander bestimmte Abstände nicht überschreiten. Festlegungen über die konstruktive Ausbildung von Rauch- und Wärmeabzugsanlagen werden nicht getroffen. Doch besteht ein großer Unterschied darin, ob eine Rauchabzugsklappe im Dach angeordnet wird oder ob ein Fenster die Funktion des Rauch- und Wärmeabzuges übernimmt, wie es meist der Fall ist. Dabei handelt es sich oft um Kipp- oder Klappflügelfenster mit einem nicht definierten Öffnungswinkel.

Frischluftzufuhr

Wenn eine Rauchabzugsanlage wirken soll, so gilt zunächst unabhängig von ihrer Bauart, daß im unteren Bereich der Außenwände Öffnungen für eine ausreichende Frischluftzufuhr vorhanden sein müssen. Hierbei ist von dem Grundsatz auszugehen, daß der Querschnitt für die Frischluftzufuhr mindestens dem der Rauchabzugsöffnung entsprechen muß, leicht zu öffnende Fenster und Türen können dabei in Rechnung gestellt werden.

Kaltbauten/ungedämmte Bauten

Es ist festgelegt, daß in Kaltbauten, deren Außenwände und/oder Dachdeckungen aus einschichtigen Platten, Tafeln oder Profilbändern aus Asbestzement, Glas, Plasten oder Aluminium bestehen und die mit geringem Aufwand zerstört werden können, Abzugsflächen für Rauch nicht erforderlich sind. Hierzu ist zu bemerken, daß dies bei Plasten mitunter schwer zu realisieren ist, und es darf auch nur Einfachglas (kein Drahtglas) für diesen Zweck eingesetzt werden.

Spezifik

Rauchabzugsanlagen, die sich an der höchsten Stelle des Raumes unmittelbar über der möglichen Brandstelle befinden, sind infolge der Auftriebsgeschwindigkeit der heißen Brandgase wirksamer als beispielsweise Öffnungen seitwärts in einer Außenwand.

4. Nutzertechnologische Teilanforderungen

4.6. Rauchabzugsanlagen

Projektierungsgrundsätze

Rauchabzugsanlagen können sowohl von Hand bedient als auch automatisch ausgelöst werden. Automatische Rauchabzugsanlagen werden im allgemeinen mit Rauch- oder Wärmeauslösungsvorrichtungen versehen. Der Einsatz von Wärmeauslösungsvorrichtungen ist jedoch nur sinnvoll, wenn sich diese unmittelbar über dem Brandherd bzw. innerhalb einer Zone, die durch einen Winkel von maximal 15° zur Vertikalen gebildet wird, befinden und wenn sie bereits bei Temperaturen unter 100 °C ansprechen. Bei gewollter oder ungewollter Zerstörung der Auslösevorrichtung muß sich die Rauchabzugsanlage selbsttätig öffnen.

Eine Auslösung durch Druckluft oder Elektrizität ist relativ brandempfindlich und anfällig. Daher werden häufig, auch wegen der geringeren Kosten, zuverlässig wirkende Schmelzlotsicherungen verwendet.

In Gebäuden mit automatischen Rauchabzugsanlagen und Sprinklern ist der Sprinkleranlage der Vorrang zu gewähren, da das Löschen eines entstandenen Brandes wichtiger ist als eine Rauchabführung. Die Auslösetemperatur für die Sprinkler muß daher unterhalb der der Rauchabzugsanlage liegen. Die Temperaturdifferenz kann mit 20 °C angesetzt werden. Es versteht sich von selbst, daß die automatischen Auslösevorrichtungen der Rauchabzugsanlagen gegen ein direktes Besprühen durch die Sprinkler abzuschirmen sind.

Wärmeauslösevorrichtungen

Sehr positiv wirkt sich gegen eine Verqualmung großer Brandabschnitte (Hallen) die Anordnung von Brandschürzen aus. Diese können bereits durch die Konstruktion gegeben sein (Bild 4.1) oder nachträglich eingebaut werden (Bild 4.2). Sie sollten gleichmäßig über die Brandabschnittsfläche verteilt werden und in der Höhe der Rauchzone entsprechen (etwa 25 Prozent der rechnerischen Raumhöhe).

Brandschürzen

Das Ziel der konstruktiven Ausbildung und Bemessung einer Rauchabzugsanlage ist eine schnelle und sichere Abführung der Rauchgase zur Sicherung einer rauchfreien Zone mit einer Höhe von möglichst mehr als 75 Prozent der lichten Raumhöhe über Oberkante Fußboden.

Zielstellung

Vor dem Einsatz ist die projektierte Öffnungskonstruktion in jedem Fall im Windkanal experimentell zu erproben. Die Einflüsse von Windstärke und -richtung auf den Gasdurchsatz sind zu untersuchen. Der Wirkungsgrad der Anlage ist auszuweisen. Des weiteren sind die Auslösevorrichtungen und die Wirkung unter örtlichen Einsatzbedingungen zu testen. Der Wirkungsgrad sollte $\eta \geq 0{,}7$ betragen.

Experimentelle Erprobung

4.1
Wirkungsweise eines Shedtragwerkes als Brandschürze

4.2
Wirkungsweise von Brandschürzen bei Bindertragwerken

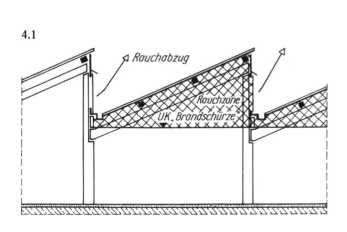

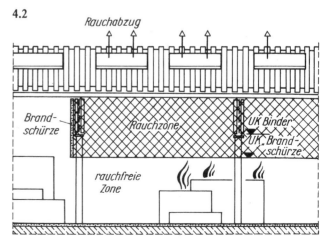

4. Nutzertechnologische Teilanforderungen

4.6. Rauchabzugsanlagen

Projektierungsgrundsätze

Schemata

Bei einer Rauchabzugsanlage mit einer einflügligen Klappe (Bild 4.3) kann bei entsprechender Windrichtung ein gegenteiliger Effekt bewirkt werden. Bei der Anordnung derartiger Klappen sollte die erforderliche Abzugsfläche, die sich aus der Rauchgasmenge, dem theoretischen Abzugsquerschnitt und der Austrittsströmungsgeschwindigkeit ergibt, mindestens verdoppelt werden. Die Öffnungen der Klappen sollten in verschiedene Richtungen zeigen.

Mit einer Rauchabzugsanlage nach Bild 4.4 wird eine bessere Rauchabführung gewährleistet. Infolge des eindringenden Windes wird jedoch analog zu dem erstgenannten Konstruktionsprinzip auch bei dieser Art der Rauchabzugsanlage auf der Leeseite der Rauchabzug vollkommen und auf der Luvseite teilweise gesperrt.

Die besten Ergebnisse der Rauchableitung mit Rauchabzugsanlagen werden entsprechend Bild 4.5 erzielt.

Konstruktive Hinweise

Für die konstruktive Ausbildung der Öffnungskonstruktion der Rauchabzugsanlage können folgende Hinweise gegeben werden:

- Die geometrisch freie Fläche soll auch im Brandfall voll erhalten bleiben, d. h., die Öffnungskonstruktion soll unter Brandbeanspruchung möglichst lange einer Verformung widerstehen.
- Die Öffnungskonstruktion muß auch unter Wind- und Schneebelastung sowie bei Vereisung funktionsfähig bleiben.
- Beim Einsatz von Aluminiumkonstruktionen muß Kontaktkorrosion verhindert werden.
- Die Qualität der besonders auch für die Bedienungseinrichtungen verwendeten Materialien ist so zu wählen, daß die Funktionssicherheit der Anlage unter Beachtung einer regelmäßigen Wartung ständig gegeben ist.
- Für Warmbauten sind gedämmte Öffnungskonstruktionen mit möglichst temperaturunempfindlichen Wärmedämmstoffen vorzusehen, so daß eine Kondenswasserbildung weitgehend ausgeschlossen wird. Damit kann gleichzeitig den Gefahren der Korrosion und des Festfrierens begegnet und ein übermäßiger Wärmeverlust vermieden werden.

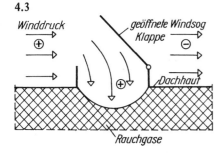

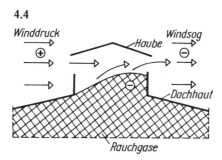

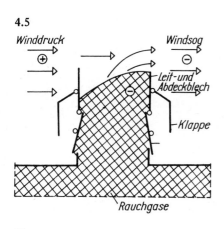

4.3
Schema einer einflügligen Rauchabzugsklappe, Wirkungsgrad $\eta \approx 0{,}3$

4.4
Schema einer Rauchabzugshaube, Wirkungsgrad $0{,}3 \leq \eta \leq 0{,}8$

4.5
Schema einer zweiflügligen Rauchabzugsklappe, Wirkungsgrad $\eta \geq 0{,}8$

5
Korrosionsschutz

5. Korrosionsschutz

5.1. Ursachen der Korrosion

Maßnahmen und Forderungen

Atmosphäre

Der überwiegende Teil der Stahltragwerke ist einer mehr oder weniger aggressiven äußeren Atmosphäre ausgesetzt. Hier steigt die Zinkkorrosion mit der relativen Luftfeuchte (oberhalb eines kritischen Wertes von etwa 60 Prozent), der Benetzungsdauer der Oberfläche und der Menge der einwirkenden Luftverunreinigung, besonders SO_2 und Chloride, an.

Als Bezugsgrundlage der Luftverunreinigung gilt die SO_2-Flächenbeaufschlagung in $mg/m^2 d$. Die Zinkkorrosion ist bei vorwiegender SO_2-Einwirkung dieser angenähert proportional.

Der direkte Einfluß der Temperatur ist gering, jedoch wirkt sie sich über die relative Luftfeuchte aus. Staubablagerungen sind ohne Einfluß, wenn sie keine Aggressivität aufweisen.

Die Charakterisierung der atmosphärischen Korrosionsbelastung sowie die davon abhängige Einschätzung der Haltbarkeit erfolgt nach *MLK-S 1001/03* (Richtlinie für Projektierung und Konstruktion im Stahlhochbau des VEB Metalleichtbaukombinat).

Erdboden

Die Korrosion im Erdboden gegenüber Stahl ist mit einigen Einschränkungen auf Zink übertragbar, siehe TGL 11465.

Wasser

Über das korrosionschemische Verhalten kalter und heißer Wässer siehe TGL 0-50930 und TGL 0-50931.

Schwitzwasser

Schwitzwasser, stehendes oder Tauwasser ist als sauerstoffgesättigtes weiches Wasser sehr aggressiv und korrodiert die Zinkschicht unter Bildung von Weißrost. Ebenso wie Schwitzwasser wirkt Regenwasser. Durch konstruktive und bauphysikalische Maßnahmen muß die Schwitzwasserbildung stark eingeschränkt werden.

Baustoffe

Baustoffe, wie Mörtel und Beton, zeigen in frischem Zustand eine starke alkalische Reaktion. Trotzdem wird Zink durch sie und besonders bei der Verwendung chromathaltiger Zemente im allgemeinen nicht wesentlich angegriffen.

Eine stärkere Korrosion gegenüber Zink tritt bei Beton mit chloridhaltigen Frostschutzmitteln auf.

Gips und gipshaltige Mörtel greifen Zink ebenfalls stark an, jedoch ist der Angriff schwächer als auf Stahl.

Verzinkte Stahlbauteile, deren Enden einbetoniert sind, haben eine kritische Zone im Übergangsbereich Stahl-Beton. Deshalb ist z. B. bei verzinkten Stahlstützen auf dem Betonsockel ein um das Stahlteil ringsum angelegter Isolieranstrich (mit Bitumen) erforderlich (TGL 18703/01).

Chemische Industrie

In Produktionsstätten der chemischen Industrie überwiegen die produktionsbedingten Luftverunreinigungen gegenüber der allgemeinen Aggressivität in der Atmosphäre; siehe auch TGL 29243/01.

In der Regel ist Zink hier nicht als alleiniger Schutz ausreichend und muß ein zusätzliches Anstrichsystem erhalten.

Kaliverarbeitende Industrie

Für die kaliverarbeitende Industrie und Lagerhallen für Mineraldünger ist die Feuerverzinkung mit und ohne Anstrich *nicht* zulässig.

Landwirtschaftsbau

Für den Landwirtschaftsbau gilt Richtlinie - Korrosionsschutz - tragende Stahlkonstruktionen im Landwirtschaftsbau nach VEB Landbauprojektierung Potsdam.

Allgemeine Forderungen

Neben der Anwendung produktiver materialsparender Verfahren und Technologien sowie dem Einsatz moderner Werkstoffe sind der Einsatz von langlebigen Korrosionsschutzsystemen bei Neuinvestitionen und die optimale Werterhaltung von Werkstoffen und Materialien ein wesentliches effektivitätsbestimmendes Element.

Der wachsende Verbrauch an Stahl und der verstärkte Einsatz des Metalleichtbaus sowie die gestiegene Aggressivität der Atmosphäre in den letzten Jahren erhöhen die Verluste.

Der verstärkte Einsatz des Metalleichtbaus erfordert einen optimalen und langlebigen Korrosionsschutz, denn infolge der Senkung des spezifischen Werkstoffverbrauchs wurden die Profilstärken minimiert, Rosterscheinungen haben negative Auswirkungen auf die Stabilität der Metalleichtbautragwerke.

Obwohl die Substitution von Stahl durch Plaste und andere Ersatzstoffe forciert wird, verstärkt sich in den nächsten Jahren der Einsatz von Stahl speziell im Metalleichtbau weiter. Diesem Trend ist in der Entwicklung des Korrosionsschutzes, besonders des Langzeitkorrosionsschutzes, unbedingt Rechnung zu tragen.

5. Korrosionsschutz

5.1. Ursachen der Korrosion
5.2. Korrosionsschutzverfahren

Maßnahmen und Vorschriften

Die Korrosionsschutzmaßnahmen lassen sich grundsätzlich in zwei Hauptgruppen einteilen: die aktiven und die passiven Schutzverfahren [5.1]:

Hauptgruppen

Die aktiven Schutzverfahren beruhen auf dem Prinzip des unmittelbaren Eingriffs in die ablaufende elektrochemische Reaktion. Zu diesem Verfahren gehören der katodische und anodische Schutz, die Verwendung von Inhibitoren, aber auch die Veränderung der Angriffsbedingungen, wie Verringerung oder Erhöhung der Strömungsgeschwindigkeit, Erniedrigung der Temperatur und als Wichtigstes die Säuberung der angreifenden Medien von ihren aggressiven Bestandteilen.

Aktiver Korrosionsschutz

Bei den passiven Schutzverfahren wird das Angriffsmittel von dem Werkstoff durch eine dazwischenliegende Schutzschicht abgetrennt. Diese Schutzschichten können aus Metallen, organischen und anorganischen Stoffen bestehen. Dazu gehören elektrolytisch abgeschiedene Metalle, die Emails, durch Spritzen und Tauchen aufgetragene Metalle sowie die Verwendung von Anstrichstoffen und Plasten.

Passiver Korrosionsschutz

Im internationalen Maßstab ist der Anteil der passiven Schutzverfahren zugunsten der aktiven Schutzverfahren etwas geringer, auch in der DDR wird in den nächsten Jahren der Anteil der aktiven Schutzverfahren weiter anwachsen. Hierbei müssen die elektrochemischen Schutzverfahren beachtet werden, ohne daß die Bedeutung der genannten passiven Schutzverfahren wesentlich sinken wird.
Grundsätzlich neue Methoden des Korrosionsschutzes sind in absehbarer Zeit nicht zu erwarten.

Folgerung

Die Schutzwirkung der *Zn-Schicht* ist durch eine korrosionsgerechte Gestaltung gemäß entsprechenden Standards des Stahlleicht- und Feinstahlbaus zu unterstützen. Festlegungen über Zn-Schichtdicke und Ausbesserungen sind in TGL 18733/01, Abschnitt 2.5. enthalten.
Die Einordnung der korrosiven Belastung und die Festlegung der Anstrichsysteme werden nach TGL 31-457 vorgenommen.
Hiermit in Verbindung müssen GBl. Teil II Nr. 35 vom 25. April 1969 und der 2. Entwurf der »Anordnung über den Korrosionsschutz an Stahl- und Metalleichtbaukonstruktionsteilen im Einflußbereich aggressiver gas- und staubförmiger Medien« beachtet werden.
TGL 18703 (Festlegung der Säuberungsgrade beim mechanischen und thermischen Entfernen von Rost, Zunder, Korrosionsschutzresten und sonstigen Verunreinigungen auf Stahl zum Zwecke einer nachfolgenden Korrosionsschutzbehandlung)

Korrosionsschutzverfahren TGL

Tragwerkelemente, die verzinkt werden sollen, unterliegen besonderen konstruktiven Regeln, die in der Richtlinie des Metalleichtbaukombinates »Feuerverzinkungsgerechtes Projektieren, Konstruieren, Fertigen im Stahl-, Metalleicht- und Feinstahlbau« D 1/April 1975 festgehalten sind.
Die Richtlinie gilt für Bauteile des Stahl-, Metalleicht- und Feinstahlbaus und den Geltungsbereich von TGL 18703/03, die durch die diskontinuierliche Feuerverzinkung (Stückgutverzinkung) mit einer Zn-Schutzschicht versehen werden.
Für Anstriche auf feuerverzinkten Oberflächen gilt TGL 18710/02. Die Anwendung zusätzlicher Anstriche wird erforderlich für
- den Aggressivitätsgrad 5 und Sonderbeanspruchungen nach Abschnitt 2.3. des *MLK-S 1001/03* (Stahlbautechnische Projekte, Korrosionsschutz)
- einen Korrosionsschutz mit sehr langer Standzeit, z. B. bei behinderter Zugänglichkeit für den Wiederholschutz
- eine besondere dekorative Gestaltung.

Die Festlegung der Art, Schichtzahl und Umfang zusätzlicher Anstriche ist in Abhängigkeit von der zu erwartenden Korrosionsbelastung differenziert vorzunehmen.

Richtlinie Projektierung/Konstruktion

Verbindlichkeiten enthalten insbesondere
TGL 13500   Stahlbau, bauliche Durchbildung
TGL 13510   Ausführung von Stahltragwerken
TGL 18703   Korrosionsschutzgerechte Gestaltung
TGL 18703/01 Allgemeine konstruktive Forderungen
TGL 18703/02 Kontaktkorrosion
TGL 18703/03 Beschichtungsgerechte Durchbildung
TGL 18733/01 Feuerverzinkung

Verbindliche Hinweise

VEB BMK Chemie-Richtlinie:
Diese Richtlinie gilt für Stahltragwerke des Stahlhochbaus in Industrieatmosphäre im Einflußbereich aggressiver gas- und staubförmiger Medien.

BMK-Richtlinie

5. Korrosionsschutz

5.2. Korrosionsschutzverfahren

Passiver Korrosionsschutz, Tafel 5.1

Der passive Korrosionsschutz nimmt im Rahmen der Korrosionsschutzverfahren eine vorherrschende Stellung ein. — **Hinweis**

Voraussetzungen für eine hohe Lebensdauer des passiven Korrosionsschutzes ist eine genau abgestimmte und wirksame Untergrundvorbehandlung. Diese Voraussetzung wird durch die Tatsache erhärtet, daß mehr als die Hälfte der Korrosionsschäden auf eine ungenügende oder unterlassene Untergrundvorbehandlung zurückzuführen sind. Die Wichtigkeit der Unterleitung von Behandlungen veranschaulicht Tafel 5.1. — **Voraussetzung**

Eine ausreichende Untergrundvorbehandlung muß die Schaffung eines metallisch reinen Untergrundes bei organischen und anorganischen Beschichtungen, Säuberungsgrad nach TGL 18730/02 »Korrosionsschutz – thermisches und mechanisches Entzundern und Entrosten von Stahl«, voraussetzen. — **Forderung**

Gerade im Metalleichtbau muß ein Langzeitkorrosionsschutz auf der Grundlage von hochwertigen Anstrichstoffen oder metallischen Schutzschichten, aber auch die Kombination beider angestrebt werden. Die Erfahrungen der letzten Jahre haben gezeigt, daß sich besonders eine Schutzschicht aus Zink und mehreren Nachfolgeanstrichen gut bewährt hat.
Eine Spritzmetallisierung für Metalleichtbauprofile
- mit einer Zinkschichtdicke von 0,100 mm und
- einem alkydharz-alupigmentierten sowie
- zwei bis drei Folgeanstrichen nach der Montage
ist arbeitsintensiv und somit kostenaufwendig.
Durch die längeren Standzeiten im Gegensatz zu reinen organischen Beschichtungen werden folgende günstige Effekte, die in der ökonomischen Betrachtung über einen längeren Zeitraum ein solches Schutzsystem rechtfertigen, erreicht:
- Minimierung der Werterhaltungsaufwendungen
- Erhöhung der Funktionstüchtigkeit (Gebrauchswert)
- Verringerung der Nachfolgekosten (Produktionsausfälle).
Bei einer Neuinvestition ist immer darauf zu achten, daß eine höchstmögliche Übereinstimmung der Lebensdauer von gebrauchswerterhöhenden Oberflächenbeschichtungen mit der Lebensdauer des jeweiligen Finalproduktes erreicht wird. — **Korrosionsschutz bei Neuinvestitionen**

Die Ausführung von Korrosionsschutzarbeiten an bestehenden Stahlbautragwerken ist erheblich schwieriger als bei Neuinvestitionen. Als Grundsatz ist folgendes zu beachten:
- Ein Überstreichen von gealterten und unterrosteten Farbanstrichen ist wenig sinnvoll, da eine entsprechende Haftung nicht erreicht wird. Außerdem widerspricht dies dem Grundgedanken eines qualitätsgerechten Korrosionsschutzes.
- Eine zeitaufwendige Entrostung, wenn möglich eine Strahlenentrostung, ist immer zu empfehlen, um einen optimalen Korrosionsschutz in Form von organischen oder anorganischen Überzügen zu gewährleisten.
- Ausnahmen bestehen in der Anwendung zugelassener Penetriermittel (Anstriche unmittelbar auf grobentrostete Stahlflächen). — **Korrosionsschutz an bestehenden Anlagen**

Eine ordnungsgemäße Werterhaltung ist meistens nur bei Stillegung einer Produktionshalle durchzuführen. Die Arbeiten zur Untergrundvorbehandlung (Strahlen mit Druckluft) erfordern besondere Vorkehrungen, die die Strahlsande mit einem Druck von 4 bis 6 kp/cm² (40 bis 60 N/cm²) auf das zu konservierende Teil geschleudert werden.
Die Staubentwicklung sowie die Gefahr der Beschädigung von Armaturen und Verglasungen sind erheblich. Außerdem sind Gerüste notwendig, um alle Teile fachgerecht konservieren zu können. — **Problem**

Methode	Qualität der UGV	Lebensdauer/Jahre
Ohne UGV	Streichen auf unbeschädigte Walzhaut	3…4
Handentrostung	Entfernung von abblätterndem Walzzunder und Flugrost	4
Mechanische Entrostung	wie vor	5…6
Flammentrostung	Entfernung von Walzhaut, Zunder und Rost	7…8
Beizen	Entfernung von Walzhaut, Zunder und Rost, vollständige metallblanke Entrostung	6…8
Strahlen	wie vor	8…12

Tafel 5.1
Untergrundvorbehandlung

Abhängigkeit der Lebensdauer der Anstriche von der Untergrundvorbehandlung (UGV)

5. Korrosionsschutz

5.2. Korrosionsschutzverfahren

Stahlwerkstoffe, Verzinkung, Tafel 5.2

Auswahl

Selten wird als Konstruktionsmaterial Korrosionsträger Stahl *(KT-Stahl)* gewählt. Gemäß TGL 18733/01 sind alle unlegierten Stähle einschließlich Stahl-, Temper- und Grauguß feuerverzinkbar.
Für *H 52, KT-Stähle* sowie Stahl-, Temper- und Grauguß ist eine vorherige Vereinbarung mit der Feuerverzinkerei notwendig.
Der die Zn-Auflage erhöhende Einfluß des Si-Gehalts im Stahl erfordert zur Erreichung einer ökonomisch zweckmäßigen einheitlichen Zn-Auflage die bevorzugte Verwendung nur einer Stahlgüte in einem Bauteil.
Bei *H 52* ergeben sich auch höhere Verzinkungspreise.

Dicken

Hinsichtlich der Werkstoffdicke sind folgende Begrenzungen einzuhalten:
- $\frac{\text{max. Werkstoffdicke}}{\text{min. Werkstoffdicke}} \leq 5$ als Ausnahmefall < 8
  > 5 sind möglichst lösbar zu gestalten
- max. Werkstoffdicke zweckmäßig $s \leq 25$ mm

Für sehr materialintensive Bauteile mit einer Oberfläche ≤ 25 m^2/t ist eine Verzinkung nicht durchzuführen.

Festigkeit

Die zulässigen Spannungen nach TGL 13500 für den statischen Spannungsnachweis und Ermüdungsfestigkeitsnachweis können ohne zusätzliche Abminderung zugrunde gelegt werden.

Tafel 5.2

Stahlschutz

Übersicht über Verfahren: Stahl mit Zink zu schützen – nach »Zinkberatung E. V.« [5.3.]

Metallische Überzüge

	Übliche Schichtdicken µm	Schichtaufbau: Legierung mit Untergrund	Zusammensetzung	Aufbringen: Vorbehandlung	Verzinken	Oberflächenbehandlung: üblich	möglich
Feuerverzinken Stückverzinken DIN 50 976	50...150	ja dicke Schicht	Legierungsschicht ($^2/_3$) + Zinkschicht ($^1/_3$)	Beizen in Säure	Tauchen in flüssiges Zink		Beschichtung
Bandverzinken DVV-Merkmale bzw. DIN 17 162	10...40	ja dünne Schicht	Legierungsschicht (1 %) + Zinkschicht (99 %)	*Sendzimir*-verfahren	Durchlaufen durch flüssiges Zink	Chromatieren	Beschichtung
Thermisches Spritzen Spritzverzinken DIN 8565	80...200	nein	Zinkschicht aus Zinktropfen mit Oxidhaut	Strahlen, Normreinheitsgrad Sa 3	Ausspritzen von geschmolzenem Zink	Versiegeln	Beschichtung
Elektrolyt. Verzinken Einzelbäder DIN 50 961	5...25	nein	lamellare Zinkschicht	Entfetten	Zink-Abscheidung durch elektrischen Strom im wäßrigen Elektrolyten	Chromatieren	Beschichtung
Durchlaufverfahren DVV-Merkmale	2,5...7,5	nein	lamellare Zinkschicht	Entfetten		Chromatieren	

Beschichtung

Zinkstaubbeschichtung	40...80 Shop...Primer	nein	etwa 92 % Zinkstaub in der trockenen Beschichtung	Strahlen, Normreinheitsgrad Sa 2 $^1/_2$	Pinseltechnik, Spritzen	Deckbeschichtung, Beschichtungsstoff muß abgestimmt sein.	
DIN 55 969	10...20						

Kathodischer Schutz

Zink-Anoden hoher Reinheit (99,995 Prozent) zur Verhinderung der Eigenpolarisierung sind selbstregulierend und optimal in wäßrigen Elektrolyten mittlerer und hoher Leitfähigkeit. Fremdstromanlagen erfordern begrenztes Schutzpotential und Sicherung gegen Übersteuerung. Die Stromkapazität je dm^3 Zinkanode von etwa 5 300 Ah ermöglicht kleine Anoden mit geringem Strömungswiderstand. Die erforderliche Schutzstromdichte ist vom Zustand und den äußeren (Bewegungs-)Bedingungen abhängig. Optimal ist der aktiv in den Korrosionsprozeß eingreifende kathodische Schutz in Verbindung mit einer Beschichtung.

Hinweise auf:
Merkblätter der Beratungsstelle für Stahlverwendung in Düsseldorf (BRD)
Merkblatt 329
Oberflächenschutz durch Feuerverzinkung + Anstrich
Merkblatt 367
Schweißen auf feuerverzinktem Stahl
Merkblatt 400
Korrosionsbeständigkeit feuerverzinkten Stahls

5. Korrosionsschutz

5.3. Technologien und Verfahren

Ökonomische Probleme bei Farbkorrosionsschutz

Basisvarianten

Für Korrosionsschutz bieten sich 3 Basisvarianten an:

1. Variante
Geringe Aufwendung für den Korrosionsschutz: Sie führen durch Produktionsstörungen, Werkstoff- und Materialverluste zu hohen Gesamtkosten.

2. Variante
Hohe Aufwendung für den Korrosionsschutz: Diese bedingen geringe Werkstoff- und Materialverluste, insgesamt aber ebenfalls hohe Gesamtkosten.

3. Variante
Vertretbare Aufwendungen für den Korrosionsschutz: Sie beinhalten technisch und ökonomisch kalkulierbare Material- und Werkstoffverluste, führen aber im Endeffekt zu einem Kostenoptimum, welches als Minimum der Gesamtkosten ausgewiesen werden kann.

Anstriche

Anstriche nach TGL 25087

Erstanstrich: Auftrag eines kompletten Anstrichsystems auf neue Anstrichträger
Instandhaltungsanstrich: Auftrag von Anstrichen auf bereits beanspruchte Anstrichsysteme, um deren Schutzfunktion zu erhöhen und die Haltbarkeit zu verlängern
Erneuerungsanstrich: Auftrag eines kompletten Anstrichsystems nach Entfernung des alten und zerstörten Anstriches vom Grundstoff

Kostenvergleich

Relativer Variantenvergleich der Kosten in Abhängigkeit vom Korrosionsschutzsystem

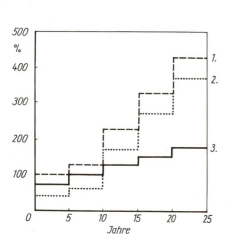

1. Variante
Entrostungsart: Handentrostung
Anstrichsystem: 6facher PC-Anstrich
Anstrichturnus: 5 Jahre
Anstrichart: Erneuerungsanstrich

2. Variante
Entrostungsart: Strahlenentrostung
Anstrichsystem: 6facher PC-Anstrich
Anstrichturnus: 5 Jahre
Anstrichart: Erneuerungsanstrich

3. Variante
Entrostungsart: Strahlenentrostung
Anstrichsystem: Duplexsystem
  (100 µm Zn, 200 µm Al und 4…6facher PC-Anstrich)
Anstrichturnus: 12–15 Jahre
Anstrichart: Instandhaltungsanstrich

Folgerung

Die anfänglich relativ teure 3. Variante bietet eindeutig die beste Verfahrensweise.

Standzeiten

Standzeiten von Korrosionsschutzsystemen bei normaler Belastung:

  8,5 Jahre bei Anstrichsystemen auf Ölbasis
  8,0 Jahre bei Anstrichsystemen auf Alkydharzbasis
  9,5 Jahre bei Anstrichsystemen auf PC-Basis
 12,0 Jahre bei Anstrichsystemen auf Epoxidharzbasis
 12,0 Jahre beim Duplexsystem Zink- und Alkydharzanstriche
 17,0 Jahre beim Duplexsystem Zink/Aluminium und Anstriche

Folgerungen

Minimierung der Gesamtkosten heißt nicht Minimierung der Korrosionsschutzkosten.
Die Korrosions- und Korrosionsschutzkosten sind keine Konstanten, sondern zeitabhängig.
Unter Nutzung betrieblicher Erfahrungen hinsichtlich der Standzeit verschiedener Anstrichsysteme kann nachgewiesen werden, daß hohe Primärkosten relativ sind und durch eine längere Standzeit kompensiert werden.
Eine Senkung der Investitionssumme zu Lasten des Korrosionsschutzes stellt - wie durch die ökonomische Betrachtung nachgewiesen wurde - im Regelfall eine kurzsichtige Ökonomie dar.

5. Korrosionsschutz

5.4. Konstruktive Regeln, Ausführungsbeispiele

Grundsätze, Fügeverfahren

Allgemeine Grundsätze

Korrosionsschutzgerechtes Konstruieren beeinflußt ausschlaggebend weitere Folgen der Korrosionsgefahr und Maßnahmen des Korrosionsschutzes. Folgende Grundsätze sind zu beachten [5.5; 5.6; 5.7; 5.8]:

Einfluß der Luftfeuchtigkeit

Die Stahlelemente im Inneren von Gebäuden mit normaler Luftfeuchtigkeit neigen kaum zur Korrosion. Deshalb ist korrosionsschutzgerechtes Konstruieren für Stahlbauteile im Freien oder in Räumen mit hoher Feuchtigkeit von entscheidender Bedeutung. Bereits bei einer relativen Luftfeuchtigkeit von 70 Prozent setzt eine erkennbare Korrosion ein.

Verhältnis Masse zur Fläche

Tragwerkelemente mit kleiner Verhältniszahl von Masse zur Fläche der Elemente sind gegen Korrosion widerstandsfähiger als dünnwandige.

Einfluß der Oberflächenbeschaffenheit

Für die Oberflächenbeschaffenheit gelten die Festlegungen in TGL 18733/01, Absatz 2.2. Glatte Flächen sind stark gegliederten vorzuziehen.

Einfluß von Schmutzstellen

Vermeiden von Vertiefungen und Stellen, wo sich Schmutz, Staub, Wasser sowie Feuchtigkeit aus der Luft oder Gase ansammeln können, sowie ein leichter Zugang für Reinigung und Schutzmaßnahmen an allen Stellen der Konstruktion.

Feuerverzinken Zinkbadabmessungen

In der DDR können vom VEB MLK maximale Einzelteilabmessungen von 15 m × 1,60 m × 2,70 m mit 5 t Eigenmasse feuerverzinkt werden.

Einfluß der Temperatur des Verzinkungsbades

Durch die Temperatur des Feuerverzinkungsbades von etwa 450 °C entsteht im Stahl vorübergehend ein hoher Festigkeitsabfall. Hiermit resultieren weitgehender Abbau von Spannungen im Bauteil aus Walzeigenspannungen, Schweiß-, Brennschneid- und Warmrichtspannungen. Verformungen können aber auch unmittelbar nach der Feuerverzinkung bei unsachgemäßem Transport und ungeeigneter Lagerung auftreten.

Anforderungen an Stahlbauteile

Stabartige Bauteile sind vor Flächenelementen und diese wiederum vor räumlichen zu bevorzugen. Bauteile sind so zu konstruieren, daß ein einmaliger Tauchvorgang ausreichend ist.

Forderung an konstruktive Durchbildung

Vermeiden von komplizierten Verbindungen der Konstruktion besonders an Knotenpunkten (Ansammeln von Wasser) sowie das Vermeiden von größeren horizontalen Stahlflächen ohne Wassergefälle. Wenn unvermeidbar, dann Ablaufbohrungen vorsehen. An den zur Konservierung bestimmten Tragwerkelementen sind Anschlagelemente (Ösen usw.) anzubringen, die auch den Montageanforderungen entsprechen. Geschlossene Hohlräume sind grundsätzlich zu vermeiden, sie neigen während des Feuerverzinkens in der Zinkwanne zur Explosionsgefahr (Arbeitsschutzanordnung ASAO 197).

Ausführungen Fügeverfahren

Selbst Maßarbeit bei der Vorbereitung der Bauteile kann nicht verhindern, daß bei der Montage am Bau Änderungen oder Erweiterungen vorgenommen werden müssen. Ebenso wird es erforderlich sein, übergroße Elemente, die aus Transportgründen in Teilen hergestellt wurden, kraftschlüssig zu verbinden. Das ist auch bei feuerverzinkten Teilen kein Problem [5.8].

Prinzipiell läßt sich feuerverzinkter Stahl ebenso handhaben wie *schwarzes* Material. Zu beachten ist lediglich die Wiederherstellung eines eventuell unterbrochenen Oberflächenschutzes der bearbeiteten Partien. Verbindungselemente sollen grundsätzlich nur in verzinkter Ausführung verwendet werden [5.8]. Die Möglichkeit einer Kontaktkorrosion muß ausgeschlossen sein, z. B.: Stahl/Aluminium.

Für die einwandfreie Paßfähigkeit feuerverzinkter Konstruktionen ist die Zinkschichtdicke in Löchern, auf Gewinden, in beweglichen Teilen und auf Anschlußflächen zu berücksichtigen. Die Schichtdicke liegt zwischen 50 und 200 µm.

Klaffende Fugen an miteinander vernieteten, verschraubten oder nicht dicht verschweißten Bauteilen sind, soweit sie nicht durch den Korrosionsschutz ausreichend verschlossen werden, mit geeignetem Material, z. B. Abdichtspachtel, auszufüllen.

Verbindungsarten oder Fügeverfahren, die überlappte Flächen vor dem Feuerverzinken ergeben, wie z. B. Niet- und Punktschweißverbindungen, und den Einschluß von korrosionsfördernden $FeCl_2$- und $ZnCl_2$-Salzen begünstigen, sind zu vermeiden.

Schrauben

Es können die gleichen Schraubentypen wie für *schwarzen* Stahl, jedoch nur in feuerverzinkter Ausführung, verwendet werden. Bei Schraubverbindungen mit verzinkten Schrauben ist der Reibbeiwert aufeinanderliegender Zinkflächen zu beachten. Dazu müssen für hochfeste Verbindungen HV-Schrauben verwendet werden; zusätzlich wird der Reibbeiwert durch einen Zinkstaubsilikatanstrich erhöht (DIN).

5. Korrosionsschutz

5.4. Konstruktive Regeln, Ausführungsbeispiele

Fügeverfahren

Schrauben

Die Ausführung gleitfester Schraubverbindungen nach TGL 13502 ist bei feuerverzinkten Bauteilen wegen des Schmierungseffektes der Zinkauflage nicht zulässig.
Mindestbohrungsdurchmesser: min 6 mm $\varnothing$ bei $s \leq 2$ mm; min 8 mm $\varnothing$ bei $s > 2$ mm
Der Korrosionsschutz der Verbindungselemente von Schraubverbindungen ist im Standard *MLK-S 3301* geregelt (Auszug).
Schraubverbindungen sind *nach dem* Feuerverzinken zu verschrauben.
Für Schrauben ohne Passung sind die Schraubenlöcher gemäß TGL 0-407 zusätzlich mit +1 mm $\varnothing$ größer zu bohren.
Löcher können auch nach dem Feuerverzinken gebohrt werden, wenn sie verschlossen werden, z. B. durch Schrauben.
Das Gewindeschneiden in Bohrungen ist nach dem Feuerverzinken auszuführen.

Nieten

Viele Stahlprofilverbindungen sind vom Standpunkt des richtigen korrosionsschutzgerechten Konstruierens nicht oder wenig empfehlenswert.
Nietköpfe müssen nachträglich gegen Korrosion geschützt werden.

Kleben

Dieses jüngste der Fügeverfahren wird in der Praxis noch recht wenig angewendet, obwohl es hinsichtlich der Festigkeit ausgezeichnete Ergebnisse bringt. Es gibt spezielle Kleber für unterschiedliche Anwendung und unterschiedliche Temperaturbelastungen.
Für Tragwerkteile ist das Kleben nicht zugelassen [5.8].

Hartlöten

Hartlöten ist ein altbewährtes Verfahren vor allem für Blechverbindungen. Der Vorteil liegt in einer verhältnismäßig hohen Arbeitsgeschwindigkeit und in geringer Verletzung der schützenden Zinkschicht.
Für tragende Verbindungen und Teile ist das Hartlöten nicht zugelassen [5.8].

Klemmen

»Schnellbefestiger« sind insbesondere für Blechbauteile vorteilhaft [5.8].

Schweißen

Schweißverbindungen sind vor dem Feuerverzinken auszuführen.
Schweißspannungen sind durch geeignete Schweißnahtanordnungen, Schweißfolgen und durch verminderte Schweißgutmenge gering zu halten.
Stumpfnahtverbindungen sind Kehlnahtverbindungen vorzuziehen.
Stumpfnähte sind generell durchzuschweißen. Falls in bestimmten Fällen, z. B. bei Dichtnähten und unterbrochenen Nähten, ein Durchschweißen nicht zweckmäßig ist, muß der Stegabstand der nicht durchgeschweißten Seite ≥ 2 mm nach dem Schweißen betragen (Bild 1).
Von der Einhaltung dieses Stegabstandes kann abgesehen werden, wenn die Stoßflächenbreite der nicht durchgeschweißten Spalte ≤ 4 mm beträgt (Bild 2).
Überlappte Flächen sind rundherum dicht zu verschweißen. Die Flächengröße ist zu beachten.
Einseitige, einseitig unterbrochene und beiderseitig unterbrochene, aber versetzt angeordnete Kehlnahtanschlüsse ohne Luftspalt in der Überlappungsfläche sind jedoch bei Stoßflächenbreiten ≤ 4 mm zulässig.
Bei einer Stoßflächenbreite ≤ 6 mm muß der Luftspalt mindestens 1 mm nach dem Schweißen betragen (Bild 3).

Montageschweißverbindungen

Montageschweißverbindungen sind nur in begründeten Ausnahmefällen vorzusehen.

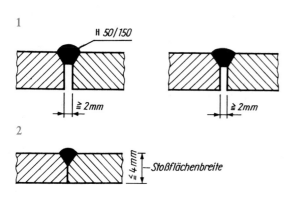

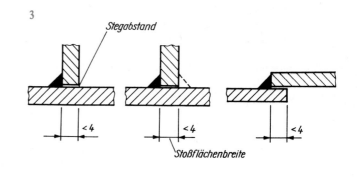

5. Korrosionsschutz

5.4. Konstruktive Regeln, Ausführungsbeispiele

Profileinsatz

Grundsätze

Profilen mit wenig Ecken ist der Vorzug zu geben, d. h., das L-Profil ist dem U-Profil, das U-Profil dem I-Profil vorzuziehen.
Alle Tragwerkselemente sind weitgehendst einwandig auszubilden.
Rohrkonstruktionen sind Konstruktionen aus Profil- und Stabstahl vorzuziehen.
Hohlquerschnitte sind nach dem Feuerverzinken luftdicht zu verschließen. Falls das nicht möglich ist, muß eine ausreichende Belüftung vorhanden sein. Belüftete Hohlquerschnitte verlangen bei einer aggressiven Atmosphäre (Aggressivitätsgrade III und IV) eine Innenkonservierung.

Mindestabmessungen

Mindestabmessungen von Stahl-, Metalleicht- und Feinstahlbau-Profilen in Abhängigkeit von den Aggressivitätsgraden
nach TGL 13500 und TGL 13501/01 /02 und VEB BMK Chemie-Richtlinie

Aggressivitätsgrade I und II:
nichtaggressive oder schwachaggressive Medien

Material	Mindestabmessungen in mm		
	Stahlbau	MLB[1]	Feinstahlbau
Bleche:	4	2	1
Profilstahl, Stabstahl:			
Dicke abstehender Teile, Stege	4	2	1
Schenkelbreite	30		
Profilteile, die Schrauben- oder Nietlöcher enthalten:			
Breite	50		
Verbindungsmittel:			
Schrauben, Niete (Rohniete)	12		
Schweißnähte	$a = 3$		

Aggressivitätsgrade III und IV:
mittelaggressive oder starkaggressive Medien (chemische Industrie)

Material	Mindestabmessungen in mm		
	Stahlbau	MLB[1]	Feinstahlbau
Bleche:	6	3	1,5
Profilstahl, Stabstahl:			
Dicke abstehender Teile,	6		
Stege	4,9		
Schenkelbreite	50		
Profilteile, die Schrauben- oder Nietlöcher enthalten:			
Breite	58		
Verbindungsmittel:			
Haftschrauben und -niete	12		
Kraftschrauben und -niete	16		
Schweißnähte	$a = 3$		

Bemerkung: [1] MLB = Metalleichtbau

5. Korrosionsschutz

5.4. Konstruktive Regeln, Ausführungsbeispiele

Tafel 5.3 Feuerverzinkungsgerechte Profilzusammensetzungen

Nicht zulässig | Verzinkungsgerecht

5.1

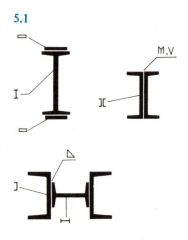 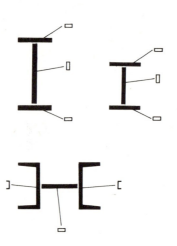

5.2 a)

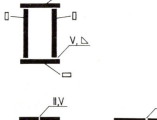 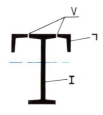

 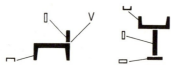

5.2 b)

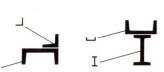

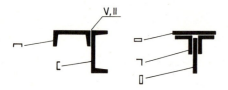 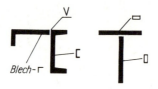

Walzprofile

5.1

Einzelprofile

Einzelprofile und zusammengesetzte Querschnitte sind symmetrisch zu den Hauptachsen auszubilden.

Bei unsymmetrischen Profilen oder Bauteilen ist die Verbindung nach dem Feuerverzinken vorzusehen.

Fläche je Überlappung begrenzt
mit   < 400 cm²
Stegblechhöhe ≦ 400 mm
Werkstoffdicke ≦ 25 mm

5.2

Zusammengesetzte Profile

a) Hohlkastenprofilformen sind möglichst zu vermeiden.

b) keine überdeckten Flächen, unsymmetrische Schweißspannungen noch vorhanden.

5. Korrosionsschutz

5.4. Konstruktive Regeln, Ausführungsbeispiele

Stützenfüße, Stirnplattenanschlüsse

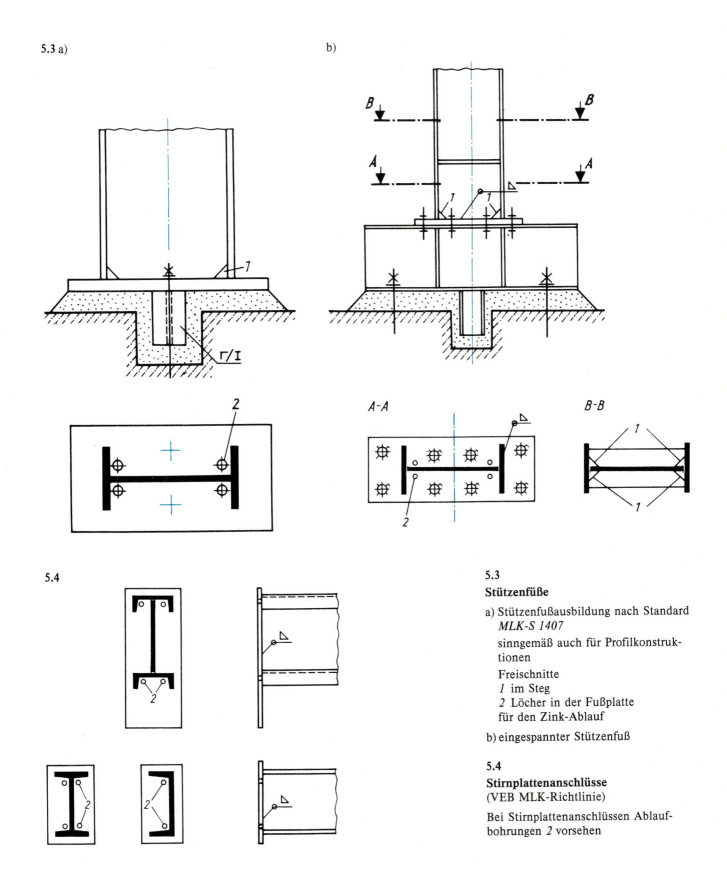

5.3
Stützenfüße

a) Stützenfußausbildung nach Standard *MLK-S 1407*

sinngemäß auch für Profilkonstruktionen

Freischnitte
1 im Steg
2 Löcher in der Fußplatte
für den Zink-Ablauf

b) eingespannter Stützenfuß

5.4
Stirnplattenanschlüsse
(VEB MLK-Richtlinie)

Bei Stirnplattenanschlüssen Ablaufbohrungen *2* vorsehen

5. Korrosionsschutz

5.4. Konstruktive Regeln, Ausführungsbeispiele

Profilabstände, Stützenquerschnitte

5.5 a) b)

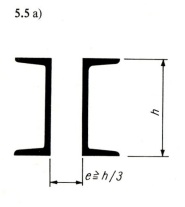
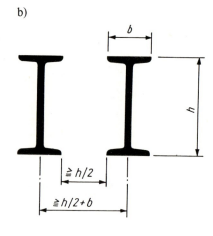

c)

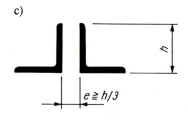

d) e)

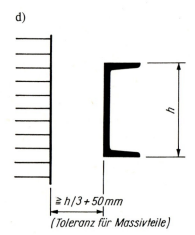
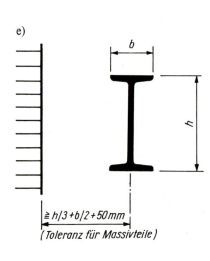

5.5

Profilabstände bei Farbkonservierung
(VEB MLK und VEB BMK Chemie-Richtlinie)

Bei der Festlegung des Abstands parallellaufender Bauteile ist darauf zu achten, daß ein Wiederholschutz möglich ist.

Bei zweiwandigen Konstruktionen muß jede Stelle für Entrostungs- und Anstricharbeiten zugänglich sein (Bild a bis c).

Dies gilt auch für Stahlträger, welche an Mauerwerks- oder Betonwänden liegen (Bild d und e).

Der Zwischenraum bei zusammengesetzten Profilen ist zu schließen, wenn der Abstand benachbarter Flächen a) und c):

$$e < \frac{h}{3}$$

bei stark aggressiven Medien sowie bei nicht verzinkten Bauteilen

$$e < \frac{h}{10} \text{ oder } e < 10 \text{ mm}$$

bei verzinkten Bauteilen ohne Einwirkung aggressiver Medien sowie bei nicht verzinkten Bauteilen von Tagebaugeräten

Abstände zwischen Massivbauteilen und Stahlträgern (d und e)

5.6

Stützenquerschnitte
(VEB BMK Chemie-Richtlinie)

Stützenquerschnitte für kleine Kräfte (obere Reihe)
Es sind möglichst geschlossene Querschnitte zu verwenden.

Stützenquerschnitte für größere Kräfte

5.6

5. Korrosionsschutz

5.4. Konstruktive Regeln, Ausführungsbeispiele

Profilspreizungen, Stützenfußausbildungen

5.7

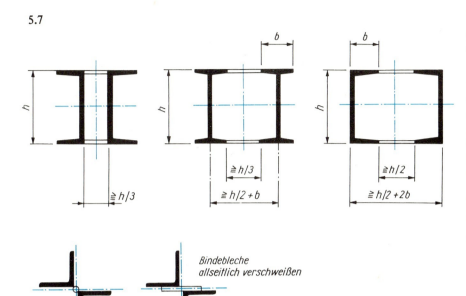

5.8 a)   b)

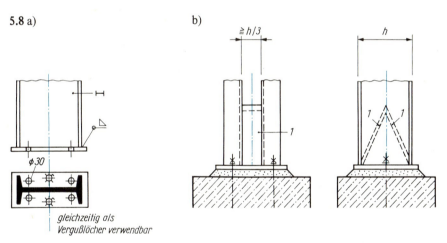

c)

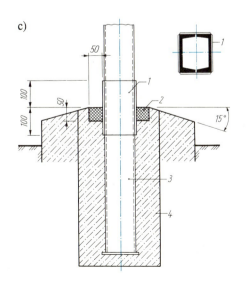

5.7
Profilspreizung
(VEB BMK Chemie-Richtlinie)

Anordnung der Bindebleche an Stützen und Druckstäben mit offenen Querschnitten:

Bei offenen Querschnitten muß jede Stelle für Entrostungs- und Anstricharbeiten zugänglich sein. Bindebleche dürfen nicht auf die Flansche, sondern dazwischengeschweißt werden.

5.8
Stützenfüße

a) offene Profile *(VEB MLK)*:
Bei warmgewalzten U- und I-Profilen und einer Verzinkungstechnologie mit senkrecht gestelltem Steg des Walzprofils sind keine Verzinkungslöcher notwendig. Dies gilt sinngemäß für geschweißte I-Profile mit mittig angeordnetem Steg und einer Flanschbreite ≤ 200. Rücksprache mit der Zinkerei ist immer zweckmäßig.
Möglichst gleiche Lochdurchmesser vorsehen – Fertigungsvorteile

b) Profilspreizung bei Doppel-U-Stützen
(VEB BMK Chemie)
Bei offenen Querschnitten ist der Stützenfuß mit schrägen Ablaufblechen *(1)* zu versehen.

c) eingespannte Stütze mit Kastenquerschnitt *(VEB BMK Chemie)*
In Hülsenfundamente eingespannte Stützen sind möglichst zu vermeiden. Es ist korrosionsschutzgerechter, die Einspannung durch Stützenfußplatte und Verankerung zu erreichen.
In Hülsen eingespannte Stützen sollen möglichst luftdicht verschlossene Hohlkästen sein. Diese sind an der Einspannstelle durch Korrosionsschutzbleche zu verstärken.
Eingespannte Stützen mit Stützenfußplatte und Verankerung sind konstruktiv wie die Pendelstützen auszuführen.
Infolge des Schwindens des Betons kann eine Trennung entstehen, durch welche Feuchtigkeit eindringt und der Stahl korrodiert. Der Fundamentkopf ist deshalb wie im Bild dargestellt auszuführen.
1 Verstärkungsbleche ≥ 6 mm (ausseitig verschweißen); *2* Bitumenverguß; *3* U-Kasten-Stütze (luftdicht verschweißen); *4* Aussparung

5. Korrosionsschutz

5.4. Konstruktive Regeln, Ausführungsbeispiele

Freischnitte und Bohrungen bei Trägern

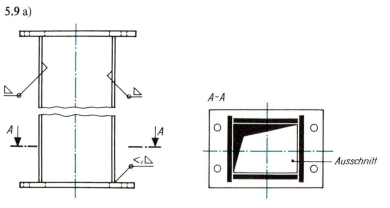

5.9

Hohlkasten: Stützen oder Träger
(VEB MLK-Richtlinie)

a) Hohlkastenprofilformen sind möglichst zu vermeiden. Bodenpressung auf Beton beachten

b) bei Aussteifungen Freischnitte vorsehen

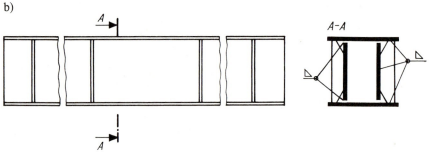

5.10

Blechträger
(VEB MLK-Richtlinie)

a) Stegblechhöhe ohne Abstimmung mit der Feuerverzinkerei ≤ 400
Werkstoffdicke zweckmäßig $s \leq 25$
$\dfrac{\text{max. Werkstoffdicke}}{\text{min. Werkstoffdicke}} \leq 5$

b) Freischnitte *(1)* oder Bohrungen vorsehen

c) Trägeranschluß nach *MLK-S 1404/02* mit Verzinkungsbohrungen *(1)*
Anmerkung: Verzinkungstechnisch ist eine durchgehende Stirnplatte günstiger, da geringerer Bauteilverzug nach dem Feuerverzinken.

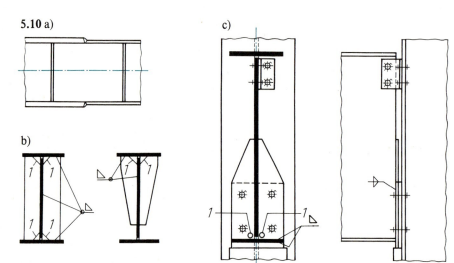

5.11

Profilkonstruktionen Anschlüsse
(*VEB BMK Chemie* und VEB MLK-Richtlinie)

Anschluß I-Träger an I-Stützen
Trägeranschluß nach Standard *MLK-S 1404/01* nach VEB MLK-Richtlinie:
Kopfblech < als Steghöhe. (Nur dann möglich, wenn hinsichtlich der Festigkeit keine Bedenken bestehen.)
Stirnplattenanschlüsse nur noch in Ausnahmefällen verwenden
Kopfblech $\geq$ als Steghöhe, steifer und günstiger beim Feuerverzinken

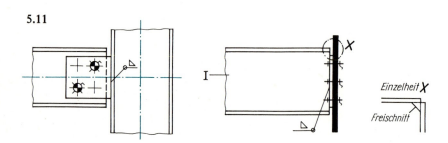

5. Korrosionsschutz

5.4. Konstruktive Regeln, Ausführungsbeispiele

Trägeranschlüsse, Rahmenecken

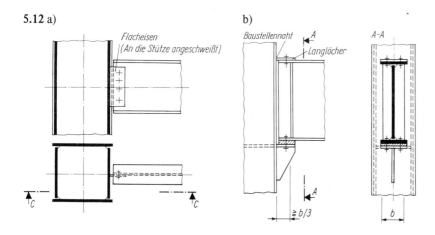

5.12

Anschluß I-Träger an Kasten- oder Rohrstützen
(VEB BMK Chemie)

a) Trägerhöhe ≤ 600 mm

b) Trägerhöhe > 600 mm

5.13

Einwechseln eines I-Trägers in einen Unterzug
(VEB BMK Chemie)

Es ist möglichst der Winkelanschluß anzustreben. Auch das Einschweißen von Flachstahl *1* in den Unterzug *2* nach Bild ist korrosionsschutzgerecht. Ausklinkung vermeiden

5.14

Rahmenecken aus I-Profilen
(*VEB BMK Chemie* und *VEB MLK*)

Korrosionsschutzgerechte Rahmenecken zeigt a). Die Überdeckungsflächen beim Anschluß des Riegels an den Stiel verlangen einen dauerhaften Anstrich.

Rahmenecken nach Standard
MLK-S 1405/01 bis /05
nach VEB MLK-Richtlinie

1 Regelfall mit Freischnitten, vertikale Stoßausbildung; *2* am Rahmenstiel; *3* im Rahmenriegel

Im winklig angeordneten Stoßbereich sind Maßabweichungen durch unterschiedliche Zinkauflagen zu beachten.

a) horizontale Stoßausbildung; *5* Zuglasche
b) geschweißte Rahmenecke

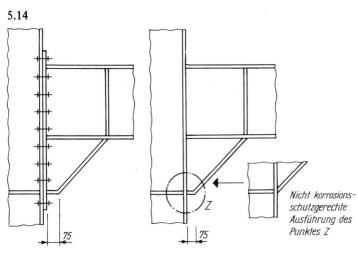

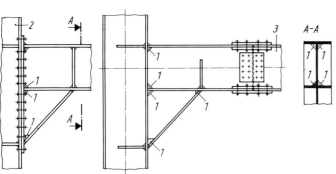

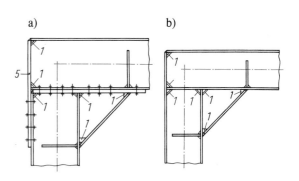

5. Korrosionsschutz

5.4. Konstruktive Regeln, Ausführungsbeispiele

Zusammengesetzte Profile, Riffelblechabdeckungen

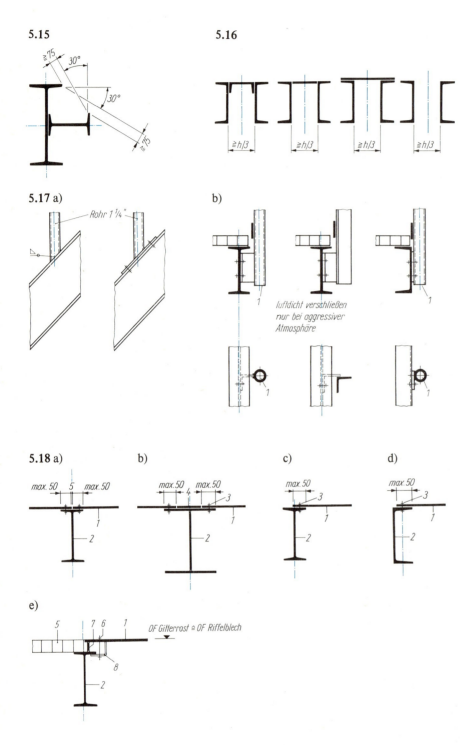

5.15
Rahmenstiel für Doppelbiegung
(VEB BMK Chemie)

Rahmen sollen möglichst einen I-Querschnitt besitzen. Treten Biegemomente in zwei Achsen auf, so kann für den Rahmenteil der zusammengesetzte Querschnitt verwendet werden. Dabei sind, um eine einwandfreie mechanische Konservierung zu ermöglichen, die eingetragenen Maße zu beachten.

5.16
Traversen für Rohrleitungen
(VEB BMK Chemie)

Traversen von Rohrbrücken und Rohrunterstützungen sollen die im Bild dargestellten Querschnitte haben. Zur Vermeidung von Wasserrinnen muß die Oberkante der Verbindungsbleche und waagerecht liegenden Profile stets mit den oberen Trägerflanschen der senkrechten Profile bündig sein.

5.17
Geländer *(VEB BMK Chemie)*

Anschlußbeispiele: a) Geländerstiele auf geneigten Treppenwangen Geländer können aus Rohren (gequetscht oder angepaßt ausgeführt) oder aus Winkelstahl hergestellt werden. Die Rohrenden sind bei seitlichem Anschluß und normalen Bedingungen unverschlossen, nur bei den Aggressivitätsgraden III und IV sind diese luftdicht zu verschließen. Die Befestigungsschrauben dürfen dann auch nicht durch den Geländerstiel geführt werden.

b) seitlicher Anschluß vertikaler Geländerstiele an I- und U-Profile

5.18
Riffelblechabdeckungen
(VEB BMK Chemie-Richtlinie)

Auflagerung: a) bis d) Die Kontaktflächen von Riffelblech und Bühnen sind vor der Montage mit dem ausgewählten kompletten Anstrichsystem zu versehen. Riffelblechabdeckungen sind demontierbar auszuführen.

1 Riffelblech; *2* Bühnenträger; *3* Senkschraube M 10 mit Schlitz ($a \leq 10\,d$); *4* durchlaufend aufgeschweißter Flachstahl Dicke: 3 mm; *5* feuerverzinkter Gitterrost; *6* Senkschraube M 12; *7* Auflagerrippe; *8* Flacheisen oder L-Profil zum Anklemmen

Riffelblechabdeckungen innerhalb von Gitterrostabdeckungen; e)

5. Korrosionsschutz

5.4. Konstruktive Regeln, Ausführungsbeispiele

Geschweißte Fachwerkknoten

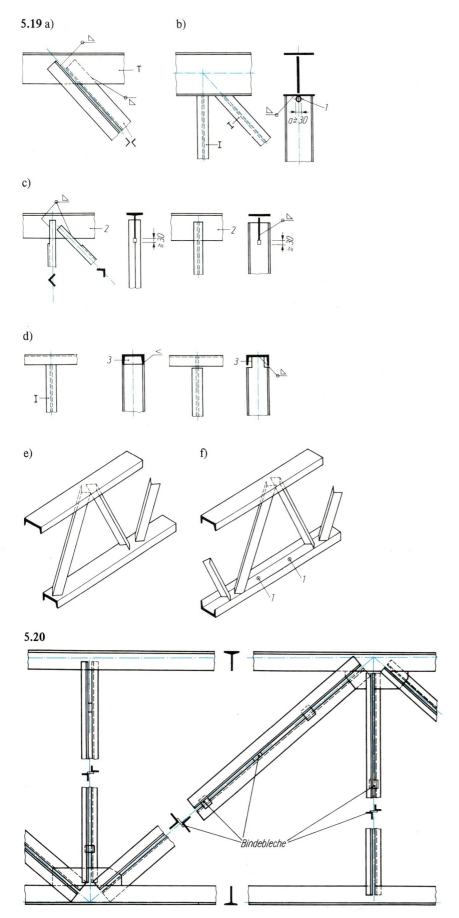

5.19

Geschweißte Fachwerkknoten
(VEB MLK-Richtlinie)

a) Überlappte Flächen sind rundherum dicht zu verschweißen. Fläche je Überlappung begrenzt mit < 400 cm².
b) *1* Bohrung für Ablauf wegen Ringsumschweißung = 30 mm
c) *2* Coupierte I-Profile möglichst nicht verwenden.
d) Zu- und Abfluß der Flüssigkeiten sehr gut. *3* offen
e) Vorzug
f) *1* Löcher zum Wasserablauf im Untergurt vorsehen, da sich im Untergurt Wasser ansammeln kann.

5.20

Beispiel: Korrosionsschutzgerechter geschweißter Fachwerkträger für die Chemische Industrie

Hinweise für den Einsatz in der chemischen Industrie

Das Fachwerk soll aus einem Minimum an Stäben und Verbindungen bestehen.
Für die Gurte ist der T-Querschnitt vorteilhaft. Die Diagonal- und Vertikalstäbe sind bei geringen Stabkräften und Knicklängen aus Doppel-L-Querschnitten und bei größeren aus Doppel-U-Querschnitten (Kasten) herzustellen.
Auch der Einsatz von Rohren ist zu erwägen.
Die Hohlquerschnitte sind luftdicht zu verschließen.
Es sind vorzugsweise geschweißte Konstruktionen auszuführen. Lediglich die Montagestöße können geschraubt werden, dabei erhalten die Überdeckungsflächen einen dauerhaften Anstrich.
Bei Verwendung von hochfesten Schrauben sind keine Anstriche vorzusehen.

5. Korrosionsschutz

5.4. Konstruktive Regeln, Ausführungsbeispiele

Kaltgewalzte Stahlleichtprofile

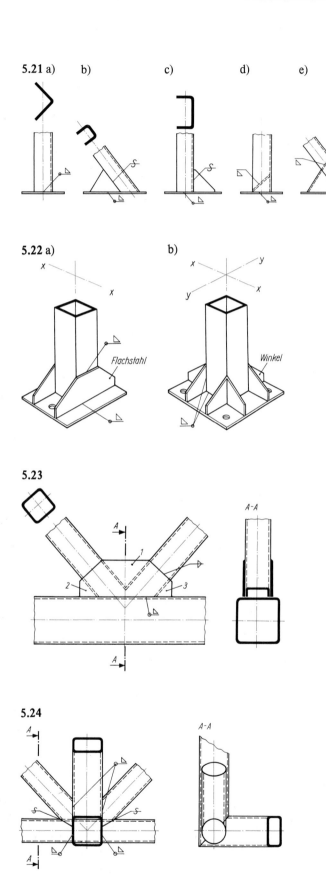

5.21 Ausbildung von Stützenfüßen

a) bis c) Bei geringer Korrosionsbeanspruchung und geregelter Wartung
d) bis f) Bei erhöhter Korrosionsbeanspruchung durch Staubablagerung und Feuchtigkeit
d) Für Druckbeanspruchung
e) und f) Für Druck- und Biegebeanspruchung

5.22 Ausbildung auf Biegung beanspruchter Stützenfüße bei Korrosionsneigung ohne Staubansammlung

a) Moment um die x-x-Achse
b) Moment um die x-x- und y-y-Achse wirkend

5.23 Rohrprofil-Knotenpunkt mit beiderseitig angeordneten Versteifungslaschen

Beurteilung: Staub- und Wasseransammlung möglich in der Wanne *1* und in den Ecken *2* und *3* (ungünstig)

5.24 Rohrknoten aus Rundrohren und Kastenprofilen

Einsatz: Geschlossene Profile werden vorzugsweise im Industriebau mit starker Staubablagerung und aggressiver Atmosphäre eingesetzt. Auch für Gesellschaftsbauten mit sichtbar gestalteten Tragwerkstrukturen sehr gut geeignet.

6
Fachwerke

6. Fachwerke

6.1. Allgemeine Grundlagen

Fachwerke finden bevorzugte Verwendung bei Hallenüberdachungen. Ihre Bedeutung wächst mit der Hallengröße entsprechend dem Verhältnis $\frac{A \text{ (umbaute Fläche)}}{U \text{ (Umfang)}}$.

Bei großen Hallen ist nicht nur der Aufwand für die Dachtragwerke groß im Verhältnis zur Hülle; es erhöht sich auch die Bedeutung der Dachtragwerke, z. B. für die natürliche und künstliche Beleuchtung, den Wärmehaushalt des Gebäudes, die Ver- und Entsorgung.

Große stützenfreie Räume schaffen günstige Voraussetzungen für technologische Flexibilität bei der Nutzung. Dem steht ein mit der Spannweite zunehmender Aufwand gegenüber, woraus sich allgemein die Notwendigkeit ableitet, die Dachtragwerke für den jeweiligen Einsatzfall zu optimieren.

Bei großen Hallenkomplexen wird eine den technologischen Bedingungen und bautechnischen Möglichkeiten entsprechende Gliederung nach Bild 6.1 vorgenommen.

Das Optimum eines Dachtragwerkes wird von einer Vielzahl von Einflußgrößen, darunter objektspezifischen und nicht objektspezifischen, bestimmt. Die Verfahren der mathematischen Optimierung liefern derzeitig für begrenzte Ziele (z. B. Materialminimierung) optimale Lösungen, ohne dabei den Aufwand aus Fertigung, Transport, Montage und Nutzung sowie ggf. weitere volkswirtschaftliche Belange zu berücksichtigen.

Es empfiehlt sich daher, ausgehend von der Einheit von Tragwerk, Konstruktion, Technologie und Ökonomie, der Lösungsweg nach Tafel 6.1 [6.2]. Wesentliche Elemente des Untersuchungsfeldes sind in Tafel 6.2 angegeben. Sie können objektspezifisch weiter modifiziert werden. Um die Vergleichbarkeit der Varianten zu sichern, kommt es bei der Abarbeitung des Untersuchungsfeldes vor allem auf eine einheitliche inhaltliche Niveauhöhe an (Tafel 6.3).

Einsatz

Gliederung großer Hallenkomplexe

Entwicklungsprozeß für Dachtragwerke

6.1

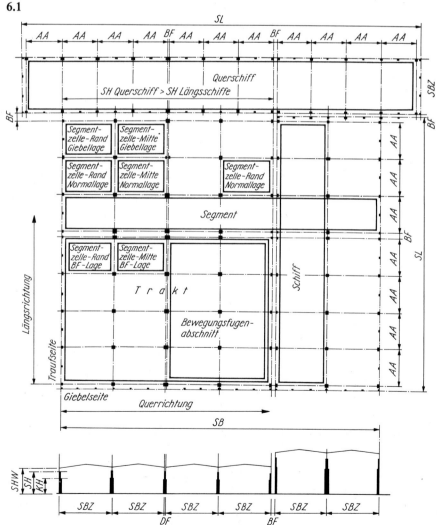

6.1
Raumeinheiten, Begriffe, Abkürzungen

Begriffe

Segmentzelle:
kleinster Gebäudeteil
Segment:
Reihung mehrerer Segmentzellen in Querrichtung
Schiff:
Reihung mehrerer Segmentzellen in Längsrichtung
Trakt:
mehrere Schiffe oder Segmente, die entweder durch Bewegungsfugen, Gebäuderänder oder durch beides begrenzt sind

Abkürzungen

GBK	Großbaukasten
TBK	Teilbaukasten (z. B. TBK 6 000 = Teilbaukasten AA 6 000)
IK	Informationskatalog
SL	Systemlänge des Gebäudes = $\sum$ AA + $\sum$ aller Systemlinienspreizungen + vorgesetzten Giebel
SB	Systembreite des Gebäudes = $\sum$ SBZ + $\sum$ BF
SH	Systemhöhe des Gebäudes
AA	Achsabstand des Gebäudes (Stützenabstand)
SBZ	Systembreite der Segmentzelle
SHW	Systemhöhe der Außenwand
BA	Binderabstand
KH	Konsolhöhe
DNG	Dachneigung
OFF	Oberfläche Fußboden
OFG	Oberfläche Gelände
BF	Bewegungsfuge (Fuge zwischen Bauwerksteilen, Segmenten, Schiffen oder Trakten)
BW	Brandwand
EBK	Einträgerbrückenkran
ZBW	Zweiträgerbrückenkran
OFFu	Oberfläche Fundament
FWB	Fachwerkbinder

6. Fachwerke

6.1. Allgemeine Grundlagen

Auswahl Tafeln 6.1, 6.2, 6.3

Auswahl

Unter den möglichen Tragwerken mit geringem Stahlverbrauch kommt den Fachwerken eine große Bedeutung zu. Sie erweisen sich besonders dann anderen Systemen überlegen, wenn die Stäbe durch Walzprofile in einfacher oder doppelter Anordnung materialisiert werden können.
Für Dachbinder ist dies im Spannweitenbereich zwischen 15 und 50 m der Fall. Ihnen gelten daher in erster Linie die Ausführungen dieses Kapitels.
Raumfachwerke sind für noch größere Stützweiten geeignet.
Grundsätzliche Ausführungen dazu liegen in [6.39] vor. Entsprechend den Erfordernissen einer rationellen Fertigung sowie dem Einsatz vorgefertigter Hüllelemente haben Fachwerke mit geradlinigen Gurten Vorrang. Sie bilden ebene Dachflächen, ermöglichen ebene Untersichten und gestatten die Herstellung von Gurtstäben, die über mehrere Knoten durchlaufen. Andere Formen kommen zur Anwendung, wenn dies durch entsprechende Nutzungsanforderungen gerechtfertigt wird.

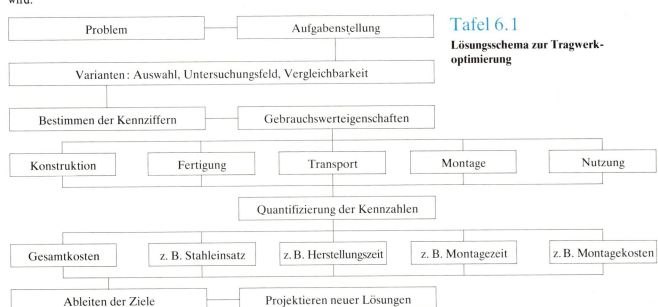

Tafel 6.1

Lösungsschema zur Tragwerkoptimierung

Tafel 6.2

Hauptelemente des Untersuchungsfeldes bei der Optimierung konstruktiver Lösungen

Prozeß	Untersuchungsziel	Wichtige Kennzahlen
Forschung Entwicklung Konstruktion	Entwickeln materialsparender fertigungs-, transport- und montagegerechter Konstruktionen	Stahlverbrauch
Vorfertigung	Wahl des Fertigungsprinzips, Verfahrens u. ä. Grad der Vorfertigung	Fertigungskosten Konservierungskosten Verpackungskosten
Transport	Bestimmen des Transportsystems	Frachtkosten (Bezugskosten)
Montage Komplettierung	Festlegen des Vormontagegrades, Zwischentransportes, Montagetechnologie	Montagezeit Montagekosten
Nutzung	gesonderte Bearbeitung	Nutzungskosten

Tafel 6.3

Schwerpunkte der Vereinheitlichung bei Variantenuntersuchungen

Inhaltlich

annähernd gleich
- Gebrauchswert
- Prozeßumfang
- Erzeugnisqualität

Formal

einheitliche
- Definitionen
- Kennzahleninhalte
- Genauigkeitsforderungen
Bezugszeiträume

6. Fachwerke

6.2. Entwurfsgrundlagen

Dachtragwerke

Aufgabe und Funktion

Abschluß der Halle an der Oberseite und Schutz gegen Witterungs- und Klimaeinflüsse *raumabschließende* und *schützende Funktion*.
Übertragung äußerer Lasten (z. B. Wind, Schnee, technologische Nutzlast) auf die Unterkonstruktion *tragende Funktion*.
Die raumabschließende und schützende Funktion wird überwiegend von der Dachhülle wahrgenommen. Die tragende Funktion übernimmt in der Hauptsache das Dachtragwerk.
Die Funktionen und Bauwerksteile sind als eine Einheit zu betrachten (Bild 6.2).

Einteilung, Dachform

Die Einteilung der Dachtragwerke kann nach verschiedenen Gesichtspunkten erfolgen [6.3]. Nach der *Dachform* unterscheidet man die Hauptgruppen
- Dächer mit ebenen Dachflächen (z. B. Satteldächer, Pultdächer)
- Dächer mit gekrümmten Dachflächen (z. B. Tonnen, Kuppeln)
- Spezielle Formen (z. B. Sheddächer, konoide, hyperbolische Paraboloide).

Bei Hallen für die Industrie und Landwirtschaft werden überwiegend Dächer mit ebenen Dachflächen eingesetzt.

Tragstruktur

Nach der *Tragstruktur* werden unterschieden:
- Tragwerke mit ebener Tragstruktur, bei denen die Lasten von den Tragwerksteilen jeweils nur in einer Ebene übertragen werden
- Tragwerke mit räumlicher Tragstruktur (Raumtragwerke), bei denen das Abtragen von Lasten in verschiedenen Richtungen gleichzeitig erfolgt.

Die Lasten können dabei von den Traggliedern in Richtung der Spannweite direkt auf die Stützen abgegeben werden (ohne Randträger), oder sie werden zunächst auf Randträger und von diesen auf die Stützen übertragen (mit Randträgern). Die Einteilung nach der Tragstruktur zeigt Bild 6.3.

Stabanordnung

Nach der *Stabanordnung* werden unterschieden:
- Tragwerke mit ebener Stabanordnung
- Tragwerke mit räumlicher Stabanordnung.

Die Stabanordnung ist kein Kennzeichen der Tragstruktur, d. h., Raumtragwerke können auch mit ebener Stabanordnung ausgeführt werden (z. B. Fachwerkroste) und ebene Tragwerke mit räumlicher Stabanordnung (z. B. Dreigurtträger). Beispiele für ebene und räumliche Stabanordnung sind in Bild 6.4 dargestellt.

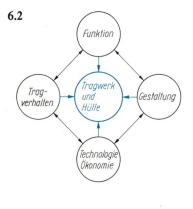

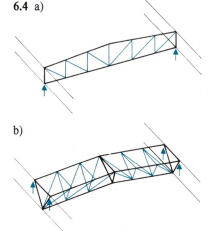

6.2
Funktionen und Teile des Daches

6.3
Prinzipien der Lastübertragung
Tragwerke mit ebener Tragstruktur
a) mit Randträgern
b) ohne Randträger
c) Raumtragwerke

6.4
Beispiele für die Stabanordnung
a) ebene Stabanordnung (Binder)
b) räumliche Stabanordnung (Dreigurtträger)

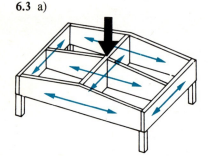
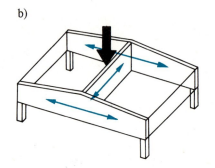
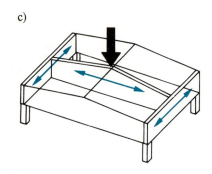

6. Fachwerke 6.2. Entwurfsgrundlagen — Dachtragwerke

Die *Tragfunktion* besteht darin, Kräfte und andere Wirkungen aufzunehmen, weiterzuleiten und auf die lastableitenden Tragwerkselemente (Unterkonstruktion – Stützen, Verbände) abzugeben. Als Kräfte treten auf:
- Vertikallasten (z. B. Schnee, Wind, Nutzlast)
- Horizontallasten (z. B. Wind)
- Koppelkräfte. Sie werden im Zusammenwirken des Stützensystems der Halle mit dem Dachtragwerk übertragen (als Koppelglied der Stützen).

Wirkungen auf das Dachtragwerk sind z. B. Temperaturveränderung, Stützenverschiebung. Sie werden nach den Grundsätzen der Statik in Kraftwirkungen umgerechnet. Entsprechend der Unterteilung der zu übertragenden Kräfte kann die Tragfunktion in einzelne Teilfunktionen aufgegliedert werden (Bild 6.5).

Tragwerke mit ebener Tragstruktur sind dadurch gekennzeichnet, daß die Lasten von den Tragwerksteilen jeweils nur in einer Ebene übertragen werden. Der statisch-konstruktive Aufbau dieser Tragwerke sowie die Anordnung und Ausbildung ihrer Tragwerksteile sind unterschiedlich. Wesentliche konstruktive Unterscheidungsmerkmale sind: die Anordnung der Stäbe, das Vorhandensein von Randträgern, das Vorhandensein von Pfetten.
Eine Übersicht über die tragstrukturellen Möglichkeiten zeigen die Bilder 6.6, 6.7 und 6.23.

Tragwerke mit räumlicher Tragstruktur sind durch eine räumliche Lastabtragung gekennzeichnet. Die Lastabtragung kann in 2 (Fachwerkrost) oder mehr Ebenen (z. B. OT-System) erfolgen. Es sind auch Stabkonfigurationen ohne ausgezeichnete Tragrichtungen möglich. Die Stabanordnung ist i. allg. räumlich (Raumstabwerk), oder eben (Fachwerkrost). Die Konfiguration ist i. allg. regelmäßig, d. h., es werden eine oder zwei Stablängen ($l_2 = l_1 \sqrt{2}$) verwendet und so zusammengefügt, daß Grundkörper entstehen, die in regelmäßiger Folge angeordnet und durch weitere Stäbe verbunden werden.
Eine zusammenfassende Darstellung der Raumfachwerke mit umfangreichen Beispielen liegt in [6.39] vor.

Tragfunktion

Statisch-konstruktiver Aufbau

6.5 Beanspruchung und Tragfunktion eines Dachsegments

a) Beanspruchung eines Dachsegments
b) Aufgliederung der Tragfunktion

Tragfunktion V
Übertragung von Vertikallasten:
V_1 auf die Haupttragkonstruktion
V_{11} Dachtragschale
V_{12} Pfetten
V_2 von der Haupttragkonstruktion auf die Stützen
V_{21} in Querrichtung
V_{22} in Längsrichtung

Tragfunktion H
Übertragung von Horizontallasten:
H_1 in Gebäudequerrichtung
H_2 in Gebäudelängsrichtung
H_{21} äußere H-Lasten
H_{22} Stabilisierungskräfte

Tragfunktion K
Übertragung von Koppelkräften:
K_1 in Gebäudequerrichtung
K_2 in Gebäudelängsrichtung

6.6 Übersicht über die tragstrukturellen Varianten

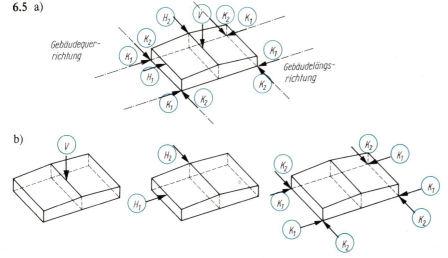

6.5 a) b)

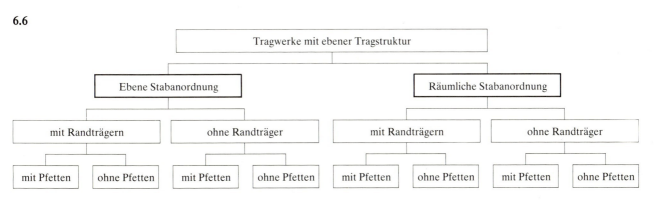

6.6

6. Fachwerke

6.3. Tragwerke mit ebener Stabanordnung

Dachtragwerke

Die Tragwerksteile und ihre Beanspruchung bei der Übertragung vertikaler Lasten (Tragfunktion V) sind aus Bild 6.7 für Tragwerke mit Pfetten ersichtlich. Bei pfettenlosen Tragwerken wird die Tragfunktion V_1 ausschließlich von der Dachtragschale, den Dachdeckungselementen, übernommen.

Tragwerksteile und ihre Beanspruchung

Die Dachdeckung bietet Witterungsschutz, ihre vertikalen Lasten werden auf Tragwerkselemente, wie Pfetten, oder direkt auf Obergurte der Binder übertragen. Bei schubsteifer Ausbildung und Befestigung kann sie auch Kräfte in ihrer Ebene (Dachschub, Horizontalkräfte) aufnehmen (Dachscheibe). Die tragende Funktion kann mit der raumabschließenden und schützenden Funktion gekoppelt sein (s. Bild 6.2).

Aufgabe der Dachdeckung

Eine Übersicht über die Hauptgruppen von Dachtragelementen zeigt Bild 6.8.
Als *schwere Dachdeckungselemente* werden in der DDR überwiegend Stahlbeton-Dachkassettenplatten angewendet. Einen Überblick über die üblichen im Hallenbau eingesetzten *leichten Dachdeckungselemente* der DDR gibt Tafel 6.4.

Arten

Tragfähigkeit infolge Biegung – maßgebend für den Abstand der Unterstützungen (Pfetten, Binder); zulässige Biegebeanspruchung ist in den jeweiligen Anwendungsvorschriften angegeben [6.5; 6.7; 6.9; 6.11; 6.13; 6.15; 6.16; 6.17]

Einfluß der Dachdeckungselemente auf das Dachtragwerk

Stabilisierung der Unterkonstruktion – maßgebend für die Bemessung und konstruktive Ausbildung der Pfetten bzw. der Binderobergurte (bei pfettenlosen Tragwerken); abhängig von der Steifigkeit der Elemente und ihrer Verbindungen (s. Tafel 6.5)

Schubsteifigkeit – maßgebend für die Übertragung von Kräften in der Ebene der Dachtragschale (Scheibenebene); abhängig von der Steifigkeit der Elemente und ihrer Verbindungen (s. Tafel 6.5)

Eigenlast – beeinflußt die Größe der vertikalen Last; maßgebend für die Standsicherheit im Montagezustand (bei Windsog)

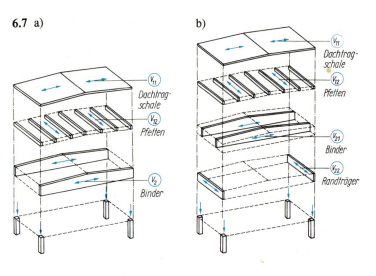

6.7
Tragwerksteile und ihre Beanspruchung bei der Übertragung von Vertikallasten
a) Tragwerk ohne Randträger
b) Tragwerk mit Randträgern

6.8
Übersicht über die wichtigsten Dachdeckungselemente

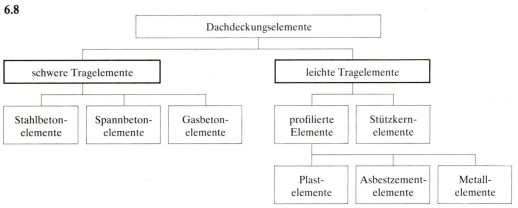

6. Fachwerke

6.3. Tragwerke mit ebener Stabanordnung

Tafeln 6.4, 6.5, 6.6

Tafel 6.4

Leichte Dachdeckungselemente (DDR)

Einteilung		Bezeichnung	Literatur
Profilierte Elemente	Asbestzement-Erzeugnisse	Asbestzement-Welltafeln	[6.4; 6.5]
	Profilierte Metallbleche	Profilierte Bleche aus Aluminium	[6.6; 6.7]
		EKOTAL-Stahl-trapezprofile	[6.8; 6.9]
Leichte Mehrschichtelemente	Stützkernelemente	Al-PUR-Al	[6.10; 6.11]
		St-PUR-St	[6.12; 6.13]
	Tragbleche mit teilweise vorgefertigtem Dämmdach	Stahl-PUR-Bit	[6.14]

Tafel 6.5

Eignung der Dachdeckungselemente zur Übertragung von Kräften in Scheibenebene und zur Stabilisierung der Unterkonstruktion

Dackdeckungs-elemente	Ableitung des Dachschubes	Stabilisierung der Unterkonstruktion	Übertragung äußerer Lasten (Ersatz für Verband)
Dachkassettenplatten	möglich (Dachscheibe) [6.18; 6.19]		
Gasbetondachplatten	möglich (Dachscheibe) [6.17]		
Asbestzement-Welltafeln	nicht zulässig [6.5]		
Profilierte Bleche aus Aluminium	möglich in Verbindung mit biegesteifer Firstpfette oder Verband	nicht zulässig	
EKOTAL-Stahl-trapezprofil	möglich (Dachscheibe)		
Al-PUR-Al	möglich in Verbindung mit biegesteifer Firstpfette oder Verband	nicht zulässig	
St-PUR-St	wie Al-PUR-Al; bei entsprechender Verschraubung kann biegesteife Ausführung der Firstpfette (oder der Verband) entfallen [6.48]	nicht zulässig	

Tafel 6.6

Variantenvergleich für Pfettensysteme mit 6 m Stützweite Belastung 6,15 kN/m

Variante	Pfettensystem (Stützweite 6 000 mm)	Stahleinsatz in kg/m²	Herstellungsaufwand, einschließlich Farbkonservierung in h/m²	Gesamtaufwand (ohne Montage) in %
1	Einfeldpfette, IPE 200, 6000 / 6000	7,7	0,10	140
2	Gerberpfette, ⌶14, 900/4200/900, 6000/6000	5,5	0,09	105
3	Koppelpfette, SLU 140×8×5, 600, 6000/6000	4,5	0,08	100
4	Durchlaufpfette, ⌶14, 6000/6000	5,5	0,09	105

6. Fachwerke

6.3. Tragwerke mit ebener Stabanordnung

Dachtragwerke, Pfetten Binder

Pfetten übertragen die vertikalen Lasten der Dachtragschale auf die Obergurte der Binder (Tragfunktion V_{12} nach Bild 6.5). Sie können außerdem äußere Horizontallasten oder Stabilisierungskräfte auf Verbände übertragen oder selbst Bestandteil (Pfosten) von Verbänden sein. — **Aufgabe von Pfetten**

Pfetten liegen auf dem Obergurt der Binder und verlaufen parallel zu Traufe und First des Daches. Ihr Abstand wird durch die Art der Dachdeckungselemente und ihrem Tragverhalten festgelegt. — **Anordnung**

Pfetten werden überwiegend auf Biegung beansprucht. Aufgrund der Dachneigung ergeben sich aus vertikalen Lasten Kraftkomponenten in Richtung der Dachneigung (Dachschub). Diese beanspruchen die Pfette ungünstig (Doppelbiegung). Sie sind durch die Dachelemente oder zusätzliche Bauelemente (Hängestangen) in die Firstpfette abzuleiten. — **Beanspruchung**

Eine Übersicht über die gebräuchlichen Pfettensysteme zeigt Bild 6.9. — **Pfettensysteme**
Eine Gegenüberstellung der ökonomischen Kennziffern verschiedener Pfettensysteme zeigen die Tafeln 6.6 (Stützweite 6 m) und 6.7 (Stützweite 12 m).
Einfeldträger (Bild 6.9a) sind als Walzprofile nur für geringe Stützweiten (< 6 m) wirtschaftlich.
Bei größeren Stützweiten können Einfeldträger als *Fachwerkträger* (Bild 6.9e) oder *unterspannte Träger* (Bild 6.9f) ausgeführt werden.
Besondere Formen sind Wabenträger [6.20 bis 6.22] und R-Träger [6.23].
Gelenkträger bzw. Gerberträger (Bild 6.9d) weisen einen geringen Stahleinsatz auf. Die Montage ist jedoch ungünstig.
Durchlaufträger (Bild 6.9c) sind für kleine und mittlere Stützweiten (bis etwa 7,5 m) wirtschaftlich.
Besonders günstig ist der *Durchlaufträger* nach Bild 6.9d mit doppeltem Querschnitt über dem Binder (Koppelpfette) durch geringen Materialeinsatz sowie einfache Fertigung und Montage. Seine konstruktive Ausbildung zeigt Bild 6.10. Die vereinfachte Berechnung erfolgt nach [6.24].
Pfetten mit Kopfstreben sind vorteilhaft zur Stabilisierung von auf Druck beanspruchten Binderuntergurten. Ihre Montage ist jedoch aufwendig.
Besonders wirtschaftliche Pfettenlösungen für große Stützweiten ($\geq$ 12 m) sind unterspannte Pfetten, bei denen z. B. ein Zugband aus Rundstahl der Stahlgüte St 60/90 eingesetzt wird (Bild 6.12). Voraussetzung für die Anwendung dieses Systems ist eine Torsionsstabilisierung des Pfettenobergurtes durch Dachdeckungselemente.

Pfetten nach Bild 6.9a) bis d) werden in der Regel als Walzprofile (I- oder U-Profile) oder Stahlleicht-[-Profile (SLU) ausgeführt. Ein besonders niedriger Stahleinsatz wird durch kaltverformte Spezialprofile (z. B. Z-Profile) erzielt. — **Konstruktive Ausbildung**
Voraussetzung für eine wirtschaftliche Dimensionierung der Pfetten ist eine Stabilisierung durch die Dachdeckungselemente (s. Tafel 6.5). Die Verbindung zwischen Pfette und Dachtragelement ist dafür zu bemessen. Die Ableitung der Stabilisierungskräfte ist nachzuweisen.
Die Pfettenauflager sind so auszubilden, daß eine Verdrehung des Pfettenquerschnittes behindert wird. Konstruktive Möglichkeiten dazu zeigt Bild 6.11. Die Pfetten sind in den Knotenpunkten des Fachwerkes anzuordnen. Wird eine Ableitung des Dachschubes in die Firstpfette vorausgesetzt, so ist diese entsprechend zu bemessen oder als zweiteiliger Querschnitt auszubilden.

Binder nehmen die Vertikallasten aus den Pfetten bzw. den Dachdeckungselementen bei pfettenlosen Tragwerken auf und übertragen sie auf die Randunterzüge oder Stützen (Tragfunktion V_{21} nach Bild 6.5). Sie können außerdem Koppelkräfte in Hallenquerrichtung übertragen (Tragfunktion K_1 nach Bild 6.5). — **Aufgabe der Binder**

Binder spannen in Hallenquerrichtung. Sie können entweder auf Randunterzügen (Bild 6.13a) oder direkt auf den Stützen (Bild 6.13b) aufgelagert werden. — **Anordnung**

Im Stahlbau werden folgende Binderarten unterschieden: Vollwandbinder, Fachwerkbinder, unterspannte Binder. — **Binderarten**
Vollwandbinder scheiden wegen des hohen Materialeinsatzes im Hallenbau aus.
Fachwerkbinder sind die wirtschaftlichste Binderart im Industriebau.
Unterspannte Binder sind nur bei geringen Spannweiten ($\leq$ 15 m) wirtschaftlich, da in diesem Bereich die höheren Materialkosten durch geringen Fertigungsaufwand ausgeglichen werden. Bei größeren Spannweiten (18 bis 24 m) ist der Materialeinsatz um 20 bis 25 Prozent höher als bei Fachwerkbindern.

6. Fachwerke

6.3. Tragwerke mit ebener Stabanordnung

Dachtragwerke, Pfetten, Tafel 6.7

Tafel 6.7

Variantenvergleich für Pfettensysteme mit 12 m Stützweite Belastung 6,15 kN/m

[1]) einschließlich Farbkonservierung
[2]) ohne Montage

Variante	Pfettensystem (Stützweite 12 000 mm)	Aufwand (einschl. Abspannung)		
		Stahleinsatz in kg/m²	Herstellungsaufwand[1]) in h/m²	Gesamtaufwand in %
1	IPE 360, zugsteife Abspannung, 12000	19,9	0,18	194
2	Wabenträger aus IPE 240 (H 52-3)	11,0	0,25	150
3	⊓ 160×63×4; ⊓ 140×63×4; 920; 800	8,6	0,38	157
4	⊓ 125×63×4; ⊓ 100×50×3; 920; Kopfstrebe; 800	6,8	0,39	147
5	R-Träger; ⊓ 10; ⌀25 u. ⌀20; 700; 600	10,7	0,21	129
6	IPE 240 (1. u. 2. Feld); IPE 220 (Mittelfeld); Rohr 82,5×4; 2400	11,1	0,20	147
7	IPE 160 H 52-3; Rohr 82,5×3,6; ⌀25 H 52-3; 2000 bis 2200; 1900 bis 2000	9,9	0,15	126
8	IPE 140 H 52-3; ⌀27 St 60/90; 4000 4000 4000; 1150	7,7	0,14	100
9	IPE 140 H 52-3; Rohr 82,5×4; 4000 4000 4000; 1150	8,6	0,18	120

6.9 Pfettensysteme

a) Einfeldträger
b) Gelenkträger
c) Durchlaufträger
d) Durchlaufträger mit doppeltem Querschnitt über dem Binder (Koppelpfette)
e) Fachwerkträger
f) unterspannter Träger
g) Pfette mit Kopfstreben

1 Pfette; *2* Binder

6. Fachwerke

6.3. Tragwerke mit ebener Stabanordnung

Dachtragwerke, Pfetten, Binder

6.10

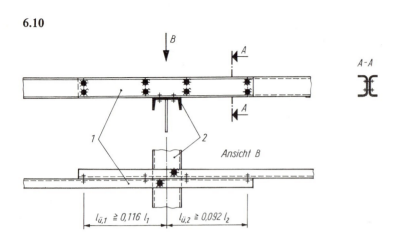

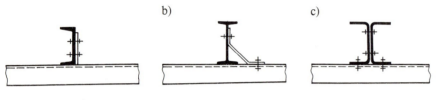

6.12 a)

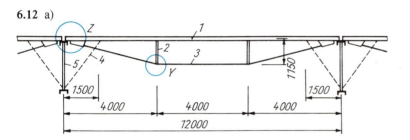

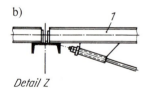

Detail Z

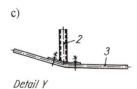

Detail Y

6.13 a)   b)

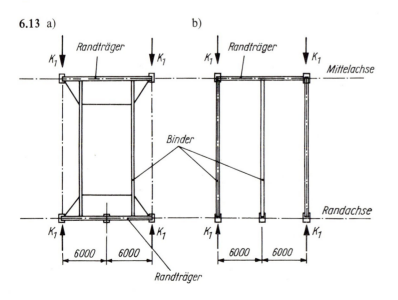

6.10

Pfette mit doppeltem Querschnitt über dem Auflager (Koppelpfette)

Ansicht; Draufsicht; Schnitt A-A

1 Pfette; 2 Binderobergurt
l_1 Stützweite des Endfeldes
l_2 Stützweite des Mittelfeldes

6.11

Pfettenauflager

a) mit aufgeschweißtem Flachstahl
b) mit Pfettenhalterung
c) direkt verschraubter Anschluß

6.12

Ausführungsbeispiel einer unterspannten Pfette

a) Pfettensystem
b) Verankerungspunkt
c) Umlenkpunkt

1 Obergurt IPE 160 S 52/36; 2 Pfosten Rohr 54 × 2,9 S 38/24; 3 Zugband ⌀ 27 St 60/90; 4 Abspannung Fl 150 × 5 S 38/24 (Untergurtstabilisierung für den Binder); 5 Binder

6.13

Prinzipielle Möglichkeiten der Binderanordnung

a) Lagerung auf Randträgern
b) Lagerung auf den Stützen

6. Fachwerke

6.3. Tragwerke mit ebener Stabanordnung

Dachtragwerke, Fachwerkbinder

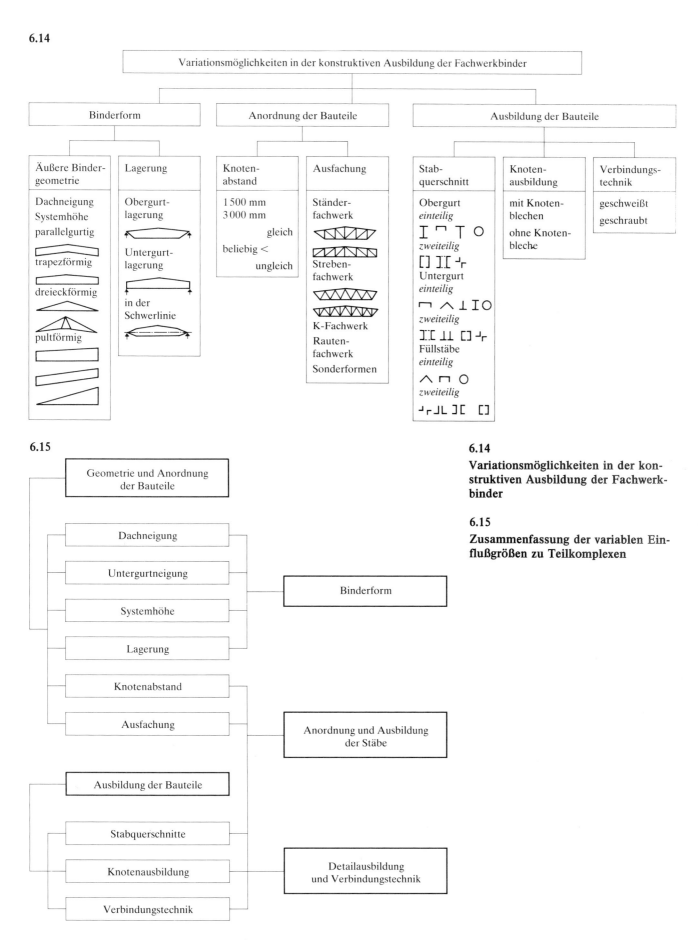

6.14 Variationsmöglichkeiten in der konstruktiven Ausbildung der Fachwerkbinder

6.15 Zusammenfassung der variablen Einflußgrößen zu Teilkomplexen

6. Fachwerke

6.3. Tragwerke mit ebener Stabanordnung

Fachwerkbinder, Pfettentragwerke, Tafel 6.8

Variationsmöglichkeiten in der konstruktiven Ausbildung der Fachwerkbinder
Fachwerkbinder können in der Anordnung, Ausbildung und Verbindung ihrer Bauteile (Stäbe) variiert werden. Daraus ergibt sich eine Vielzahl möglicher Binderformen, -systeme und Konstruktionsvarianten. Eine Übersicht über die Variationsmöglichkeit gibt Bild 6.14.

Varianten Fachwerkbinder

Auswahl der optimalen Binderlösung
Für eine bestimmte Bauaufgabe ist es zweckmäßig, die optimale Lösung nach Bild 6.1 schrittweise zu ermitteln und dabei die variablen Einflußgrößen entsprechend Bild 6.15 zu Teilkomplexen zusammenzufassen und zu untersuchen.

Auswahl

Für die geometrischen Parameter der Binderform gelten im Hallenbau die Vorzugslösungen nach Tafel 6.8.

Binderform

Anordnung und Ausbildung der Stäbe
Für die Anordnung der Stäbe (Ausfachung) sind folgende Kriterien maßgebend: geringe Stab- und Knotenanzahl; lange Zugstäbe, kurze Druckstäbe; einfache Knotenpunktgestaltung (wenig Stabanschlüsse); Vermeidung spitzer Winkel.

Anordnung

Die Anordnung der Stäbe ist in engem Zusammenhang mit der Ausbildung der Stäbe (Querschnittsform) zu sehen. Dabei spielt der folgende Zusammenhang eine wesentliche Rolle:
Knotenabstand → Knicklänge von Druckstäben → Querschnittsform der Druckstäbe → Materialaufwand
Bild 6.16 zeigt für ein Beispiel den Materialaufwand in Abhängigkeit von der Querschnittsform und Materialgüte der Stäbe für verschiedene Knicklängen des Obergurtes.
Als weiteres Kriterium ist der Herstellungsaufwand der Stäbe (einschließlich der Anschlüsse) zu beachten. Bild 6.17 zeigt beispielsweise, daß die zweiteiligen Querschnitte für Obergurte unter Beachtung der Herstellung einen höheren Gesamtaufwand erfordern als einteilige Querschnitte.
Es sind weiterhin die Liefermöglichkeiten der Profilarten zu beachten.
Tafel 6.9 zeigt für Fachwerk-Füllstäbe (Pfosten, Diagonalen) mit geschraubtem Anschluß den Einfluß der Querschnittsform auf den Herstellungsaufwand.
Die Vorzugslösungen für die Querschnittsausbildung der Fachwerkstäbe sind in Tafel 6.10 dargestellt.
Vorzugslösungen für Bindersysteme von Pfettentragwerken zeigt Bild 6.18.

Pfettentragwerke

Variable Einflußgröße	Entscheidungsgrundlagen Untersuchungsergebnisse	Vorzugslösung
Dachneigung	nach [6.25] Dachneigung 5% und 10%	Pfettentragwerke: 5% und 10%
	zulässige Dachneigung entsprechend Anwendungsvorschriften größerer Anwendungsumfang für Pfettentragwerke bei 10% (Wetterschalen)	Pfettenlose Tragwerke: 5%
Anordnung der Untergurte	höherer Materialaufwand für Parallelgurtbinder gegenüber Trapezbindern Ergebnisse für 5% Dachneigung: SB 18 m : 108 bis 113% SB 24 m : 110 bis 117% SB 30 m : 115 bis 123%	Waagerechter Untergurt (Trapezbinder)
Systemhöhe in Bindermitte	nach [6.26] optimale Systemhöhe für minimalen Stahleinsatz: $h = 1/6{,}8$ bis $1/6{,}9\, l$ (l = Stützweite)	$h \approx \frac{1}{10} l$
	praktisch üblich: $h = 1/8$ bis $1/10\, l$ [6.27]	
Lagerung	hoher konstruktiver Aufwand bei Lagerung in der »Nullinie«	
	bei Obergurtlagerung geringe Zwängungskräfte, kurze Stielverlängerungen, einfache Montage	Obergurtlagerung

Tafel 6.8

Vorzugslösungen für geometrische Parameter bei Satteldachbindern

6. Fachwerke

6.3. Tragwerke mit ebener Stabanordnung

Stabanschluß, Tafeln 6.9, 6.10

Varianten	Profil	Anschlußprinzip		Aufwand je Stab			
				Stahl-einsatz in %	Herstellungszeit		Gesamt-kosten in %
					Fertigung in %	Konser-vierung[1]) in %	
1	Rohr 63,5 × 3,2	2 Anschluß-bleche	mittig	100	100	100	100
2	Rohr 70 × 2,9		Außenkante des gequetschten Rohres	101	208	110	115
3	Rohr 70 × 4,0		Außenkante des gequetschten Rohres (ohne Verstärkung)	137	100	110	127
4	L 80 × 8		Außenkante Anschlußblech	203	234	157	149
5	L 80 × 10		Außenkante des Winkelschenkels	250	113	157	138
6	+ 50 × 5		mittig	159	268	196	127
7	[100		mittig (Flansche)	223	166	188	142
8	[140		Außenkante des Steges	336	135	246	192

[1]) Sandstrahlen und 4facher Farbanstrich

Tafel 6.9

Einfluß der Querschnittsform der Stäbe auf den Aufwand
Stäbe annähernd gleicher Tragfähigkeit mit geschraubtem Anschluß, Knicklänge $s_k = 2{,}50$ m, Druckkraft $= 43{,}7$ bis $55{,}4$ kN

Bauteil	Querschnitt	Festigkeitsklasse	Knicklänge in mm	
			in der Fach-werkebene	aus der Fach-werkebene
Obergurt	⊓	S 52/36	1500	3000
Untergurt	⊓ ∧	S 52/36	3000	6000
Füllstäbe	O ⊥ ⊓	S 38/24; S 52/36		

Tafel 6.10

Vorzugslösungen für die Querschnittsausbildung der Fachwerkstäbe

6. Fachwerke

6.3. Tragwerke mit ebener Stabanordnung

Materialaufwand, Pfettentragwerke, pfettenlose Tragwerke

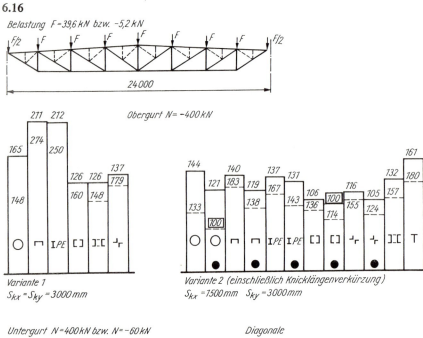

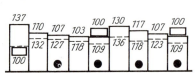

6.16

Materialaufwand in Abhängigkeit von der Querschnittsform der Stäbe und der Materialgüte

oberer Wert: Materialkosten in %
unterer Wert: Materialeinsatz in %

(überschlägliche Bemessung ohne Berücksichtigung von Außermittigkeiten und Querschnittsabzug für den Anschluß)

6.17

Material- und Fertigungskosten ein- und zweiteiliger Querschnitte in %

Bezugsbasis: Obergurt für Binder mit 24 m Systembreite (nur Rohling) mit $N = -400$ kN, Knicklänge $s_k = 1{,}50$ m

a) einteilige Querschnitte
b) zweiteilige Querschnitte

6.18

Vorzugslösungen für Binder von Pfettentragwerken

a) Strebenfachwerk mit Pfosten zur Verkürzung der Knicklängen im Obergurt
b) Pfostenfachwerke mit Unterfachwerk zur Knicklängenverkürzung

6.19

Vorzugslösungen für Binder von pfettenlosen Tragwerken

a) Pfostenfachwerk
b) Pfostenfachwerk mit großer Feldweite (eingeschränkte Anwendung bei leichter Dacheindeckung)

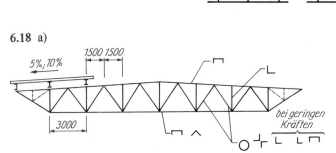

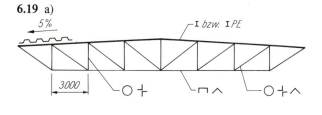

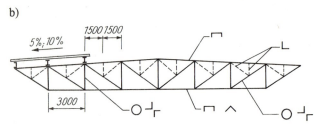

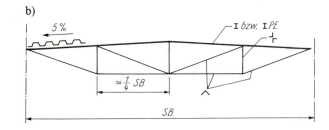

6. Fachwerke	6.3. Tragwerke mit ebener Stabanordnung	Pfettenlose Tragwerke

Für die konstruktive Ausbildung der Binder sind folgende Kriterien maßgebend: – biegesteifer Obergurt infolge Lasteintragung als Streckenlast – Stabilisierung des Obergurtes durch die Dachtragschale. Die optimale Querschnittsform für den Obergurt ist unter diesen Bedingungen das I- bzw. IPE-Profil. Vorzugslösungen für Bindersysteme von pfettenlosen Tragwerken zeigt Bild 6.19. Möglichkeiten der Segmentbildung werden u. a. von *Chisamov* [6.28] aufgezeigt.	**Pfettenlose Tragwerke**
Maßgebende Gesichtspunkte für die Ausbildung der Knotenpunkte sind: – Anzahl und Neigungswinkel der anzuschließenden Stäbe – Querschnittsform und Abmessung der Stäbe – Beanspruchungsart – Verbindungstechnik – Fertigungsverfahren. Beispiele für den Herstellungsaufwand in Abhängigkeit von der Querschnittsausbildung der Stäbe und Knotenpunktgestaltung zeigt Bild 6.20. Der Vorfertigungsgrad der Binder ist unter Beachtung des Gesamtaufwandes für Fertigung, Transport und Montage festzulegen. Der Zusammenhang der Aufwandsbestandteile ist in Bild 6.21 angegeben. Für normale Transportentfernungen gilt: Fachwerkbinder sind in der Werkstatt zu versand- und transportfähigen Einheiten zusammenzubauen.	**Detailausbildung und Verbindungstechnik**
Die Untergurte der Binder sind gegen seitliches Ausweichen zu stabilisieren, wenn sie in bestimmten Lastfällen auf Druck beansprucht werden. Möglichkeiten dazu sind: – Anschluß an Festpunkte (z. B. Verbände) innerhalb des Gebäudeabschnittes – Zusatzstäbe innerhalb des Dachsegmentes (Verband) – Stabilisierung durch das Pfettensystem in Verbindung mit Kopfstreben – Halbrahmenwirkung.	**Stabilisierung der Binderuntergurte**
Übertragung der Vertikallasten der Binder in Hallenlängsrichtung auf die Stützen, wenn der Stützenabstand größer als der Binderabstand ist (Tragfunktion V_{22} nach Bild 6.5). Übertragung von Koppelkräften in Hallenlängsrichtung (Tragfunktion K_2 nach Bild 6.5).	**Randträger** **Aufgabe**
Anordnung in Hallenlängsrichtung auf den Rand- bzw. Mittelstützen	**Anordnung**
Fachwerkbinder bei großen Stützweiten, z. B. in den Mittelachsen Vollwandbinder bei kleinen Stützweiten (≤ 6 m), z. B. in den Randachsen	**Arten**
Es gelten die üblichen Grundsätze für Fachwerk- bzw. Vollwandbinder.	**Konstruktive Ausbildung**
Übertragung äußerer Horizontalkräfte (Wind) in Gebäudequer- und Längsrichtung (Tragfunktion H_1 bzw. H_2 nach Bild 6.5) Stabilisierung von Bindern und Pfetten im End- bzw. Montagezustand	**Dachverbände** **Aufgabe**
Anordnung in der Dachebene mit Spannrichtung quer bzw. längs zum Gebäude (Bild 6.22) Wenn die Dachdeckungselemente als *schubsteife Scheibe* ausgebildet werden (z. B. Stahlbeton-Dachkassettenplatten, profilierte Stahlbleche), können Dachverbände entfallen bzw. sind nur zur Stabilisierung im Montagezustand erforderlich.	**Anordnung**
Windverbände (Giebelverband, Längsverband) Stabilisierungsverband Montagehilfsverband	**Arten**
Strebenfachwerk (mit fallenden und steigenden Diagonalen, mit gekreuzten Streben) K-Fachwerk Je nach Art und Anordnung des Verbandes sind in der Regel Binderobergurte oder Pfetten Bestandteil (Pfosten) der Verbände.	**Konstruktive Ausbildung**

6. Fachwerke

6.3. Tragwerke mit ebener Stabanordnung

Pfettenlose Tragwerke, Herstellungsaufwand

6.20

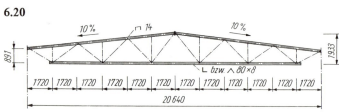

Variante	Konstruktives Prinzip	Füllstäbe	Bildliche Darstellung	Herstellungsaufwand einschl. Farbkonservierung (ohne Montage) %
1	Stäbe und Knotenbleche als Einzelteile	⌐⌐		127
2/1	Einzelstäbe, Gurte mit angeschweißten Knotenblechen, Anschluß geschraubt (HVH-Schrauben)	⌐⌐		113
2/2		O		100
2/3		SL ⌐		100
2/4		SL ⌐		121
3/1	Binderhälfte geschweißt	⌐⌐		123
3/2		SL ⌐		109

6.20
Beispiel:
Herstellungsaufwand in Abhängigkeit von der Querschnittsform der Stäbe und der Knotenausbildung

6.21
Zusammenhang zwischen Vorfertigungsgrad und Aufwand bei Fachwerkbindern

6.22
Beispiele für die Anordnung von Dachverbänden

a) je 2 Giebel- und Längsverbände
b) je 1 Quer- und Längsverband (montagetechnologisch ungünstig)

1 Normalpfette; *2* Traufpfette; *3* Firstpfette; *4* Binder; *5* Verbandsdiagonale

6.21
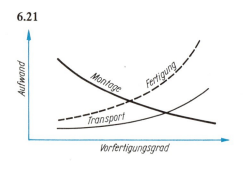

6.22 a)
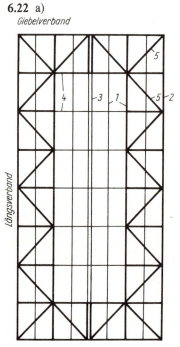

b)
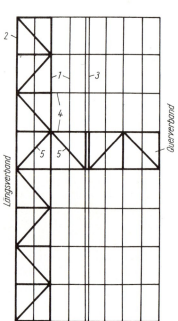

6. Fachwerke

6.4. Tragwerke mit räumlicher Stabanordnung

Ebene Tragstruktur

6.23 a)

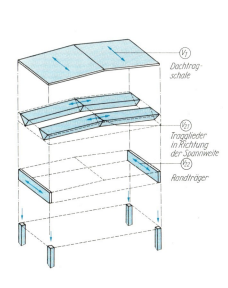

b)

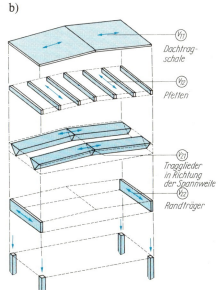

6.24 a)

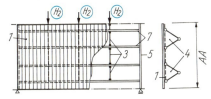

b)

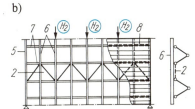

c)

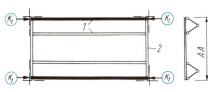

d)

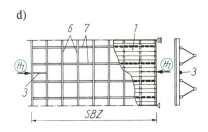

6.25 a)

b)

c)

6.23
Tragwerk mit ebener Tragstruktur und räumlicher Stabanordnung

Tragwerksteile und ihre Beanspruchung bei der Übertragung vertikaler Lasten

a) ohne Pfetten
b) mit Pfetten

6.24
Übertragung von Horizontalkräften

a) in Gebäudelängsrichtung – Dachscheibe
b) in Gebäudelängsrichtung – Verband
c) in Gebäudequerrichtung – Verband
d) in Gebäudequerrichtung – Dachscheibe

1 Dachscheibe; *2* Verband; *3* Stab zur Krafteinleitung; *4* Dreigurtträger; *5* Randträger; *6* Pfette; *7* Obergurt Dreigurtträger; *8* Dachelemente (nicht schubsteif)

SB Systembreite
AA Achsabstand

6.25
Übertragung von Koppelkräften

a) in Gebäudequerrichtung bei außenliegendem Dreigurtträger
b) in Gebäudequerrichtung bei eingerücktem Dreigurtträger
c) in Gebäudelängsrichtung

1 Obergurt Dreigurtträger; *2* Randträger; *3* Zusatzstäbe zur Kraftübertragung

SB Systembreite
AA Achsabstand

6. Fachwerke

6.4. Tragwerke mit räumlicher Stabanordnung

Ebene Tragstruktur

Die Tragwerksteile und ihre Beanspruchung bei der Übertragung vertikaler Lasten (Tragfunktion V) sind aus Bild 6.23 ersichtlich. Der Randträger kann vertikal oder gegen die Vertikale geneigt angeordnet werden. Die Übertragung horizontaler Lasten (Tragfunktion H) erfolgt entsprechend Bild 6.24, die der Koppelkräfte (Tragfunktion K) nach Bild 6.25.

Tragwerksteile und ihre Beanspruchung

Für die Dachdeckung gelten die Ausführungen in Abschnitt 6.3. Schwere Dacheindeckungen sind bei Tragwerken mit räumlicher Stabanordnung nicht üblich.

Dachdeckung

Die Aufgabe, Anordnung und Beanspruchung der Pfetten ist wie bei den Tragwerken mit ebener Stabanordnung. Die Pfetten müssen außerdem die Komponenten aus der Zerlegung von Vertikalkräften in die räumlich angeordneten Tragglieder in Richtung der Spannweite übernehmen.
Als Pfettensysteme werden vorzugsweise Durchlaufträger angewendet.

Pfetten

Die Tragglieder in Richtung der Spannweite nehmen die Vertikallasten aus den Pfetten bzw. der Dachtragschale auf und übertragen diese auf die Randträger bzw. Stützen (Tragfunktion V_{21} nach Bild 6.5). Sie übertragen außerdem Koppelkräfte in Hallenquerrichtung (Tragfunktion K_1 nach Bild 6.5).

Tragglieder in Richtung der Spannweite
Aufgabe

Die Tragglieder in Richtung der Spannweite werden in der Regel auf Unterzügen (Randträgern) aufgelagert. Ihre Anordnung in Hallenlängsrichtung bzw. der Abstand ihrer Obergurte ist von der Stützweite der Pfetten (bzw. der Dachtragschale bei pfettenlosen Dächern) abhängig.

Anordnung

Die Tragglieder in Richtung der Spannweite bestehen aus mindestens drei Gurten, die durch räumlich angeordnete Stäbe verbunden sind. Am häufigsten werden Dreigurtträger angewandt. Es sind jedoch auch Tragwerke mit einer größeren Zahl von Gurten bekannt, z. B. Fünfgurtträger.
In statischer Hinsicht unterscheidet man folgende Grundtypen: V-förmig angeordnete Fachwerkscheiben, Dreigurtträger, räumlich unterspannte Träger.
Die statischen Systeme sind in Bild 6.26 dargestellt. Die Abhängigkeit des Schnittkraftverlaufes vom statischen System zeigt bei pfettenlosen Tragwerken Bild 6.27.

Arten

Dachverbände und Randträger wie bei Tragwerken mit ebener Stabanordnung

Dachverbände und Randträger

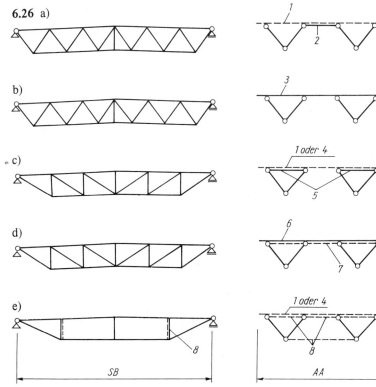

6.26 a)
b)
c)
d)
e)

6.26
Statische Systeme für Tragglieder in Richtung der Spannweite mit räumlicher Stabanordnung

a) räumlich angeordnete Fachwerkbinder mit Verband
b) räumlich angeordnete Fachwerkbinder mit biegesteifen Elementen in Querrichtung
c) torsionssteife Dreigurtträger
d) Dreigurtträger mit schubsteifer Dachscheibe
e) räumlich unterspannte Träger

1 Pfette; *2* Verband; *3* biegesteifes Element (Pfette); *4* Dachtragschale; *5* Fachwerkscheibe; *6* schubsteife Dachscheibe; *7* Horizontalstäbe; *8* Querscheibe

SB Systembreite
AA Achsabstand

6. Fachwerke

6.4. Tragwerke mit räumlicher Stabanordnung

Ebene Tragstruktur

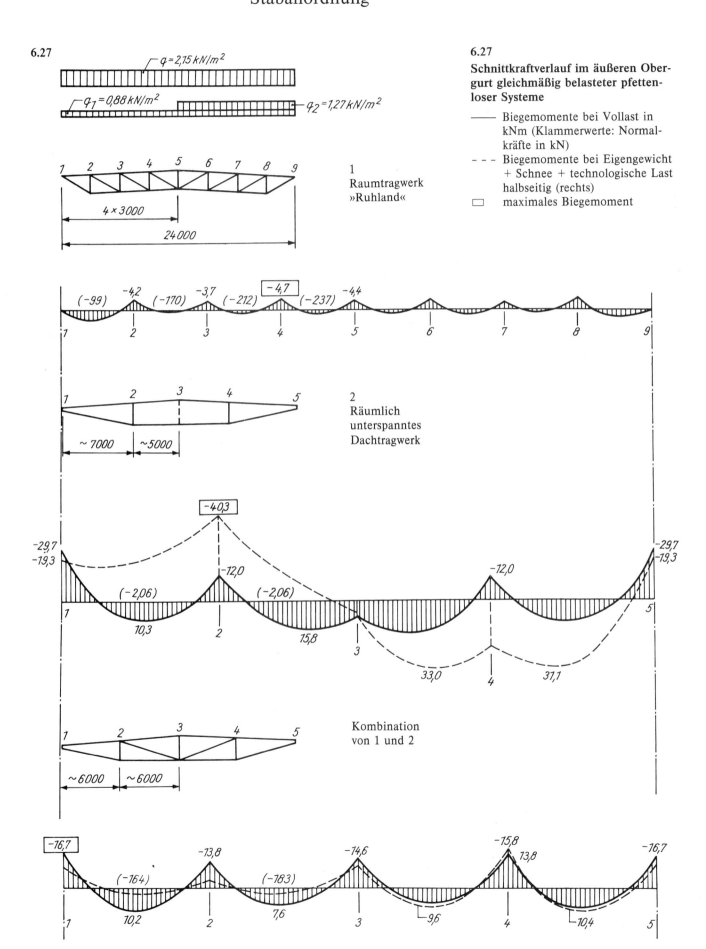

6.27
Schnittkraftverlauf im äußeren Obergurt gleichmäßig belasteter pfettenloser Systeme

— Biegemomente bei Vollast in kNm (Klammerwerte: Normalkräfte in kN)
- - - Biegemomente bei Eigengewicht + Schnee + technologische Last halbseitig (rechts)
□ maximales Biegemoment

1 Raumtragwerk »Ruhland«
2 Räumlich unterspanntes Dachtragwerk
Kombination von 1 und 2

6. Fachwerke

6.5. Ausgewählte Probleme

Sheds, Fachwerke mit Vorspannung

Dachtragwerke in Shedform

Sheds werden bei besonderen Anforderungen an die natürliche Arbeitsplatzbeleuchtung im Halleninnern ausgeführt. Die Lichtbänder sind nach Norden orientiert. Sie werden vertikal oder stark geneigt (Verschmutzungsgefahr) angeordnet. Shedtragwerke sind aufwendiger als Sattel- oder Pultdächer.
Die Tragstruktur zeigt Bild 6.28. Randträger, Shedträger und Verbände werden bevorzugt als Fachwerke ausgebildet. Die Randträger liegen unter (Bild 6.28a) oder hinter den Glasflächen. Sie sollen den Lichteinfall möglichst wenig behindern. Verschiedene Systeme der Shedträger zeigen die Darstellungen (Bild 6.28b, c, d). Bei geringen Spannweiten kommen auch I-Träger als Einzelprofile zum Einsatz. Das Beispiel eines Dachverbandes zeigt Bild 6.28d.
Wegen ihrer besonderen Funktion (Gewährleistung einer möglichst gleichmäßigen Raumausleuchtung) sind Shedtragwerke nur in Größenordnungen sinnvoll, wie sie als Beispiel Bild 6.29 zeigt. Konstruktionsbeispiele, die diesen Größenordnungen entsprechen, geben die Bilder 6.30 und 6.31 wieder.

Fachwerke mit Vorspannung

Ziele der Vorspannung von Fachwerken sind:
1. Senkung des Materialaufwandes durch Ausnutzung der hohen Zugfestigkeit des Spannstahls
2. Herabsetzung der Bauhöhe des Trägers, wenn dies erforderlich ist
3. Erhöhung der Tragfähigkeit im Rekonstruktionsfall. Grundlegende Darstellungen zur Vorspannung bei Stahlkonstruktionen bringt *Belenja* [6.30]. Über zahlreiche Anwendungen berichtet zusammenfassend *Hampe* [6.31].

Bei der Anwendung der Vorspannung ist der konstruktive und technologische Mehraufwand zu beachten. Den möglichen Materialeinsparungen, wie sie Tafel 6.11 für einige Beispiele zeigt, stehen zusätzliche Kosten gegenüber. Material- und kostengünstige Lösungen sind allgemein nur unter spezifischen Voraussetzungen möglich, wie z. B.: große Spannweiten, hoher Anteil ständiger Last, hohe Zugfestigkeit des Spannstahles.
In [6.33] wird als minimales Verhältnis der zulässigen Spannungen des Spannstahles und des vorzuspannenden Stahls der Wert 5 angegeben.

6.28 a)
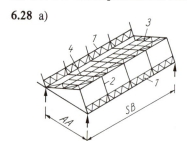

b)
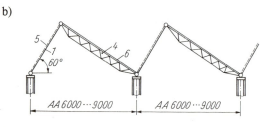

c)
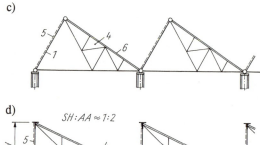

d)
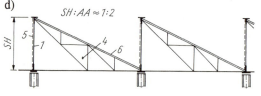

e)
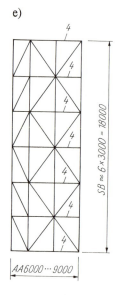

6.28

Tragstruktur und Tragelemente von Sheds nach [6.29]

a) Übersicht
b) Shed mit geneigtem Lichtband und Shedträger als Parallelfachwerk
c) Shed mit geneigtem Lichtband und Fachwerk-Shedträger mit orthogonalen Pfosten
d) Shed mit vertikalem Lichtband und Fachwerk-Shedträger mit vertikalen Pfosten
e) Shed mit geneigtem Lichtband, dahinterliegendem Randträger und Dachverband (Draufsicht)

1 Randträger; *2* Stützstäbe; *3* Pfetten und Verbände; *4* Shedträger; *5* Lichtband; *6* Dachhaut

SW Systemweite
AA Achsabstand
SH Systemhöhe

6. Fachwerke

6.5. Ausgewählte Probleme

Sheds, Tafel 6.11

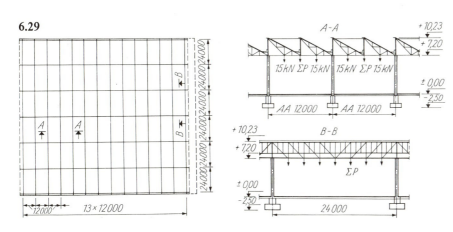

6.29
Beispiel – Shedfachwerke mit technologischen Lasten nach [6.29]

6.30
Konstruktionsbeispiele für Fuß- und Firstpunkte

a) mit Shedträger als Walzprofil
b) mit Shedträger als Parallelfachwerk

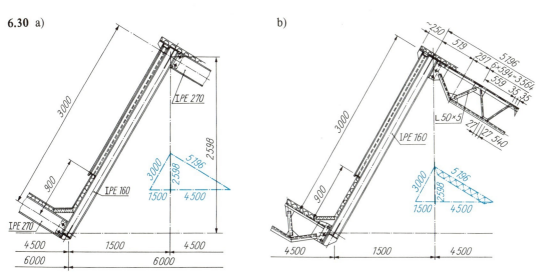

Tafel 6.11

Variantenvergleich vorgespannter und nicht vorgespannter Fachwerke (nach [6.32])

Freie Spannweite in mm	Tragstruktur	Eigenmasse in kg je Tragwerk						Reduzierung der Gesamtmasse in %	
		Stahl		Seile		Gesamt			
		L	S	L	S	L	S	L	S
24000		2445	4110	–	–	2445	4110	100 ↓	100 ↓
		1890	2860	175	410	2065	3270	84	79
30000		3670	5870	–	–	3670	5870	100 ↓	100 ↓
		2830	3940	280	640	3110	4580	84	78
36000		5430	8660	–	–	5430	8660	100 ↓	100 ↓
		4280	6068	385	864	4665	6932	86	80

Achsabstand jeweils 12 m

L: leichte Dacheindeckung, 0,60 kN/m²

S: schwere Dacheindeckung, 2,40 kN/m²

6. Fachwerke

6.5. Ausgewählte Probleme

Sheds, Fachwerke mit Vorspannung

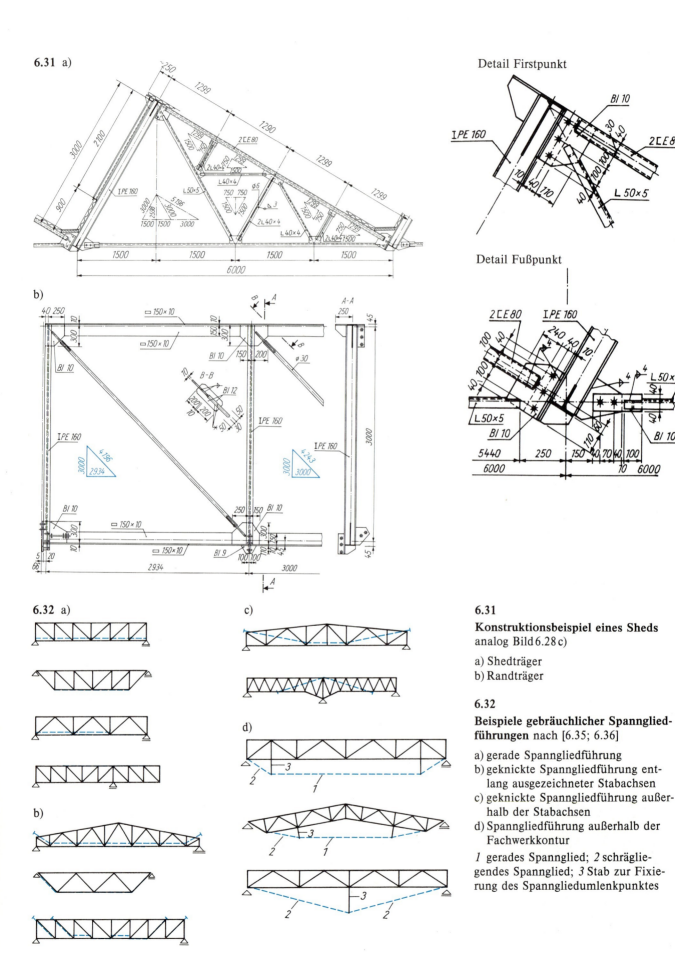

6.31
Konstruktionsbeispiel eines Sheds analog Bild 6.28c)

a) Shedträger
b) Randträger

6.32
Beispiele gebräuchlicher Spanngliedführungen nach [6.35; 6.36]

a) gerade Spanngliedführung
b) geknickte Spanngliedführung entlang ausgezeichneter Stabachsen
c) geknickte Spanngliedführung außerhalb der Stabachsen
d) Spanngliedführung außerhalb der Fachwerkkontur

1 gerades Spannglied; *2* schrägliegendes Spannglied; *3* Stab zur Fixierung des Spanngliedumlenkpunktes

6. Fachwerke

6.5. Ausgewählte Probleme

Fachwerke, mit Vorspannung, Bauschäden

Die praktische Anwendung im Neubau erfolgte bisher vorwiegend im Bereich individueller Lösungen. Bei serienmäßig hergestellten Bauteilen und Bauwerken konnte sich die Vorspannung bislang nicht durchsetzen.
Neue Aspekte ergeben sich aus der nachträglichen Verstärkung vorhandener Konstruktionen durch Vorspannung [6.34]. Dabei ist unter den möglichen Maßnahmen zur Erhöhung der Tragfähigkeit bereits eingebauter Träger die Vorspannung in vielen Fällen wirtschaftlich.

Zweckmäßige Spanngliedführungen zeigt Bild 6.32. Fachwerke nach Bild 6.32d) gehören zur Gruppe der unterspannten Systeme. Liegen die Zugglieder genügend weit außerhalb des Querschnittes, kann die Vorspannung entfallen. Die in den folgenden Bildern dargestellten konstruktiven Lösungen gelten auch für diesen Fall.
Konstruktionsbeispiele zur Fixierung der Spannglieder enthält Bild 6.33. Spanngliedanschlüsse siehe Bild 6.34, Spanngliedverankerungen Bilder 6.35 und 6.36. Konstruktive Lösungen für Umlenkpunkte gibt Bild 6.37 wieder.

Auf Grund langjähriger Konstruktionserfahrungen sowie eines entwickelten Systems der Qualitätskontrolle treten Bauschäden an Fachwerken relativ selten auf. Mögliche Ursachen sind: Berechnungsfehler, Konstruktionsfehler, Materialfehler, Ausführungsfehler, Nutzungsfehler.

In der Regel treten die aufgeführten Fehler in Kombination auf, wenn es zu Schadensfällen kommt.
Berechnungsfehler sind sehr selten. Sie können sich ergeben, wenn außergewöhnliche Zwischenzustände, z. B. während der Montage, nicht ausreichend beachtet werden, in der Praxis jedoch in vollem Umfang zur Wirkung kommen (Stäbe, die im Gebrauchszustand Zug erhalten, werden zwischenzeitlich auf Druck belastet). *Konstruktionsfehler* betreffen i. allg. den Kraftfluß im Knoten- oder Anschlußbereich von Stäben, seltener die Stabilisierung (z. B. Verbindung mehrteiliger Querschnitte).
Materialfehler haben an Bedeutung verloren. Bei den modernen Baustählen sind Seigerungen unbedeutend, und für Dopplungsfehler bei auf Querzug belasteten Blechen stehen zuverlässige Prüfverfahren zur Verfügung. Allerdings ist bei unzureichender Werkstoffkennzeichnung nicht auszuschließen, daß Bauteile mit ungenügender Festigkeit eingesetzt werden.
Die *Ausführung* gewinnt als potentielle *Fehlerquelle* an Bedeutung, weil die Anzahl der Stahlmarken, das Profilsortiment, das Angebot an Verbindungsmitteln und Verbindungstechniken ständig zugenommen haben und weiter zunehmen werden. Das erhöht u. a. die Anforderungen an die Ausführung von Schweißarbeiten. Da die Arbeitsteilung auch bei den Baustellenprozessen ständig zunimmt, kann es vorkommen, daß bestimmte unbedeutend erscheinende Teile nicht oder nicht projektgerecht eingebaut werden, wie an den folgenden Beispielen [6.38] gezeigt wird.
Nutzungsfehler sind selten. Sie treten in der Regel im Zusammenhang mit Havariesituationen oder seltenen Naturereignissen (Orkan, Erdbeben, Erdrutsch) auf.

Das Schadensbild eines Untergurtknotens zeigt Bild 6.38. Ursache der Sprödrisse ist der Wärmeeinfluß beim Schweißen der Kehlnähte an dem 16 mm dicken Knotenblech, das aus unberuhigtem Stahl bestand. Außerdem besaß der Grundwerkstoff geringe Plastifizierungseigenschaften.
Die Zerstörung des Obergurtknotens nach Bild 6.39 trat durch Weglassen der Lasche 380 mm × 30 mm nach erfolgter Montage ein. Die projektierte Kraftübertragung infolge der Durchlaufwirkung wurde zwangsläufig über die Knotenbleche, ihre Querbleche und Schrauben realisiert. Es kam zum Bruch der Schrauben und damit zum Einsturz der Dachkonstruktion.
Ein grober Mangel im Kraftfluß ist die Ursache für den in Bild 6.40 dargestellten Schaden. Es fehlte die Verbindungslasche zwischen den Gurtstäben, so daß eine große Exzentrizität im Knotenblech auftrat. Außerdem wurde entgegen dem Projekt unberuhigter Stahl eingesetzt.

Die im Abschnitt 6.6. ausgewählten Konstruktionsbeispiele geben einen Überblick von ausgeführten Hallenbauten.

Anwendung im Neubau

Lösungen

Bauschäden bei Fachwerken

Fehlerquellen

Schadensbilder

6. Fachwerke

6.5. Ausgewählte Probleme

Fachwerke mit Vorspannung, Details

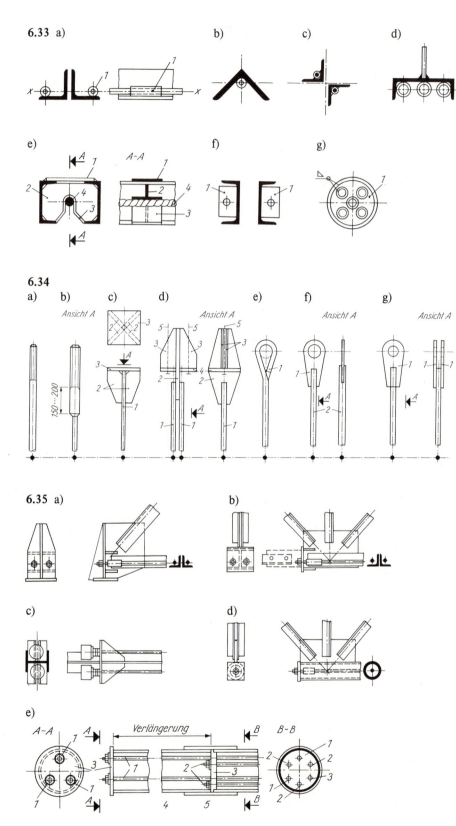

6.33

Konstruktive Fixierung der Spannglieder nach [6.35; 6.36]

a) in der Schwerachse *x-x* bei Doppelwinkeln mit aufgeschweißter Rohrführung *(1)*
b) im Schwerpunkt eines Winkels
c) in den Schwerpunkten bei Kreuzwinkeln
d) im U-Profil mit eingeschweißten Rohrführungselementen
e) zentrisch zwischen gespreizten ⌶-Profilen
   1 Decklasche; *2* Spreizsteg; *3* Führungsblech; *4* Spannglied
f) außerhalb gespreizter ⌶-Profile mit Blechstegführung *(1)*
g) innerhalb eines Rohrquerschnittes mit eingeschweißter Blechscheibenführung

6.34

Spanngliedanschlüsse nach [6.37]

a) Rundstab mit Gewinde
b) verdickter Rundstab mit aufgerolltem Gewinde
c) geschweißtes Widerlager
   1 Rundstab; *2* Versteifungssteg; *3* Stirnplatte
d) geschweißtes Widerlager für rückwärtige Verankerung
   1 Doppelzugelement; *2* Zugplatte; *3* Versteifungsstege; *4* Stirnplatte; *5* rückwärtige Verankerung
e) hakenförmige Öse, verschweißt *(1)* für minimale Zugkräfte
f) zentrisch in Zuglasche *(1)* eingeschweißter Rundstab *(2)*
g) Zugstab mit 2 seitlich angeschweißten Zuglaschen *(2)*

6.35

Spanngliedverankerungen bei Kollinearität von Spannglied und Stabachse nach [6.36]

a) und b) Knoten mit Doppel-⌐-Anschluß
c) im Kopfbereich geschweißter I-Profile
d) zentrische Verankerung eines Spannstabes am Ende eines Rohres
e) abgestufte Verankerung von 6 Spanngliedern in einem Rohr
   1 und *2* Spannglieder; *3* Stirnplatten; *4* Rohrverlängerung; *5* Rohrstutzen

6. Fachwerke

6.5. Ausgewählte Probleme

Fachwerke mit Vorspannung, Details

6.36 a)

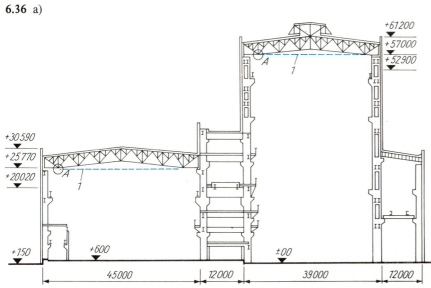

b)

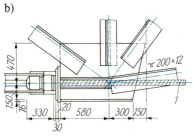

c)

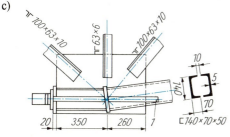

d)

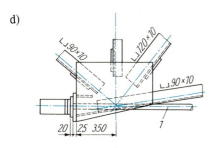

6.37 a)

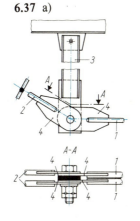

b)

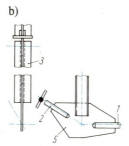

c)

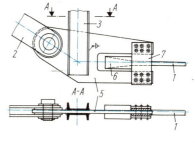

d)

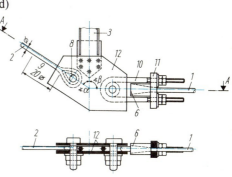

6.36

Spanngliedverankerungen bei weitgespannten Fachwerken [6.37]

a) Übersicht
b), c), d) Ausführungsvarianten der Spanngliedverankerung (Knoten A)

6.37

Konstruktionsbeispiele für Spanngliedumlenkpunkte nach [6.35]

a) beweglicher Umlenkpunkt, nicht regulierbar mit zentrisch in Anschlußlaschen (4) verschweißten Spannstäben (1, 2)
b) starrer Umlenkpunkt, nicht regulierbar, Spannstäbe 1, 2 zentrisch in Knotenblech 5 eingeschweißt
c) starrer Umlenkpunkt, nicht regulierbar, bewegliche Randzugbänder (2) aus Flachstahl, zweischnittig am Knotenblech angeschlossen, Spannglied 1 mit Seilverankerung
d) regulierbarer Umlenkpunkt, Randzugband (2) mit Seilöse und Kausche (8) sowie Kurzspleiß (9) Zugband 1 mit Seilverankerung

1 Zugband, parallel zum Untergurt; 2 Randzugband; 3 Spreizstab; 4 Anschlußlasche; 5 Knotenblech; 6 Keilmuffenkopf; 7 Laschenwiderlager; 8 Steckbolzenverbindung mit Seilöse und Kausche; 9 Kurzspleiß; 10 Rundstabbügel mit Gewinde; 11 Widerlagerplatte; 12 angeschraubte Knotenbleche

6. Fachwerke

6.5. Ausgewählte Probleme

Bauschäden

6.38 a)

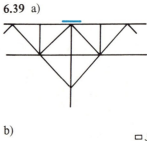

6.39 a)

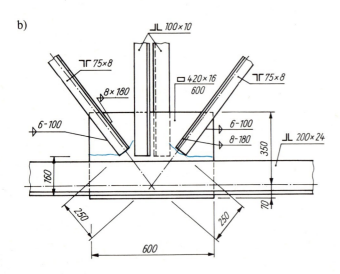

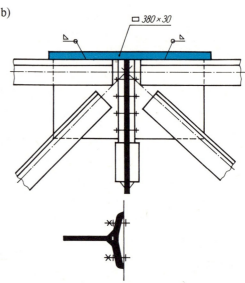

b)

6.40 a)

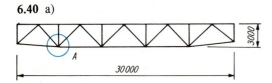

b)

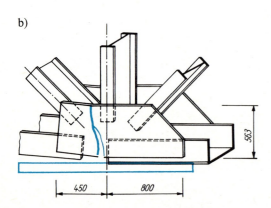

6.38
Rißbildung in einem Untergurtknoten eines Fachwerkträgers

a) Tragstruktur
b) Rißbild, Knoten A

6.39
Fehlerhafte Konstruktionslösung des Obergurtanschlusses für einen durchlaufenden Fachwerkträger

a) Detail der Tragstruktur
b) Konstruktionslösung nach Projekt

6.40
Bruch eines Untergurtknotens

a) Tragstruktur
b) Bruchbild, Knoten A

6. Fachwerke

6.6. Konstruktionsbeispiele

Fachwerkbinder TBK 6000

6.41

Bild 6.41 und Bild 6.42 sowie Tafel 6.12: Fachwerkbinder TBK 6000 einsetzbar als Dachtragwerk für die Fachwerkhallen TBK 6000

6.41

Fachwerkbinder TBK 6000
AA 6000, SB 24000 (18000)

Hersteller: *VEB Metalleichtbaukombinat*

Charakteristik
ebenes Tragsystem mit ebener Stabanordnung und Pfetten (Pfettentragwerk)
Dachtragschale mit leichter Dacheindeckung
Haupttragglied ist der Strebenfachwerkbinder mit 10% Dachneigung (DN).

a) Gesamtansicht
b) System einer Binderhälfte mit Maß- und Querschnittsangaben
c) Detail Y des Obergurtknotens als Hauptansicht und Schnitt *A-A*
d) Detail W des Untergurtknotens als Hauptansicht und Schnitt *B-B*
e) Detail Z des Auflagers als Hauptansicht, Ansicht S und Schnitt *C-C*
f) Detail X des Obergurtfirststoßes (totaler Montagestoß) als Hauptansicht, Schnitt *D-D* und Ansicht *K*, Schrauben nach TGL 12517, Festigkeitsklasse 10.9
g) Detail V des Untergurtmittenstoßes (totaler Montagestoß) als Hauptansicht, Schnitt *E-E* und Aufsicht *M*, Schrauben nach TGL 12517, Festigkeitsklasse 10.9
h) Maßangaben zu den gequetschten Stabenden der Streben (Füllstäbe)

1a Dachtragschale aus St-PUR-St, Al-PUR-Al; *1b* Dachtragschale aus Bitumendämmdach auf Stahltrapezprofil (EKOTAL); *2* Bindebleche Bl 5 × 100 × 100 in jedem Obergurtknoten; *3* Bindebleche Bl 5 × 100 × 100 in den Drittelpunkten der Obergurtstäbe; *4* Bleche Bl 5 × 100 × 100 in der Mitte der Untergurtstäbe und am Untergurtmittenstoß; *5* Montagewinkel für Stahlbetonstützen; *6* Verschraubung bei Stahlstützen; *7* Löcher Ø 10 (Feuerverzinkung)

h)
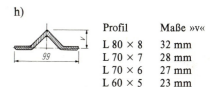

Profil	Maße »v«
L 80 × 8	32 mm
L 70 × 7	28 mm
L 70 × 6	27 mm
L 60 × 5	23 mm

6. Fachwerke

6.6. Konstruktionsbeispiele

Fachwerkhallen TBK 6000, Tafel 6.12

6.42 a)

b)

Tafel 6.12
Hauptparameter für den Entwurf von Fachwerkhallen TBK 6000

Geometrie
Achsabstand: 6 m
Systemlängen: $n \times 6$ m + 2×700 mm (vorgesetzter Giebel)
Mindestlänge: 3 Segmente
Dehnfugenabschnitte: max. 72 m
Systembreiten:
  18 m und 24 m, reihbar bis max. 72 m Gesamtgebäudebreite
Systemhöhen:
  4,80 m $\leq n \times 1,20$ m $\leq 9,60$ m
Lichte Höhen:
  Systemhöhe minus 600 mm
Traufhöhen:
  Systemhöhe plus 600 mm
Dachform:
  Satteldach mit 10% Dachneigung (DN)

Dachaufbauten:
  stehendes Oberlicht mit Satteldach 10% DN; 6 m breit und 1,90 m hoch
Systemlinienlage:
  in Querrichtung Randanpassung, in Längsrichtung Achsanpassung
Tür- und Torgrößen:
  1,20 m $\times$ 2,40 m, 2,40 m $\times$ 3,00 m, 3,60 m $\times$ 4,20 m, 4,80 m $\times$ 5,40 m

Sortimentsübersicht
Der Bemessung der Tragwerkselemente liegt die Laststufe 1,7 kN/m² zugrunde (einschließlich Eigengewicht von Dachtragwerk und Dacheindeckung).
Als Krane sind flurgesteuerte Einträgerbrückenkrane bis 8 t Hublast vorgesehen.

Stützensortiment

Systemhöhe in mm	Stahlstützen mit Kran	Stahlstützen ohne Kran	Stahlbetonstützen mit Kran	Stahlbetonstützen ohne Kran
4 800		×		×
6 000		×		×
7 200	×	×	×	×
8 400	×		×	×
9 600	×		×	×

Umhüllung

Hüllelement	Dach	Wand	gedämmt	ungedämmt
St-PUR-St	×	×	×	
AZ-Welltafeln mit Mineralwolledämmung		×	×	
St-PUR-Bit	×		×	
AZ-Welltafeln	×	×		×
Al-Profilband	×	×		×
Al-PUR-Al	×		×	
Gasbeton		×	×	
U-Profilverglasung		×	×	
Kittlose Verglasung		×		×

6.42
Fachwerkhallen TBK 6000

Hersteller: *VEB Metalleichtbaukombinat*

Charakteristik
Fachwerkhallen vom Typ TBK 6000 (Teilbaukasten 6 m Achsabstand) sind Mehrzweckhallen, die nach einem einheitlichen Konstruktionsprinzip im Stützen-Riegel-System gebaut werden. Ein ausgewähltes Sortiment an Tragelementen, komplettierbar mit den verschiedensten Dacheindeckungen und Wandverkleidungen, Verglasungsflächen und Toranordnungen, ermöglicht die vielseitige Anpassung des Bauwerkes an die unterschiedlichsten Anforderungen. Die Hallen können als geschlossene oder offene bzw. teilweise offene Gebäude eingesetzt werden. Als Korrosionsschutzverfahren kommen Feuerverzinkung oder Farbkonservierung zur Anwendung.

a) Fachwerkhalle ohne Kran als Binder-Stützen-System mit Koppelpfetten und Al-PUR-Al-Dacheindeckung im Montagezustand
b) Bildung eines Dachsegments aus dem TBK 6000

Fachwerkbinder werden in der Regel einzeln montiert. Segmentbildung ist mit zwei Bindern und den dazwischen liegenden Pfetten möglich. Nur jedes zweite Feld wird als Dachsegment ausgebildet. Die verbleibenden Zwischenfelder werden nachträglich mit Pfetten und Tragschalen geschlossen.
(Fotos: *VEB Metalleichtbaukombinat* und *S. Thomas*, Dresden)

6. Fachwerke

6.6. Konstruktionsbeispiele

Raumtragwerk Ruhland

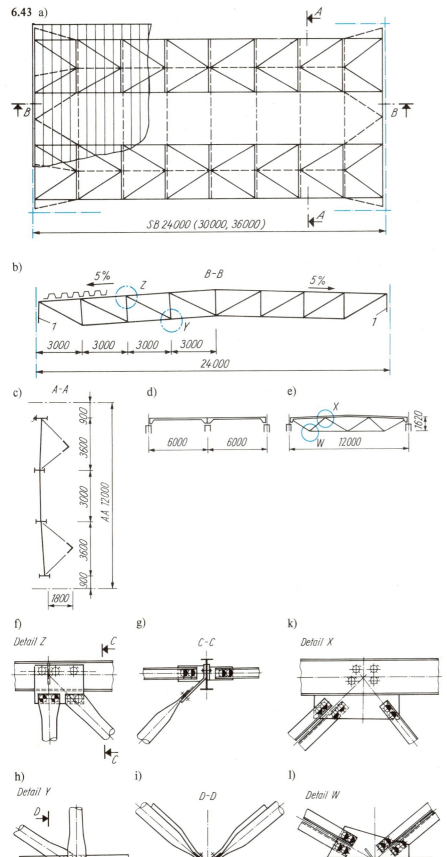

Bild 6.43 und Tafel 6.13:
Raumtragwerk Typ »Ruhland«, einsetzbar als Dachtragwerk für ein- und mehrschiffigen Hallen mit Achsabstand AA 12 000
(Fotos: *VEB Metalleichtbaukombinat*)

6.43
Raumtragwerk Typ »Ruhland«
Segment 12 m × 24 m (18 m, 30 m) mit 5 % Dachneigung
Hersteller: *VEB Metalleichtbaukombinat*

Charakteristik
ebenes Tragsystem mit räumlicher Stabanordnung in Ständerform, ohne Pfetten
Dachtragschale wird mit leichter Dacheindeckung, bestehend aus Stahltrapezprofilblech (EKOTAL), senkrecht zur Dachneigung verlegt und als schubsteife Dachscheibe ausgebildet, die vertikale Dachlasten und Horizontalkräfte aufnimmt; Dachverbände sind nicht erforderlich.
Haupttragglieder (in Spannrichtung) bestehen aus zwei V-förmigen unter 90° angeordneten Fachwerkträgern, die in Querrichtung gleichschenklige Dreiecke bilden; Obergurte bestehen aus durchgehenden IPE-Profilen; Untergurte aus durchgehenden Winkelprofilen; Füllstäbe aus Rohren mit gequetschten und gelochten Stabenden, die ohne Knotenbleche an den Untergurt anschließen; angeschraubte Knotenbleche am Obergurt, siehe Bilder m) und n).
Stab-Knoten-Verbindung wird überwiegend als HVH-Schraubverbindung ausgeführt.
Randunterzug für AA 6 000 besteht aus IPE-Profilen und wirkt im Endzustand als Durchlaufträger, im Montagezustand als Einfeldträger mit 12 m Stützweite; Randunterzug für AA 12 000 ist ein Fachwerkträger in geschraubter Ausführung

a) Draufsicht
b) Schnitt *B-B*
c) Schnitt *A-A*
d) Randträger AA 6 000
e) Randträger AA 12 000
Angaben zur konstruktiven Ausbildung der Knotenpunkte für die
f) bis i) Fachwerkträger als Haupttragglieder
k) und l) Randunterzüge AA 12 000 in geschraubter Ausführung
m) Obergurtknoten mit angeschraubtem Knotenblech
n) Untergurtknoten ohne Knotenblech
1 Randträger

| 6. Fachwerke | 6.6. Konstruktionsbeispiele | Raumtragwerk Ruhland, Tafel 6.13 |

6.43 m)

n)

6.43
Raumtragwerk Typ »Ruhland«

m) Obergurtknoten mit angeschraubtem Knotenblech
n) Untergurtknoten ohne Knotenblech

Tafel 6.13

Hauptparameter für den Entwurf von Hallen mit dem Raumtragwerk Typ »Ruhland« als Dachtragwerk

Segmentgrößen in mm	Standardsegmente: 12 000 × 18 000; 12 000 × 24 000; 12 000 × 30 000 Komplettierungssegmente: 12 000 × 12 000; 6 000 × 18 000; 6 000 × 24 000; 6 000 × 30 000							
Spannweite in mm	12 000		18 000		24 000		30 000	
Gesamtlast in N/m² (Laststufe)	2 200	2 700	2 200	2 700	2 200	2 700	2 200	2 700
max. Schneelast in N/m²	1 000		1 000		1 000		1 000	
zugeh. Nutzlast in N/m²	250	720	220	700	210	700	160	630
max. Eigenmasse der vormontierten Segmente mit Stahltrapezprofilblech (EKOTAL) (Montagemasse in t)	5,3		8,1		11,1		16,7	
Dachneigung	5 %							
Korrosionsschutz	Vollkonservierung durch Mehrschichtenfarbanstrich							
Reihbarkeit	Längs- und Querreihung sowie Anbau an höheres Gebäude möglich							
Unterkonstruktion Profilstahlstützen	4 800 mm, 6 000 mm, 7 200 mm, 8 400 mm 9 600 mm (ohne Kran)							
Stahlfachwerkstützen	7 200 mm... + 1 200 mm...14 400 mm (mit Kran)							
Stahlbetonstützen	4 800 mm... + 1 200 mm...9 600 mm (ohne Kran); 7 200 mm und 8 400 mm (mit Kran)							
Gründung	Einzelfundamente							
Umhüllung der Gebäude (Raumtragwerk »Ruhland« als Dachtragwerk)	Dach: St-PUR-BIT-Dacheindeckung (EKOTAL-Stahltrapezprofilbleche) Wand: Gasbetonaußenwand, Leichte Außenwandelemente an Wandriegeln Kittlose Verglasung, Stahlfenster, Fensterbänder, Türen, Tore							

6. Fachwerke

6.6. Konstruktionsbeispiele

Raumtragwerk Ruhland – IHC

6.44 a)

Bild 6.44 a–h:
Variante Raumtragwerk »Ruhland – Ingenieurhochschule Cottbus« (RTR-IHC). Es ermöglicht den Einsatz beliebiger Dachtragschalen und Dachdeckungen.
(Fotos: *Ingenieurhochschule Cottbus*)

6.44
Raumtragwerk Typ »Ruhland – Ingenieurhochschule Cottbus«

a) Ansicht des Dachsegments RTR-IHC mit Stahltrapezprofilblech vorkomplettiert
b) Detail A des Auflagers am Obergurt
c) Detail B des Totalstoßes in Obergurtmitte (First)
d) Detail C des Untergurtknotenpunktes
e) Detail D des Totalstoßes in Untergurtmitte

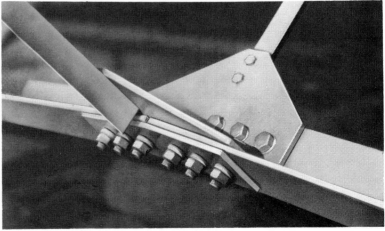

6. Fachwerke — 6.6. Konstruktionsbeispiele — Raumtragwerk Ruhland – IHC

6.44 f)

g)

h)

6.44

Raumtragwerk Typ »Ruhland« (RTR-IHC)

f) Detail E des Obergurtknotenpunktes
g) Detail F des Eckpunktes im Untergurt der beiden V-förmigen Fachwerkträger und dem Rand-Fachwerkträger
h) Technikum der Ingenieurhochschule Cottbus als dreischiffige Halle. Mittelschiff mit Dachsegment RTR-IHC im Montagezustand

6. Fachwerke

6.6. Konstruktionsbeispiele

Räumlich unterspanntes Dachtragwerk

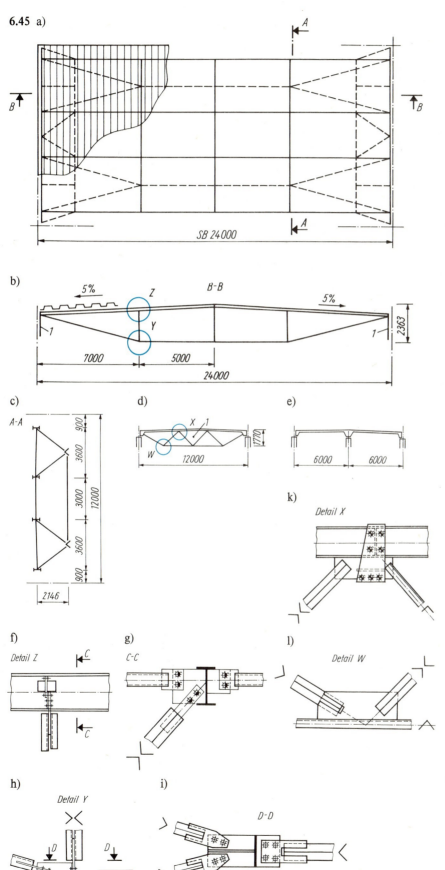

6.45

Räumlich unterspanntes Dachtragwerk
Segment 12 m × 24 m (18 m) mit 5 % Dachneigung

Hersteller: *VEB Metalleichtbaukombinat*

Charakteristik
ebenes Tragsystem mit räumlicher Stabanordnung, ohne Pfetten
Dachtragschale wird mit leichter Dacheindeckung, bestehend aus EKOTAL-Stahltrapezprofilblech, senkrecht zur Dachneigung verlegt und als schubsteife Dachscheibe ausgebildet, die vertikale Dachlasten und Horizontalkräfte aufnimmt; Dachverbände sind nicht erforderlich.
Haupttragglieder (in Spannrichtung) bestehen aus zwei biegesteifen Obergurten mit räumlicher Unterspannung. Räumlich angeordnete Spreizstäbe zwischen Obergurt und Unterspannung sowie die zwischen den vier Obergurten und den zwei Untergurten bilden Querscheiben zur Verteilung unsymmetrischer Lasten. Spreizstäbe sind aus Winkelstahl- bzw. Stahlleicht-[-Profilen zusammengesetzt; Obergurte bestehen aus IPE-Profilen, Unterspannungsstäbe aus Winkelprofilen mit angeschweißtem Anschlußblech und weisen große Schlankheit auf. Übertragung von Druckkräften (z. B. infolge Windsog) wird nicht vorgesehen, daher ist Montageabspannung erforderlich.
Stab-Knoten-Verbindung wird überwiegend als HVH-Schraubverbindung ausgeführt.
Randunterzug für AA 6000 besteht aus IPE-Profilen und wirkt im Endzustand als Durchlaufträger, im Montagezustand als Einfeldträger mit 12 m Stützweite; Randunterzug für AA 12 000 ist ein geschweißter Fachwerkträger.

a) Draufsicht
b) Schnitt *B-B*
c) Schnitt *A-A*
d) Randträger AA 6000
e) Randträger AA 12 000

Angaben zur konstruktiven Ausbildung der Knotenpunkte:

f) bis i) für den unterspannten Träger
k) und l) für die geschweißten Randunterzüge *(1)* AA 12 000
1 Randträger

6. Fachwerke

6.6. Konstruktionsbeispiele

Fachwerk 80

6.46 a)

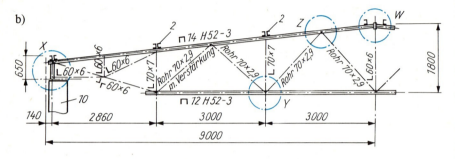

b)

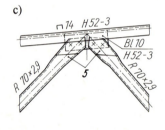

c)

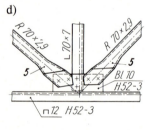

d)

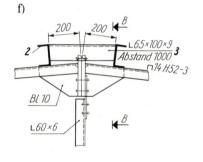

f)

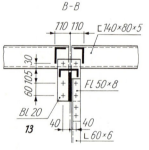

e)

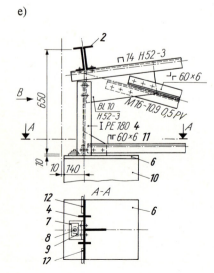

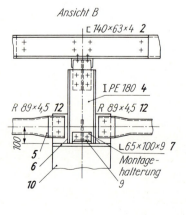

Bild 6.46 und Bild 6.47 sowie Tafel 6.14:
Fachwerk 80 als variables Hallensystem für ein- und mehrschiffige Hallen des Industrie- und Gesellschaftsbaus mit Systembreiten bis 36 m

6.46
Fachwerk 80

Hersteller: *VEB Metalleichtbaukombinat*

Vorzugsweise bei beliebiger Geometrie, Belastung und bei weiteren Anforderungen der Altbausubstanz für Rekonstruktionen von Überdachungen und für Neubauten mit Segmentbreiten von 15 m $\leq$ SBZ $\leq$ 36 m einsetzbar [6.46]

Charakteristik
ebenes Tragsystem mit ebener Stabanordnung und Pfetten (Pfettentragwerk) Dachtragschale mit leichter Dacheindeckung
Haupttragglied ist der Strebenfachwerkbinder mit Pfosten als Satteldachbinder oder als parallelgurtiger Pultdachbinder. Verbindungstechnik variabel, geschraubt oder geschweißt. Konstruktionshöhe $h \approx \frac{1}{10}$ Systembreite

Vorzugslösungen der Konstruktion werden vorgestellt.

a) Gesamtansicht eines Satteldachbinders mit Profilangaben für Vorzugslösungen
b) System einer Binderhälfte mit Maß- und Querschnittsangaben
c) Detail Z des Obergurtknotens als Hauptansicht
d) Detail Y des Untergurtknotens als Hauptansicht
e) Detail X des Auflagers als Hauptansicht, Ansicht B und Schnitt *A-A*
f) Detail W des Obergurtfirststoßes (totaler Montagestoß) als Hauptansicht und Schnitt *B-B*

1 Dachtragschale bestehend aus St-PUR-St, Al-PUR-Al oder aus Stahltrapezprofilblech (EKOTAL) mit Bitumendämmdach; *2* Koppelpfetten aus S1⌶ 140 × 63 × 4; *3* Aussteifungswinkel ∟ 65 × 100 × 9 im Abstand von 1 000 mm; *4* Aufständerung aus I PE 180; *5* zusammengequetschte Rohrenden; *6* Stützenkopfplatte; *7* Montagehalterung ∟ 65 × 100 × 9, nach Montage entfernen; *8* Bolzen M 16 auf Stützenkopfplatte aufgeschweißt;
9 Fl 40 × 6 × 80; *10* Stahlbetonstütze; *11* Koppelstab in Querrichtung; *12* Koppelstab in Längsrichtung; *13* Stirnblech, doppelungsfrei

6. Fachwerke

6.6. Konstruktionsbeispiele

Hallensysteme mit Fachwerk 80, Tafel 6.14

6.47

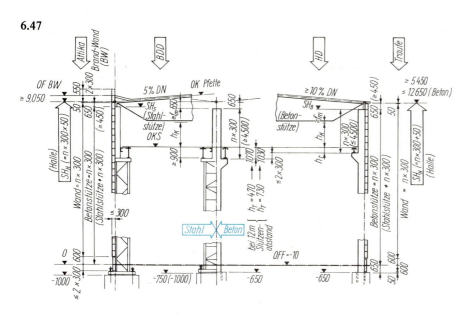

Tafel 6.14
Hauptparameter für den Entwurf von Hallen

	Rekonstruktion Vorzugsbereich	Neubauten Vorzugsbereich
Systembreite m	15…36	von 15…36 in Sprüngen von 3 m
Binderabstand m	2,0…7,5	6
Achsabstand der Stützen m		6 und 12
Dachneigung %	5…25	10
Gesamtlast kN/m² (Laststufe)	beliebig	1,2; 1,7; 2,2; 2,7
	1,2…3,5	
Schneelast kN/m² (Grundwert)	0,5…2,0	0,5…1,5
Nutzlast kN/m²	0,1…1,3	0,1…0,8 in Abhängigkeit von Gesamt-, Eigen- und Schneelast
Unterkonstruktion	Stahlbetonstützen Stahlstützen Mauerwerk	bis 30 m Höhe
		Stahlbetonstützen bis Systemhöhe 9,6 m (bis 14,4 m in Vorbereitung) Stahlstützen bis Systemhöhe 14,4 m
Reihbarkeit	Längs- und Querreihung sowie Anbau an höhere Gebäude möglich	
Kraneinsatz	ohne Kran, Ein- und Zweiträgerbrückenkran	
Umhüllung		
Dach: ungedämmt	Asbestzement-Welltafeln, Stahltrapezprofilblech (EKOTAL)	
gedämmt	St-PUR-St, Al-PUR-Al, Bitumendämmdach auf Stahltrapezprofilblech bzw. St-PUR-Bit	
Wand: ungedämmt	Asbestzement-Welltafeln, EKOTAL-Stahltrapezprofil	
gedämmt	Gasbeton, Stahl-PUR-Stahl, Al-PUR-Al, kittlose Verglasung, Stahlfenster, Türen, Tore	
Korrosionsschutz		
Dachkonstruktion	Vollkonservierung durch Farbanstriche	
Unterkonstruktion	Teilkonservierung durch Farbanstriche	
	Für Dach- und Unterkonstruktion ist im Sonderfall auch Feuerverzinkung möglich.	

Bild 6.47 und Tafel 6.14:
Angaben zum Entwurf für Hallensysteme mit Fachwerk 80

6.47
Querschnittsausbildung von ein- und mehrschiffigen Hallen

SH_H Systemhöhe Halle
 $= SH_B + 650$ mm
SH_B Systembreite Betonstütze
 $= n\,600$
SH_S Systemhöhe Stahlstütze ohne Festmaß

6. Fachwerke

6.6. Konstruktionsbeispiele

Pfettentragwerke

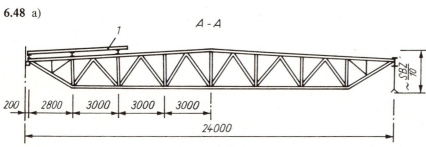

6.48

Pfettentragwerke für AA 6000 und AA 12000

Varianten als Pfettentragwerke des Fachwerk 80 für ein- und mehrschiffige Hallen mit einem Achsabstand AA = 6 m und AA = 12 m gehen aus Bild 6.48 hervor [6.47].

Randträger ist vielfach nur noch in der Mittelachse erforderlich, da in der Randachse der Stützenabstand AA = 6 m beträgt.

Für AA = 6 m werden Koppelpfetten als Durchlaufträger eingesetzt, siehe Bild 6.48, Variante 1 (liegt als Ausführungsvariante vor).

Für AA = 12 m und leichte Dacheindeckung stellen unterspannte Pfetten eine optimale Lösung dar, siehe Bild 6.48, Variante 2, wobei eine im Montagezustand überwiegende Windsogbelastung zu vermeiden ist (liegt als technische Lösung vor).

Bei der konstruktiven Lösung ist die montagetechnische Besonderheit zu beachten, daß die Binder einzeln gehoben und die Pfetten mit dem Tragblech und der Dacheindeckung als vorkomplettiertes montagefähiges Teilsegment mit den Abmessungen 12000 mm × 5000 mm × Systembreite gehoben werden.

Variante 1 mit AA 6000
a) Längsschnitt A-A (gilt für beide Varianten)
b) Draufsicht und Schnitt B-B
c) Randträger für AA 6000
d) Detail X, konstruktive Ausbildung am Untergurt für seine Stabilisierung (Windsog im Montagezustand)

1 Dachtragschale; *2* Binder; *3* Koppelpfette; *4* Randträger AA 12000; *5* Untergurtstabilisierung; *6* Verbände; erforderlich in Abhängigkeit von der vorhandenen Schubsteifigkeit der Dachtragschale

Variante 2 mit AA 12000
e) Draufsicht mit Längsschnitt A-A und Schnitt C-C
   Angaben zur konstruktiven Ausbildung
f) Detail Z, Pfettenauflagerung am Binder
g) Detail Y, Umlenkpunkt der Unterspannung

1 Dachtragschale; *2* Binder; *3* unterspannte Pfette; *4* Untergurtstabilisierung

6. Fachwerke

6.6. Konstruktionsbeispiele

Internationale Beispiele

6.49 a)

b)
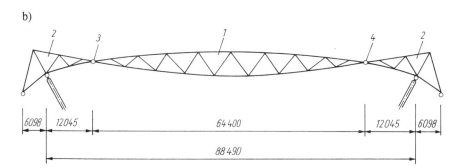

c) d)
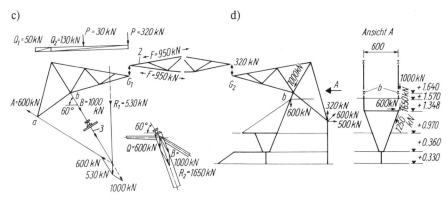

e)
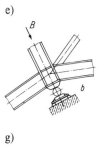

f)
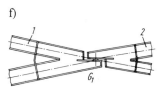

g)
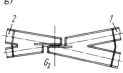

Bild 6.49 und Tafel 6.15:
Fachwerkbinder mit parabelförmigen Gurten als Dachkonstruktion einer Mehrzweckhalle

6.49
Fachwerkbinder mit parabelförmigen Gurten
Mehrzweckhalle des »AHOY«-Komplexes in Rotterdam (Holland), errichtet 1970 [6.43 bis 6.45]

Projekt: *Groosman Partners B. V.;*
van der Stoep & Pinnoo B. N. A., Rotterdam, in Zusammenarbeit mit *Adviesbureau vor Bouwtechniek B. V., Arnhem;*
Raadgevend Bureau Berenschot N. V., Amsterdam; u. a.
Ausführung Generalbauunternehmung: *Firmengemeinschaft »Bouwkombinatie Zuidplein«*, die aus den folgenden Firmen gebildet wurde: *Van der Vorm's Aannemingsbedrijf (Rotterdam)* und *Nederlandse Aannemingsmaatschappij Nedam (Den Haag)*
Stahlbau: *H. T. Landman en Zoor N. V., Rotterdam;* u. a.

a) Ansicht des Rohbaues (Foto: *Fotobureau C. Kramer*, Rotterdam)
b) System, Schnitt A-A nach Bild i)
  1 Fachwerk zwischen den Kragarmen; *2* Kragarme; *3* Gelenklager G_1; *4* Gleitlager G_2
c) Kräfteplan - Kraftzerlegung (*A*, *B*: Auflagerkräfte, *Q*: Tribünenlast; R_1: Resultierende der äußeren Belastung; R_2: Resultierende aus den Kräften *B* und *Q*)
d) Hauptansicht des rechten Kragarmes mit Ansicht A und Angabe der Kräfte
e) Kugelgelenk am Kopfpunkt B der Tribünenkonstruktion
f) Gelenklager G_1
g) Gleitlager G_2 (G_1 und G_2 gegen Windsog gesichert)

6. Fachwerke

6.6. Konstruktionsbeispiele

Internationale Beispiele, Tafel 6.15

6.49 h)

6.49
Fachwerkbinder mit parabelförmigen Gurten
Mehrzweckhalle des »AHOY«-Komplexes in Rotterdam (Holland)

h) Gesamtansicht des Komplexes
   (Foto: *P. St. Molkenboer*)
i) Draufsicht mit Darstellung der Windverbände an den Stirnseiten
k) Warmdachausbildung
   1 »Ruberoid vitrex« zweilagig *(10)*;
   2 Hartfasertafeln mit 50 mm dicker untenliegender Steinwollschicht *(10)*;
   3 Steinwolle in den Blechrippen *(2)*;
   4 Aluminiumfolie; *5* Trapezprofilblech T 90/167 D ($s = 1{,}13$ mm) mit seitlicher Lochung *(18)*;
   6 »GEMOFIX«-Niet

i)
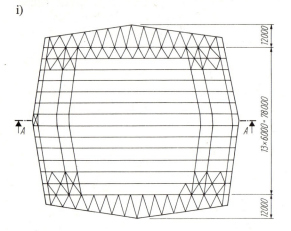

k)
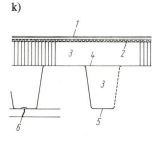

Tafel 6.15

Tragwerksstruktur und Tragwerksanalyse der Mehrzweckhalle

Tragstruktur
Geometrie des ebenen parabelförmigen Fachwerkbinders entspricht bei gleichmäßig verteilter Belastung dem Biegemomentenverlauf. Daraus resultieren konstante Ober- und Untergurtstabkräfte ($O = -950$ kN, $U = 950$ kN).
Fachwerkbinder kann als ein an beiden Endauflagern eingespannter Träger betrachtet werden mit Gelenken in den Momenten-Nullpunkten.
Unterbau als Skelettkonstruktion in Stahlbeton

Geometrie
Binderabstand 6 000 mm
maximale Spannweite zwischen den Gelenken 64 400 mm
maximale Spannweite zwischen den inneren Auflagern 88 490 mm
Gebäudelänge etwa 102 m

Tragwerk
Belastung in N/m²
Eigengewicht der Dachhaut	400
Bindereigengewicht	250
technologische Lasten	200
Schneelast	500
Eigengewicht und Verkehrslast	1350
Winddruck	700

Fertigung
in der Werkstatt der Stahlbaufirma
Binder wurden in drei gleich langen Teilen hergestellt.
sämtliche Stahlbauteile in Schweißkonstruktion ausgeführt

Montage
Die Montagefolge sah zwei Abschnitte vor:
1. Kragarme, 2. Fachwerkbinder
Für die Montage der Fachwerkbinder stand nur wenig Platz zwischen den Tribünen zur Verfügung.
Von den möglichen Montagemethoden (auch die mit dem Hubschrauber) wurde die Montage mit Kran ausgewählt.
Die Binder zwischen den Kragarmen wurden auf dem Boden innerhalb des Gebäudes, jedoch in Gebäudelängsrichtung zusammengefügt.
Nach dem Hub wurden die Binder (Masse: 10 t) um 90° geschwenkt.
Die Montage erfolgte mit zwei kleineren und einem größeren Kran von 35 t Tragfähigkeit ohne provisorische Zwischenstützen.

6. Fachwerke

6.6. Konstruktionsbeispiele

Internationale Beispiele

6.50 a)

b)

c)

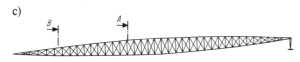

d)

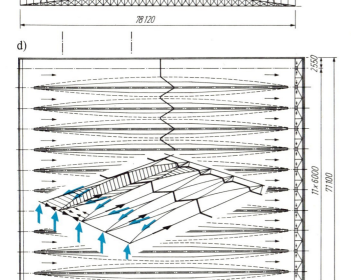

e)

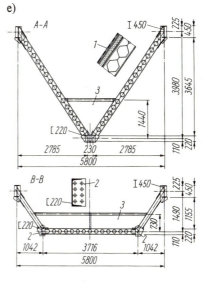

6.50

Eissporthalle »Oliva« in Gdańsk
(VR Polen), errichtet 1973

Projekt: *St. Domański, M. Gintowt, M. Krasiński, St. Kuś*
Ausführung: *Gdańskie Przedsiebiorstwo Budownictwa Przemýslowego*

Charakteristik
Fachwerkfalten mit parabolisch verlaufendem Ober- und Untergurt, Untergurte sind vorgespannt,

a) Ansicht der Eissporthalle
   (Foto: *O. Büttner, Weimar*)
b) Ansicht eines Montagesegmentes auf der Baustelle
   Montagefolge: Hub des Segmentes mit dem Kran an der Hallenlängsseite mit anschließendem horizontalem Verrollen in die Endeinbaulage. Verrollwagen auf Schiene
   (Foto: *Archiv MOSTOSTAL, Gdańsk*)
c) Stabstruktur eines Faltensegmentes mit Ansicht C
d) Dachdraufsicht mit Faltenaufteilung und Schema der Kraftwirkung (Hauptkräfte)
e) Querschnitte einer Falte mit Schnitt *A-A* und Schnitt *B-B* nach den Bildern c) und d)

1 Warmdachausbildung; *2* Untergurt aus U-Profilstahl mit acht Zugkabeln; *3* Lüftungskanal

6. Fachwerke

6.6. Konstruktionsbeispiele

Internationale Beispiele

6.51 a)

b)

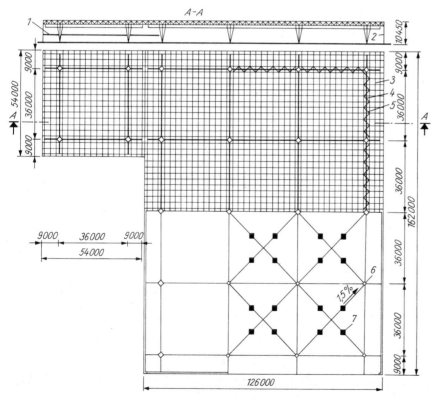

Bild 6.51 und Tafel 6.16:
Vollwandträger mit aufgelagertem Raumfachwerk als Stahltragwerk des Messepalastes in Grenoble (Frankreich)

6.51
Messepalast in Grenoble »ALPEXP« (Frankreich)

Projekt: *Cl.* und *J. Prouvè mit B. E. T. Serra et Revenant*
Tragwerk: *M. Fruite*
Ausführung: *CONSTRUCTIONS BESSON, Paris*
Bauüberwachung: *VERITAS*
Stahltragwerkentwurf: *Ets PARA, Grenoble*
Montage: *ENTERPRISE Hofmann, Aiguebelle*

a) Stahltragwerk während der Montage (Foto: *Photo Piccardu*, Grenoble)
b) Grundriß mit Schnitt A-A
   1 Stahlbetonzwischendecke auf Höhe + 3,50 m; *2* angehängte Fassade; *3* Raumfachwerk; *4* Vollwandträger; *5* Windverband; *6* Regenwasserabfluß; *7* Laternenaufsätze
c) Übersicht der Tragwerkselemente
   1 Stützenkopf; *2* Vollwandträger; *3* Kragträger; *4* und *5* kreuzende Untergurtstabzüge; *6* Dachtragschale und Eindeckung; *7* Regenwasserabfluß

c)

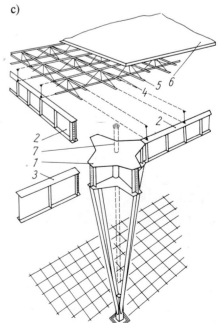

6. Fachwerke

6.6. Konstruktionsbeispiele

Internationale Beispiele, Tafel 6.16

6.52 a)

b)

Tafel 6.16
Tragwerksstruktur und Tragwerksanalyse des Messepalastes

Tragstruktur
Raumfachwerk als Kubus-System mit ebener Stabanordnung und räumlicher Tragstruktur umfangsgelagert auf Vollwandträger
Vollwandträger mit pyramidenförmig aufgelöster Abstützung (Rahmenwirkung)

Geometrie
Grundfläche: 162 m × 126 m + 54 m × 54 m mit 11 Hauptfeldern von je 36 m × 36 m
Modul des Raumfachwerkes: 3 m
Systemhöhe: 1,5 m
lichte Höhe bis Unterkante Vollwandträger: 9,7 m
Randauskragung: 9 m

Tragwerk
Belastung in N/m²:
Stahltragwerk 190
Dachdeckung 510
Unterdecke 150
Schnee 610
gesamt 1460

Raumtragwerk: Verkehrslast 2 kN/m²; Zusatzlasten 10 kN/Knoten

Stahlkonstruktion-Vollwandrahmen mit aufgelöstem Stiel
Riegel I 1500 × 12 – 350 × 30
Montagestöße mit HV-Schraubverbindungen
Montageüberhöhung 1% (Dachentwässerung)
Stütze pyramidenförmig in 4 Rohrstäbe aus nahtlosen Stahlrohren 273 × 6,8 aufgelöst
Stützenrohrköpfe starr, Stützenfüße gelenkig gelagert, Lager ausgeführt mit Gleitplatten (nichtrostender Stahl) und Teflon, Reibungskoeffizient 0,04
ohne Dehnungsfugen ausgeführt, Kräfte aus Wind und Temperatur werden von den Stützen aufgenommen

Dachausbildung
Dachdeckung: verzinktes Stahlblech (ACIEROID-Elemente) mit darüber aufgebrachter 20 mm dicker ISOVER-Dämmung und mehrlagige Dichtungsbahnen mit weißer Splittauflage; Dachentwässerung 1,5% Gefälle in Richtung der Stützen
Oberlichter: jedes Feld besitzt vier quadratische Oberlichtaufsätze von 3 m Seitenlänge aus selbsttragendem, gewölbtem Polyester mit eingebauten ferngesteuerten Lüftungsschlitzen und Klappen (Brandschutz)

6.52
UNITED AIR LINES-HANGAR in San Francisco, California (USA)

Projekt: *Skidmore, Owings & Merrill, San Francisco*
Entwurf: *E. Brown* und *M. Goldsmith*
Konsultationspartner für Tragwerk:
H. J. Brunnier und *Prof. Bresler* von der *University of California*
(Fotos: *Archiv Skidmore, Owings & Merrill*)

Charakteristik
Doppelkrag-Vollwandträger mit veränderlicher Steghöhe und V-förmig angeordneten Fachwerkträgern mit ebener Tragstruktur und räumlicher Stabanordnung
Grundfläche: 111 m × 94 m
≙ 364 ft × 309 ft
Stützenhöhe: 12,80 m ≙ 42 ft
Spannweite der Kragträger:
43,30 m ≙ 142 ft
Mittelfeld-Spannweite:
24,40 m ≙ 80 ft
Kapazität: vier DC 8 Jets mit je 45,70 m ≙ 150 ft Flügelspannweite und 13,10 m ≙ 43 ft Leitwerkhöhe

a) Gesamtansicht des Tragwerkes mit dem Stahlbeton-Stützen-Riegel-Unterbau im Rohbau. Die Gelenkpunkte im Tragsystem (Längs- und Querrichtung) sind durch die sich verjüngenden Querschnitte visuell wahrnehmbar. Der mittlere Bereich enthält einen dreigeschossigen Einbau.

b) Vorderansicht des Rohbaues mit vorgelagerten vorgefertigten V-förmigen Fachwerkträgern und rechtsseitiger Verkleidung des Giebels

6. Fachwerke

6.6. Konstruktionsbeispiele

Internationale Beispiele

6.53 a)

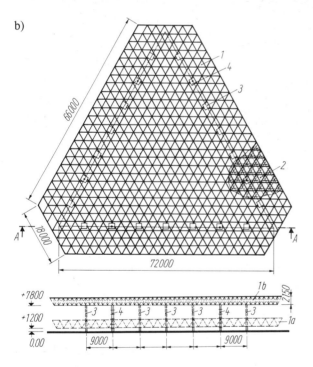

6.54 a) 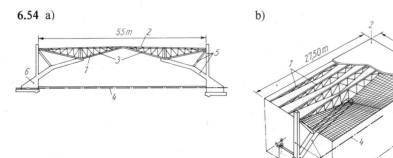 b)

6.53

Busbahnhof in Rostow am Don (UdSSR)

a) Innenansicht
b) Grundriß und Schnitt *A-A*
Dachtragwerk [6.40]
Tragstruktur: Raumfachwerk als ebenes Oktaeder-Tetraeder-System (O + T-System)
Knotenabstand: 3,0 m
Knotenverbindung: Typ »Kislowodsk«
Hub erfolgte nach ebenerdiger Vormontage und teilweiser Komplettierung mit sechs Elektrohebern von je 300 kN Hubkraft.

1 Raumfachwerk; *1a* Lage des O + T-Systems während der Vormontage und Komplettierung; *1b* Endlage; *2* Konfiguration der Tragstruktur als O + T-System; *3* Stützen; *4* Hubstellen

6.54

Sporthalle mit stützenfreier Fläche von 55 m × 91,5 m (USA) [6.41]

Entwurf: *Ingenieurbüro Tully Associates Inc., Melrose (Mass./USA)*

Charakteristik
Fachwerkträger dienen als verbleibende Schalungsträger für die untergehängte HP-Schale und für die obere Stahlbeton-Dachplatte.
Verlorene Schalung besteht aus verzinktem Wellblech für die 100 mm dicke HP-Schale und für die nahezu ebene Dachplatte von 90 mm Dicke.
Obere Dachfläche dient als Übungsfeld für verschiedene Sportarten.
Fachwerkträger ohne Montagestöße ausgeführt
Horizontalschub des Gesamttragwerkes wird durch ein unter dem Hallenfußboden geführtes Zugband aufgenommen.
Erfassung des kombinierten Tragverhaltens aus HP-Schale, Dachplatte als Membran und zwischenliegendem Raumfachwerk aus sich kreuzenden Stahlfachwerkbindern wird untersucht.

a) Querschnitt der Gesamtkonstruktion
b) isometrische Darstellung einer kombinierten Einheit, bestehend aus Stahlfachwerkträgern, hyperbolischer Paraboloidschale (HP-Schale) und Stahlbeton-Dachplatte für eine Segmentzelle der Abmessung 13,80 m × 27,5 m

1 Stahlfachwerk (verbleibende Schalungsträger); *2* Stahlbetonplatte; *3* HP-Schale; *4* Zugband; *5* Stahlbetonunterkonstruktion; *6* Widerlager; *7* Fundament

6. Fachwerke 6.6. Konstruktionsbeispiele — Internationale Beispiele

6.55

6.55
Symbolzone der Expo '70 in Osaka
(Japan) [6.42]
(Foto: *Y. Futagawa*, Tokyo)

Tragstruktur: Raumfachwerk als ebenes Halboktaeder-Tetraeder-System (HO + T-System)

Geometrie:
Gesamtgröße 108 m × 291 m; Stützenabstand in Querrichtung 75,60 m, in Längsrichtung 108 m
Knotenabstand: 10,80 m
Knotenverbindung: axialer Schraubanschluß der Rohrstäbe an eine Hohlkugel. Stabdurchmesser 350 mm und 500 mm, HV-Schrauben mit Bolzendurchmesser 90 mm und 188 mm, Knotendurchmesser 800 mm, 900 mm und 1 m
Hub erfolgte nach ebenerdiger Vormontage und Komplettierung mittels Lift-Slab-Verfahrens.

7
Rahmen

7. Rahmen

7.1. Grundlagen

Gestaltung, Elemente und Anwendung, Montagestöße

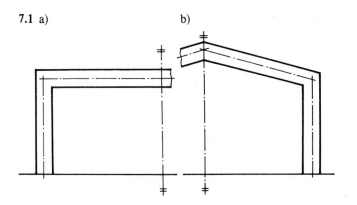

7.1 a)   b)

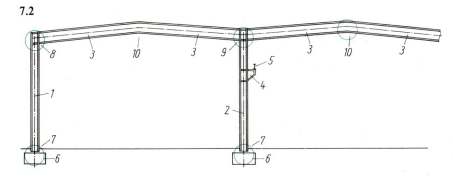

7.2

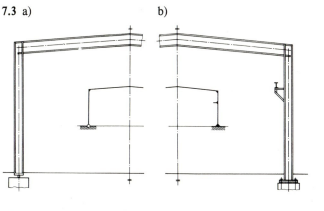

7.3 a)   b)

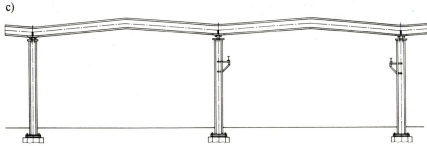

c)

Die Gestaltungsprinzipien zur Formgebung der Rahmenhauptelemente Riegel und Stiel leiten sich vorrangig ab aus:
- Querschnittsbeanspruchung
- Fertigungsaufwand und Fertigungsniveau
- Materialeinsatz.

Bevorzugte Formgebungen (Bilder 7.1 bis 7.4) sind:
- parallelgurtige Riegel
- parallelgurtige Stiele
- Rahmenecken mit/ohne Voute
- Durchführung des parallelgurtigen Stieles bis zur Aufstandsfläche am Fußpunkt.

7.1

Bevorzugte Formgebung für Rahmen, charakterisiert durch parallelgurtige Riegel und Stiele

a) mit horizontalem Riegel
b) mit geneigtem Riegel

7.2

Elemente des Rahmens

1 Außenstiel; *2* Innenstiel; *3* Riegel; *4* Kranbahnkonsole; *5* Kranbahnträger; *6* Fundament; *7* Fußpunkt als Verbindung von *(1)* bzw. *(2)* mit *(6)*; *8* einfache Rahmenecke als biegesteife Verbindung von *(1)* mit *(3)*; *9* doppelte Rahmenecke als biegesteife Verbindung von *(2)* mit *(3)*; *8* und *9* sind gleichzeitig Traufpunkte; *10* Firstpunkte

Die Trauf- und Firstpunkte werden bevorzugt für die Anordnung von Stößen für Fertigung, Transport und/oder Montage gewählt.

7.3

Anwendung der Rahmentragwerke für eingeschossige ein- und mehrschiffige Stahlhallen

A) Einschiffige Rahmenhalle bevorzugt
a) ohne Kranbahn – gelenkige Verbindung im Fußpunkt (Zweigelenkrahmen) [7.1]
b) mit schwerem Kranbetrieb – Einspannung im Fußpunkt (eingespannter Rahmen)
B) Mehrschiffige Rahmenhalle mit oder ohne Kranbahn bevorzugt
c) Einspannung im Fußpunkt und Gelenke in den Traufpunkten [7.2]

7. Rahmen

7.1. Grundlagen
7.2. Prinzipien

Gestaltung, Elemente und Anwendung, Montagestöße

7.4

7.4
Außenansicht der Sporthalle in Spenge bei Herford (BRD)
Abmessung: 27 m × 45 m × 7 m
Stahlbau: *A. Steingass und Sohn, Solingen*
(Foto: *Stahlberatung Düsseldorf*)

Montagestöße
Die Anordnung von Montagestößen (Bilder 7.5 und 7.6) leitet sich ab aus:
- Konstruktion
- Fertigung
- Transport und Transportmasse
- Montage

der Stielhöhen und der Riegelspannweiten.

7.5

Geschraubter Montagestoß (HV-Schrauben als nicht eingepaßte Schraubverbindung-Bolzenrahmenecke) Entwicklung des VEB Metalleichtbaukombinat. Forschungsinstitut, vgl. Tafel 7.2, Bild e) [7.3; 7.4]

7.6
Prinzipielle Möglichkeiten der Anordnung bevorzugter biegesteifer Montagestöße im Firstpunkt und an der Rahmenecke
a) Vertikalstoß in Ecke und/oder im First
b) Schrägstoß in Ecke und/oder Vertikalstoß im First
c) Horizontalstoß in Ecke und/oder Vertikalstoß im First

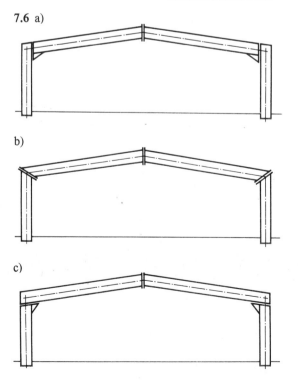

118

7. Rahmen

7.3. Rahmenecken

Beanspruchungen

Die Aufgabe der Rahmenecke besteht in der Übertragung der Schnittkräfte M, Q, N von Stiel und Riegel (siehe Bild 7.7).
Aufnahme äußerer Krafteinwirkung F beispielsweise aus der Auflagerung des Kopfriegels von der Längswand und der Traufpfette des Daches

Aufgabe

Die innere Beanspruchung läßt sich qualitativ durch Trajektorien bildlich darstellen. Trajektorien sind ausgewählte Linien in der Scheibenebene, die in jedem Punkt die Richtung einer Hauptspannung (z. B. $\sigma(1)$) als Tangente und der zugeordneten Hauptspannung (z. B. $\sigma(2)$) als Normale angegeben. Daraus folgt:
Trajektorien kreuzen sich immer rechtwinklig.
Hauptnormalspannungstrajektorien und Hauptschubspannungstrajektorien schneiden sich unter einem Winkel von 45°.
Die Größe der Hauptspannung entlang einer Trajektorie ändert sich entsprechend der Krümmung der ihr senkrecht zugeordneten Trajektorien.
Parallele Trajektorienverläufe kennzeichnen Bereiche mit konstanten Hauptspannungen.
Je enger benachbarte Trajektorien beieinander liegen, um so größer ist die Beanspruchung in diesem Bereich.

Die in den Bildern 7.8 bis 7.11 am Rechteckquerschnitt ermittelten Hauptspannungen und Trajektorien erfahren bei gegliederten Querschnitten (z. B. I-Querschnitt) und/oder Verstärkungen (z. B. Versteifungsrippen, Stegblechverstärkungen) spezifische Veränderungen, wobei die dargestellten Gesetzmäßigkeiten gültig bleiben.

Beanspruchung

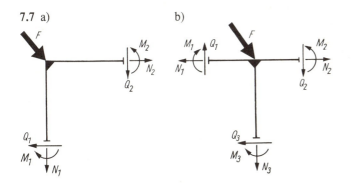

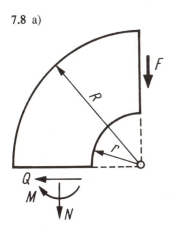
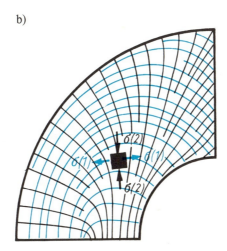

7.7
Darstellung der Schnittkräfte und der der äußeren Lasteintragung

a) einfache Ecke
b) doppelte Ecke

7.8
Darstellung der Hauptspannungen $\sigma(1)$ und $\sigma(2)$ in einer Rahmenecke mit Rechteckquerschnitt [7.5]

a) vorgegebene Belastung
b) Verlauf der Hauptspannungstrajektorien $\sigma(1)$ und $\sigma(2)$

7. Rahmen

7.3. Rahmenecken

Beanspruchungen

7.9 a)

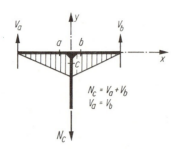

b)

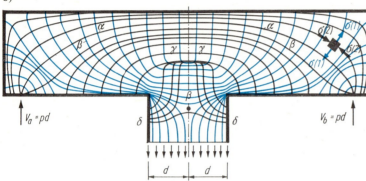

7.10 a)

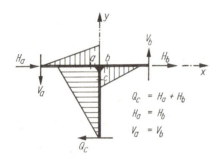

b)

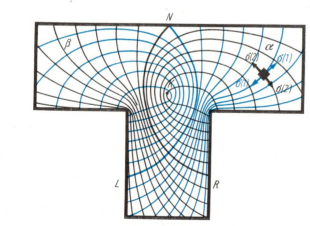

7.11 a) 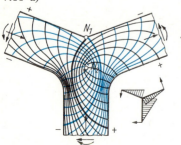   **b)**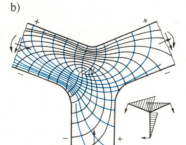

7.9

Symmetrische Belastung einer symmetrischen Rahmenecke mit Rechteckquerschnitt [7.5]

a) Belastungsskizze, Kräfte befinden sich im Gleichgewicht
b) zugehöriges Trajektorienbild zu a)

Erläuterung

In der Symmetrieachse sind die Hauptnormalspannungen $\sigma(1)$ und $\sigma(2)$ parallel zur x- bzw. zur y-Achse gerichtet. Die Schubspannungen $\tau(x,y)$ sind in der Symmetrieachse Null.
Das Bündel der α-Trajektorien beschreibt den Kraftfluß zwischen den Auflagern der linken und rechten Riegelhälfte als Bogen, die β-Trajektorien weisen den Zugbereich und den angenäherten Verlauf des Zugbandes aus. Die γ- und δ-Trajektorien geben die Beanspruchungswirkung der Knotenscheibe an.

7.10

Antimetrische Belastung einer symmetrischen Rahmenecke mit Rechteckquerschnitt [7.5]

a) Belastungsskizze, Kräfte befinden sich im Gleichgewicht.
b) zugehöriges Trajektorienbild zu a)

Erläuterung

In der Symmetrieachse sind die Hauptschubspannungen $\tau(1,2)$ gleich groß und parallel zur x- bzw. zur y-Achse gerichtet.
Die Normalspannungen $\sigma(x)$ und $\sigma(y)$ sind in der Symmetrieachse Null.
Die Symmetrieachse ist zugleich Trajektorie der Hauptschubspannung.
Die singulären Punkte N und K sind Spannungsnullpunkte.
Ein Kräfteausgleich zwischen den beiden Riegelhälften ist im Bereich NK nicht möglich.
Die beiden Scharen der α- und β-Trajektorien werden durch die NL- und NR-Trajektorie begrenzt.
Außerhalb der Grenztrajektorien zeigen die Trajektorien die Beanspruchungswirkung zwischen Riegel und Stiel an.

7.11

Verlauf der Hauptspannungstrajektorien einer doppelten Rahmenecke mit Rechteckquerschnitt für zwei unterschiedliche Belastungsfälle; N, N_1, N_2 singuläre Punkte (spannungslos) [7.6]

a) einem antimetrischen Lastfall ähnlich
b) einem symmetrischen Lastfall ähnlich

— Zugspannungstrajektorien
— Druckspannungstrajektorien

7. Rahmen

7.3. Rahmenecken

Konstruktionsprinzipien

Konstruktionsprinzipien mit Gurtausrundung nach Bild 7.12
1. Gültiger Bereich etwa von $45° < \alpha < 90°$
2. Stegblechverstärkung t_1 im Eckbereich
   $1,25\, t_2 \leq t_1 \leq 1,5\, t_2$, wobei t_2 die Stegblechdicke des Riegels oder des Stiels bezeichnet t_2 (Riegel) = t_2 (Stiel)
3. Stoßanordnung $s \approx 15\, t$ (Riegel oder Stiel), bezogen auf den Krümmungsbeginn des Innengurtes
4. Versteifungsrippen gegen Stegblechbeulung und zur Formstabilisierung der Gurte. Anordnung der Vollrippen jeweils am Krümmungsbeginn senkrecht zur Riegel- bzw. Stielachse und in der Winkelhalbierenden, der radialen Kurzrippen an der druckbeanspruchten Gurtseite

Konstruktionsprinzipien ohne Gurtausrundung nach Bild 7.13
Rahmenecken für ein- oder mehrgeschossige Rahmenhallen lassen folgende Systematisierung gerechtfertigt erscheinen: geschweißt ohne oder mit Voute, geschraubt ohne oder mit Voute.
Die einzelnen Tafeln 7.1 bis 7.3 stellen Prinziplösungen und Konstruktionsbeispiele für einfache und doppelte Rahmenecken dar, deren Montagestöße geschweißt oder/und geschraubt ausgeführt sind. Ausführungsbeispiele zeigen die Bilder 7.14 bis 7.23.

mit Gurtausrundung

ohne Gurtausrundung

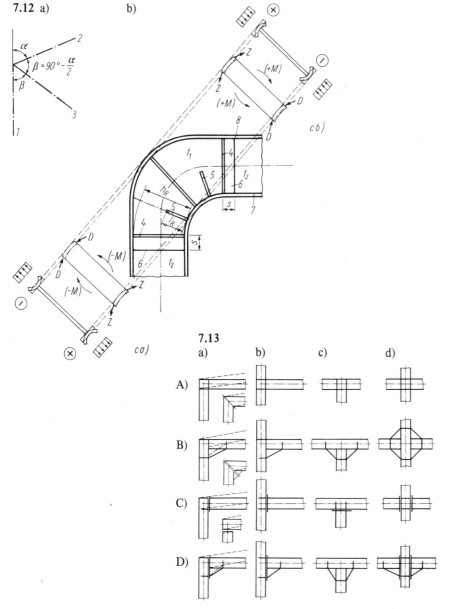

7.12

Beispiel zur Darstellung des Konstruktionsprinzips einer Rahmenecke mit Gurtausrundung [7.6]

a) Definition des von der Stiel- und Riegelachse eingeschlossenen Winkels 2β
   1 Stielachse; *2* Riegelachse; *3* Winkelhalbierende
   $\beta = 90° - \dfrac{\alpha}{2}$

b) Rahmenecke eines Vollwandträgers
   4 Vollrippe; *5* Kurzrippe; *6* Stegblechstoß; *7* Innengurt; *8* Außengurt

ca) und cb) Gurtverformung infolge Querbelastung der Gurte, verursacht durch Umlenkkräfte aus der Zugkraft Z und der Druckkraft D als Kräftepaar des Biegemomentes $\pm M$

ca) Gurtverformung bei negativem Biegemoment $(-M)$

cb) Gurtverformung bei positivem Biegemoment $(+M)$

7.13

Konstruktionsprinzipien für Vorzugslösungen von geschweißten und geschraubten Rahmenecken ohne Gurtausrundung

Zeile A) geschweißt, ohne Vouten
Zeile B) geschweißt, mit Vouten
Zeile C) geschraubt, ohne Vouten
Zeile D) geschraubt, mit Vouten

Spalte a) einfache Ecke, eingeschossiger Rahmen
Spalte b) einfache Ecke, mehrgeschossiger Rahmen
Spalte c) doppelte Ecke, eingeschossiger durchlaufender Rahmen
Spalte d) doppelte Ecke, mehrgeschossiger durchlaufender Rahmen

7. Rahmen

7.4. Einfache Rahmenecken

Tafel 7.1 Geschweißte Rahmenecken

Prinziplösungen und Konstruktionsbeispiele

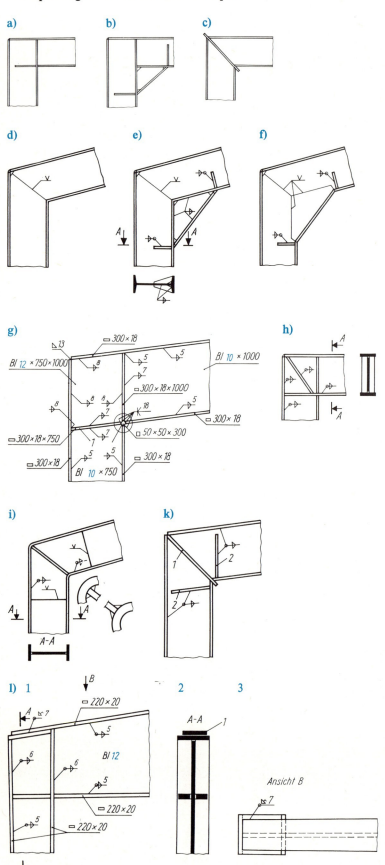

Erläuterungen

a) bis c)

bevorzugte Prinziplösungen insbesondere für die Anordnung und Ausbildung der Aussteifungsrippen ohne Berücksichtigung der überkritischen Tragreserven

d) bis f)

konstruktive Gestaltung in Abhängigkeit von der Beanspruchung [7.7]

d) geringe Beanspruchung, ohne Voute

e) höhere Beanspruchung, mit Voute, fertigungsgerechte Lösung

f) wie bei e) aber mit hohem Fertigungsaufwand

g) und h)

Verstärkung des Eckbereiches mit durchgehender Rippe *(1)* bei Berücksichtigung der überkritischen Tragreserven [7.7]

g) Eckblechverstärkung $t_1 \geq 1{,}25\,t_2$ (Stiel oder Riegel). Das Druckstück *(2)* – Vierkant- oder Rundstahl – dient der Vermeidung von Schweißnahtanhäufungen, erfordert jedoch höheren Fertigungsaufwand.

h) Vollrippe verstärkt Eckbereich. Zur Vermeidung von Imperfektionen liegt die Rippe etwas außerhalb der Winkelhalbierenden.

i) und k)

Verstärkung des Eckbereiches ohne Berücksichtigung der überkritischen Tragreserven [7.7]

i) durch Eckblechverstärkung im Bereich t_1 mit $t_1 \geq 1{,}25\,t_2$ und mit Vollrippe *(1)*

k) durch Vollrippe *(1)* und Kurzrippen *(2)*

zu i) und k) Nachteil: Schweißnahtanhäufung am Außen- und Innengurt bei i) und bei k) am Außengurt. Vermeidung des Nachteils mittels überstehender Rippe wie an der einspringenden Ecke bei k)

l)

geschweißter Montageeckstoß bei Berücksichtigung der überkritischen Tragreserven im Eckbereich [7.7]

1 Ansicht des Stoßes

2 Schnitt *A-A* mit Flanschüberlappung *(1)*

3 Draufsicht *B-B*

7. Rahmen

7.4. Einfache Rahmenecken

Tafel 7.1 Geschweißte Rahmenecken

Prinziplösungen und Konstruktionsbeispiele

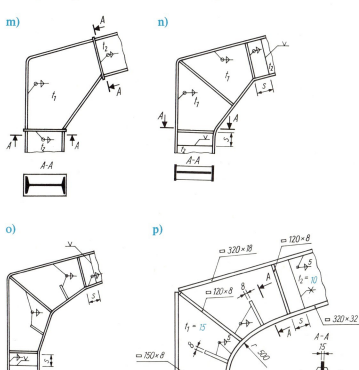

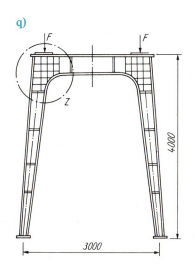

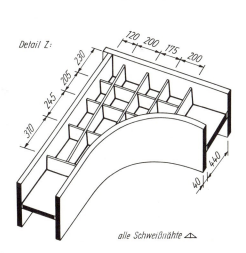

alle Schweißnähte △

Erläuterungen

m) bis p)

Polygonartig verlaufende und ausgerundete Ecken erfordern einen hohen Fertigungsaufwand und sind bei Hallenbauten vermeidbar [7.7].

- m) für geringe bis mittlere Beanspruchung, unterschiedliche Stegblechdicke im Eckbereich möglich
- n) bis p) Für zunehmende Beanspruchung können unterschiedliche Stegblechdicken $t_1 > t_2$, Vollrippe *(1)* bzw. Kurzrippe *(3)*, gewählt werden. Durchgehende Vollrippe *(2)* ist nur bei Berücksichtigung der überkritischen Tragreserve gerechtfertigt. Nachteilige Schweißnahtanhäufung an den Verbindungen Rippe–Gurt.

q)

Für höchste Beanspruchung und bei Konzentration der äußeren Lasteintragung im Eckbereich [7.8]. Lösung erfordert hohen Fertigungsaufwand.

7. Rahmen

7.4. Einfache Rahmenecken

Tafel 7.2 Geschraubte Rahmenecken

Prinziplösungen und Konstruktionsbeispiele

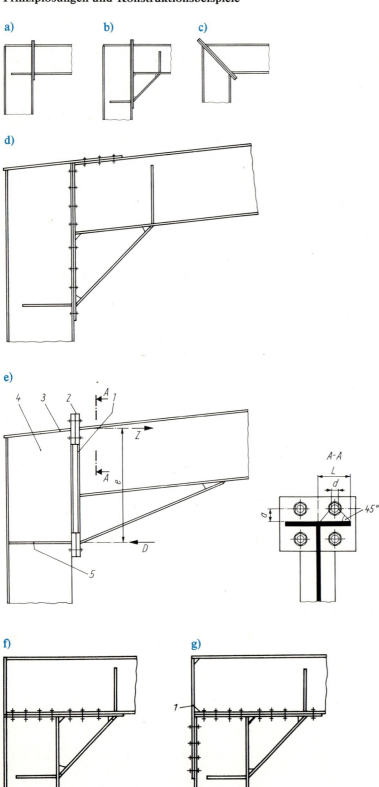

Erläuterungen

a) bis c)
bevorzugte Prinziplösungen für die Anordnung der Stöße und der Aussteifungsrippen ohne Berücksichtigung der überkritischen Tragreserven – normal fest

d) und e)
feuerverzinkungsgerechte Konstruktionslösung mit vertikal orientiertem Stoß VEB Metalleichtbaukombinat [7.3]

d) Ausführung mit vielen unterbeanspruchten Schraubenbolzen und ohne eindeutig definierten Kraftübertragungsbereich

e) Bolzenrahmenecke (siehe Bild 7.5) eindeutiger Kräftefluß: Eckmoment wird in ein Kräftepaar zerlegt. Die Druckkraft D wird durch Kontakt, die Zugkraft Z durch zwei hochfeste Schraubenpaare mit voller Vorspannung übertragen.
Die Querkraft wird auf alle Schrauben verteilt.
Das Stegblech des Stiels und das verstärkte Stegblech (4) stoßen gegen die Aussteifung (5) und werden mit Kehlnähten angeschweißt.

1 Stirnblech zur Beulsicherung des Riegelstegs; 2 Anschlußplatten; 3 Aussteifung zur Einleitung der Zugkomponente in den Stiel; 4 verstärktes Stegblech zur Aufnahme der erhöhten Schubkräfte im Bereich der Rahmenecke; 5 Aussteifung zur Einleitung der Druckkomponente in den Stiel

f) und g)
Montagestoß mit horizontaler Anordnung in feuerverzinkter Ausführung [7.9]

Freischnitte zeigen die Beispiele
f) an Voute und Stielende
g) wie f) zusätzlich am Riegelende
1 Lasche am Riegel angeschweißt

7. Rahmen

7.4. Einfache Rahmenecken

Tafel 7.2 Geschraubte Rahmenecken

Prinziplösungen und Konstruktionsbeispiele

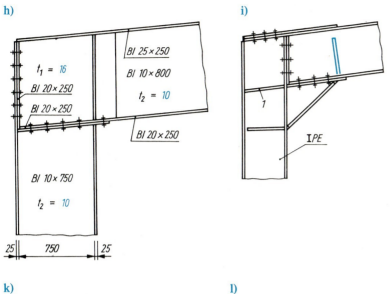

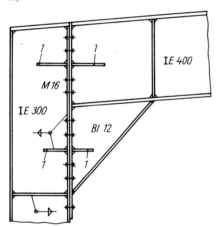

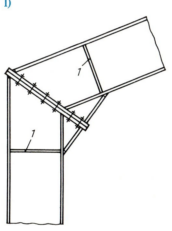

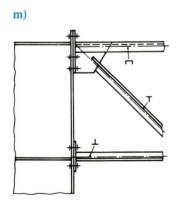

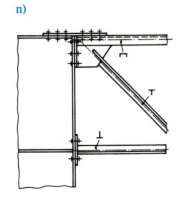

Erläuterungen

h) und i)

Montagestoß mit vertikaler und horizontaler Anordnung sowie mehrfachem Schraubenanschluß, der einen hohen Montage- und Fertigungsaufwand erfordert

- h) ohne Voute, $t_1 = 16$ mm, $t_2 = 10$ mm [7.10]
- i) Mit Voute [7.7], die Rippe *(1)* ist nicht erforderlich, jedoch ist eine Kurzrippe am Voutenende im Riegel anzuordnen.

k) und l)

Montagestöße

- k) Kurzrippen *(1)* entbehrlich [7.10]
- l) keine durchgehenden Vollrippen *(1)* erforderlich [7.7]

m) und n)

Prinziplösungen für die Stoßausbildung zwischen Fachwerk-Riegeln und Vollwand-Stielen

- m) mit Stirnplatten
- n) wie vor, jedoch mit zusätzlicher Gurtlasche

7. Rahmen

7.4. Einfache Rahmenecken

Vollwandrahmenecke

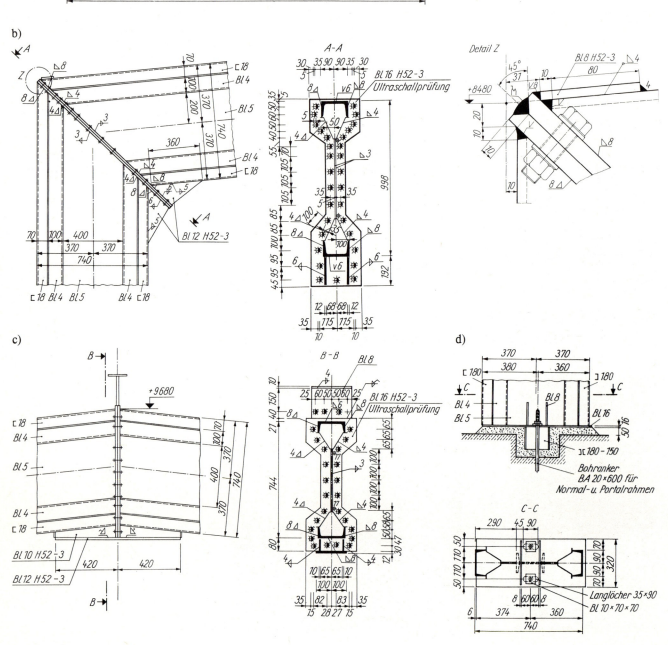

7.14

Vollwandrahmenhalle mit Y-Profil des VEB Metalleichtbaukombinat mit und ohne Kranbahn

a) Ansicht der Rahmenkonstruktion, Systembreite SB (18,0 und 24,0 m), Systemhöhe SH 4,8m ≤ $n \times 1200$ mm bis ≤ 8,40 m; rechte Hälfte ohne, linke Hälfte mit Kranbahn dargestellt, SK = SH − 2,0 m für Einbrückenlaufkrane bis 8 t Tragfähigkeit;
b) Detail A, geschraubte Rahmenecke mit Schnitt A-A und Detail Z
c) Detail B, geschraubter Firststoß mit Schnitt B-B
d) Detail C, Fußausbildung - gelenkig mit Schnitt C-C

7. Rahmen

7.4. Einfache Rahmenecken

Beispiele

7.15

7.16

7.17

7.15

Industriehalle mit Kranbahn (Kuba)

Ausgebildet als eingespannter Vollwandrahmen mit parallelgurtigen Riegeln und Stielen. Halle und Anbau werden mit vorgefertigten Stahlbetonwandplatten verkleidet.

- vertikaler Montagestoß an der Rahmenecke und im First
- Kranbahnkonsolen

(Foto: *CENTRO DE INFORMACION DE LA CONSTRUCCION »MICONS«*, Havanna, Kuba)

7.16

Zweigelenk-Vollwandrahmenhalle mit sattelförmigem, parallelgurtigem Riegel der Siegener AG (BRD)

- Montagestoß an der Rahmenecke und im First
- Kranbahnkonsolen
- am First angehängter Laufkatzträger
- Längsaussteifung durch Kreuzverbände im Endfeld der Stiele

(Foto: *Stahlberatung Düsseldorf*)

7.17

Zweigelenkrahmenhalle ohne Kranbahn mit sattelförmigen parallelgurtigen Fachwerkbindern (BRD)

Hersteller: *Siebau, BRD*

- Montagestöße an den Rahmenecken und im First
- Längsaussteifung in den Endfeldern der Stiele durch Kreuzverbände und in der Dachebene durch Zusatzstäbe zwischen den Pfetten in den Kehlbereichen

(Foto: *Stahlberatung Düsseldorf*)

7. Rahmen

7.5. Doppelte Rahmenecken

Tafel 7.3 Geschweißte und geschraubte Doppelrahmenecken

Prinziplösungen und Konstruktionsbeispiele

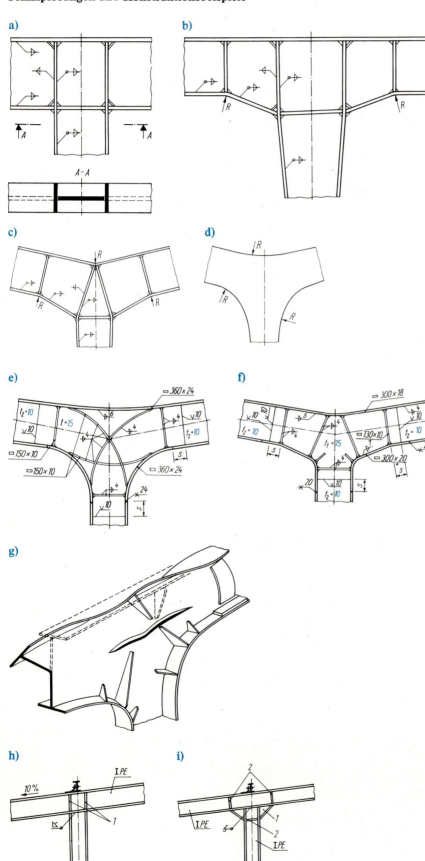

Erläuterungen

a) bis d)

nach [7.11]

a) bevorzugte Lösung, die der Einheit von Fertigung und Konstruktion besonders durch die konstante Steghöhe entspricht

b) und c) Knoten mit veränderlicher Steghöhe (höherer Fertigungsaufwand)

d) stetig gekrümmte Gurtführung im unmittelbaren Eckbereich. Diese Lösung vermeidet Kerbwirkungen, erfordert jedoch einen hohen Fertigungsaufwand. Bevorzugte Lösung im Stahlbetonbau!

e)

Lösung, die dem Trajektorienverlauf folgt [7.6]

1 bis *3* Versteifungsrippen, die im wesentlichen entlang den Druckspannungstrajektorien bei wechselnder Beanspruchung verlaufen, siehe Bild 7.11

f)

Lösung, die der Einheit von Fertigung und Konstruktion gerechter wird als die nach e) [7.6]

1 Vollrippe; *2* Kurzrippe

g)

schematische Darstellung eines Havariefalles infolge ungenügender Aussteifung durch Rippen entsprechend dem Konstruktionsprinzip [7.8], siehe Abschn. 7.3.a) und Bild 7.12

h) und i)

geschweißte Ausführung [7.7]

h) ohne Vouten, jedoch mit Aussteifungsrippen *(2)*

i) mit Vouten *(1)* und Aussteifungsrippen *(2)*

7. Rahmen

7.5. Doppelte Rahmenecken

Tafel 7.3 Geschweißte und geschraubte Doppelrahmenecken

Prinziplösungen und Konstruktionsbeispiele

k)

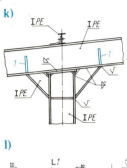

l)

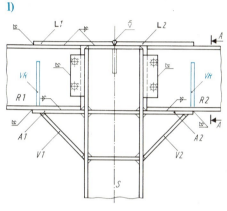 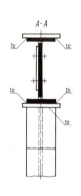

m)

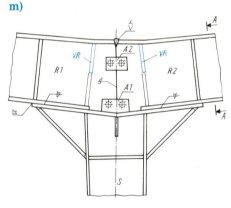 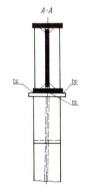

n)   o)

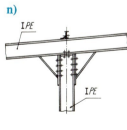 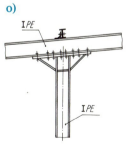

p)   q)

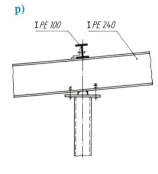 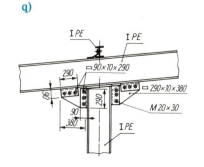

Erläuterungen

k)

Ausführung siehe h) und i)

Die Anordnung von Kurzrippen (1) am Voutenanfang wird konstruktiven Forderungen gerechter.

l) und m)

geschweißte und geschraubte Montage-Rahmenecke [7.11]

fertigungs- und montageaufwendig

R Riegel; S Stiel; V Vouten; A Anschlußlasche; L Verbindungslasche; VR Versteifungsrippen

l) $R\,1$ komplettiert mit $L\,1$, $R\,2$ mit $L\,2$ und S mit $V\,1$ und $V\,2$ sowie $A\,1$ und $A\,2$; an Voutenenden Rippen VR erforderlich

m) S mit $A\,1$ und $R\,2$ mit $A\,2$ komplettiert; am Voutenende vorhandene Rippen VR sind als Kurzrippen am Obergurt infolge der Richtungsänderung zweckmäßiger

n) und o)

geschraubte Ausführung [7.7]

n) mit vertikalem Anschluß
o) mit horizontalem Anschluß

zu n) und o) für geringere Beanspruchung geeignet, da Kurzrippen am Voutenanfang fehlen

p)

Punktkipplagerung [7.7]

Lösungsvariante für mehrschiffige Rahmenhallen (Bild 7.2 c). Für größere Beanspruchungen sind mittig angeordnete Versteifungsrippen am Auflager erforderlich.

q)

geschraubter Anschluß [7.7]

Lösung vermeiden! Nur für geringe Beanspruchung anwendbar.

7. Rahmen

7.5. Doppelte Rahmenecken

Bahnsteighalle für den Hauptbahnhof Karl-Marx-Stadt

Bahnsteighalle für den Hauptbahnhof Karl-Marx-Stadt [7.12], Bilder 7.18 bis 7.23 (Aus: Bauplanung-Bautechnik **29** (1975) 8, S. 371–380)

Entwurf: Bestehende Bahnsteighalle – dreischiffige Stahlfachwerk-Rahmenkonstruktion mit Binderabstand von 10,20 m und 22 600 m² überdachter Grundfläche – ist zu ersetzen. Traufhöhen über OK Bahnsteig betragen $\geq$ 10,80 m.

Fertigung, Transport und Montage der Haupttragelemente: Stegblechdicke $\geq$ 10 mm; Höhe $\leq$ 3,20 m; Breite $\leq$ 3,90 m; Länge einer Einheit $\leq$ 47 m.

Entwurfsvarianten für das Haupttragwerk in Querrichtung nach Bild 7.18:

Geometrie (Bild 7.19): Grundrißabmessungen: 138,13 m × 150 m; Grundraster: 20,40 m × 66,13 m, 72 m und 48,20 m; überdachte Grundfläche: 26 000 m²

Tragwerk: Hauptrahmenkonstruktion der zweifeldrigen Rahmen 5 bis 11 (Bilder 7.19 und 7.23) wird gebildet aus:

Rahmenriegel (Hauptträger):
- trapezförmiger Kastenquerschnitt in geschweißter Ausführung, siehe Bilder 7.19 bis 7.22
- biege- und torsionssteif durch Baustellenschweißung mit Rahmenstiel in Achse E und gelenkig über Punktkipplager in den Achsen B und H (Bild 7.19) aus Stahlguß GS 50.1 verbunden
- Untergurt und beide Seitenwände sind Vollwandkonstruktionen.
- Obergurt besteht aus 450 bis 500 mm breiten und 15 bis 45 mm dicken, zum Teil paketierten Lamellen mit dazwischenliegendem Rautenfachwerk (Bilder 7.21 und 7.22).
- Kastenquerschnitt wird durch K-Fachwerkscheiben ausgesteift, die gleichzeitig der Krafteinleitung dienen.
- Stegblechwandungen werden durch vier innenliegende Längssteifen, angeordnet in den Fünftelpunkten, und durch Quersteifen im Abstand von 4,5 m stabilisiert.
- zusätzliche Längsaussteifung der Stegbleche in den Feldern im Obergurtbereich und über Mittelstütze im Untergurtbereich über eine Länge von je 18 m

Aufgabenstellung

Entwurfsvarianten

Rahmenriegel

7.18

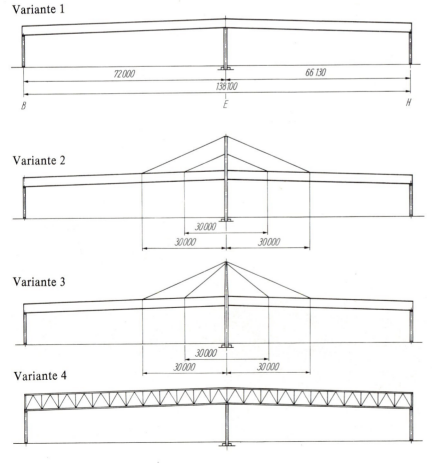

Variante 1, Variante 2, Variante 3, Variante 4

7.18 Entwurfsvarianten für das Haupttragwerk in Querrichtung

Variante 1: Vollwand-Rahmenhalle mit im Oberlicht liegendem trapezförmigem Rahmenriegel als Ausführungsvariante, vgl. Bild 7.19

Varianten 2 und 3: Vollwand-Rahmen mit im Oberlicht liegendem zweifach abgespanntem trapezförmigem Rahmenriegel

Variante 4: Vollwandstützen und zweifeldriger im Oberlicht liegender ebener Fachwerkriegel

7.19 Stahltragwerk mit Dachstruktur, statische Systeme

7.20 Längsrahmen B ohne Zwischenausfachung und Nordschürze

7. Rahmen

7.5. Doppelte Rahmenecken

Bahnsteighalle für den Hauptbahnhof Karl-Marx-Stadt

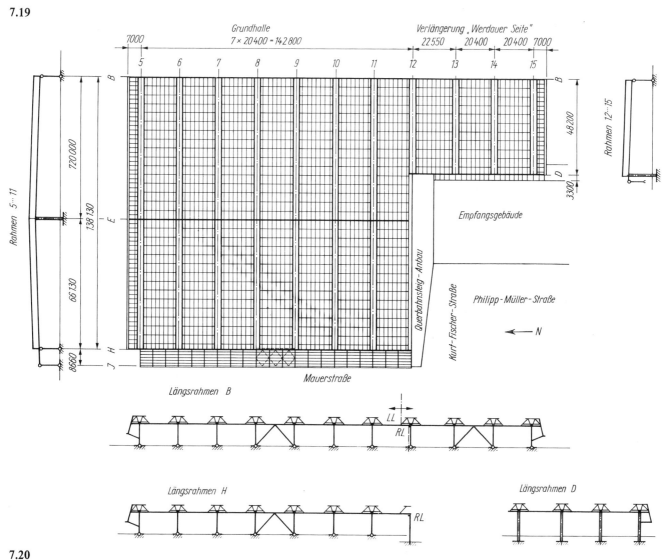

7.19

7.20

7. Rahmen

7.5. Doppelte Rahmenecken

Bahnsteighalle für den Hauptbahnhof Karl-Marx-Stadt

Rahmenstiele

Mittlere Rahmenstiele in Achse *E* (Festpunktstützen):
- 14,25 m lang und am Fuß über zwei Achsen eingespannt
- Fußeinspannung durch 10 Ankerschrauben $\varnothing$ 95 mm mit Gewinde M 90 × 4
- rechtwinkliger, luftdicht verschweißter Kastenquerschnitt aus Blechen 2× Bl 30×1200 und 2× Bl 30×1060 aus S 52/36 im unteren Bereich und S 38/24 im oberen Bereich
- Aussteifungen in den Drittelpunkten durch Querschotte

Rahmenstiele in Achsen *B* und *H*:
- luftdicht verschlossener Kastenquerschnitt aus Blechen 2× Bl 12×600 und 2× Bl 12×576
- wirken in Rahmenebene als Pendelstützen, in den Längsrahmen *B* und *H* als unten gelenkig gelagerter Rahmenstiel, siehe Bild 7.19.

Dachdeckung

Hauptträger und tieferliegende Bereiche zwischen Achsen *I* und *H* Bitumendämmdach auf Stahl-Trapezprofilblech (EKOTAL 42/200/1,0)
Oberlichtverglasung mit Drahtglas auf Sprossen Sl U 80×40×4, $e = 750$ mm

Transport und Montage

Verfügbarkeit und Begrenzung:
- Schwerlast-Straßenroller R 80 und Waggons der DR als Transportmittel zwischen Fertigungsbetrieb (Dessau) und Vormontageplatz (Karl-Marx-Stadt–Borna)
- Waggons mit Zuglok, Ladelänge $\leq$ 50 m, als Transportmittel zwischen Vormontageplatz und Einbauort
- Eisenbahndrehkrane für Montage der Stahlkonstruktion, für Hauptträger-Montagesegmente EDK 1000

Transport- und Montageprojekt:
- 139,4 m lange Hauptträger 5 bis 11, bestehend aus je vier Fertigungssegmenten
- Auf Vormontageplatz werden die beiden Mittelsegmente der Rahmenriegel mit Längen von 25,60 und 22,40 m verschweißt, konserviert und für Montage vorbereitet.

Montagezwischenzustände

Montagezwischenzustände für die Hauptrahmen 5 bis 11 gehen aus Bild 7.23 hervor:
- *Montagezustand 0:* Festpunktstützen *E*, Montagehilfsstützen I und II und Längsrahmen *B* und *H* einschließlich der Montage-Hilfsverankerungen mit EDK 500 montieren
- *Montagezustand A* (I-*E*-II): Hauptträger-Montageeinheit I-*E*-II auf Hilfsstützen I und II sowie auf Mittelstützen in *E* absetzen. Höhenlage durch Pressen in I, II und *E* einstellen und Montageschweißstoß im Bereich des Stützenkopfes in *E* biege- und torsionssteif herstellen
- *Montagezustand B* (I-*E*-II-*H*): Hauptträger-Montagesegment II-*H* einfahren und auf Hilfsstütze II und Pendelrahmenstiel in Achse *H* absetzen sowie Höhenlage in II einstellen. Vor Lösung des Kranhakens muß Ober- und Untergurtstoß in II mit HV-Schrauben geschlossen sein.
- *Montagezustand C* (*B*-I-*E*-II-*H*): Hauptträger-Montagesegment *B*-I entsprechend Montagezustand B verfahren
- *Montagezustand D* (*B*-*E*-*H*): Endzustand nach Entfernen der Pressen bzw. Heber und der Montagehilfsstützen unter den Montagestößen I und II

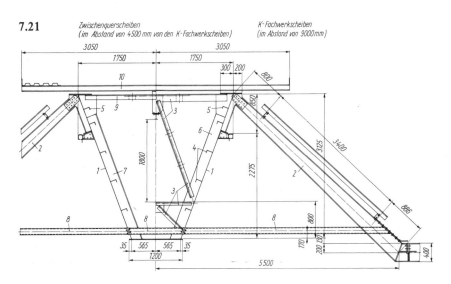

7.21

Normalquerschnitt

1 Hauptträger; *2* Dachsparren mit Oberlicht; *3* aussteifende K-Fachwerkscheibe; *4* Längsaussteifung in den Fünftelpunkten; *5* zusätzliche Längsaussteifung in den maximalen Momentenbereichen; *6* Stegaussteifung in der K-Fachwerkscheibe; *7* Quersteifen mittig zwischen den K-Fachwerkscheiben; *8* Koppelstäbe; *9* Rautenfachwerk in Obergurtebene; *10* Pfettenlage

7. Rahmen

7.5. Doppelte Rahmenecken

Bahnsteighalle für den Hauptbahnhof Karl-Marx-Stadt

7.22

7.23

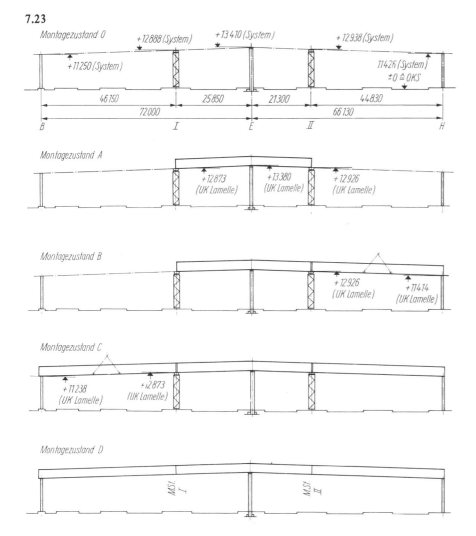

7.22 Montagesegmente der Hauptträger auf dem Vormontageplatz
Hauptträger hat zwei hochfest verschraubte Montagestöße (HV-Schrauben M 20 und M 24–10 K).

7.23 Montagezwischenzustände der Hauptrahmen 5 bis 11

8 Stabilisierung

8. Stabilisierung

8.1. Grundlagen

Allgemeine Hinweise, Tafel 8.1

Hallentragwerke umschließen Räume und sind daher dreidimensional zu entwerfen. Die Eintragung räumlich angreifender Kräfte erfordert eine dreidimensionale Stabilisierung. Diese wird erreicht durch das räumliche Zusammenwirken aller Tragwerkselemente. Dem Begriff *Stabilisierung* wird in diesem Abschnitt die *räumliche Aussteifung des Gesamtgebäudes* zugeordnet. Die *Hallenstabilisierung* bezieht sich somit auf die Standsicherheit des Hallentragwerkes.

Aufgabe und Funktion

Die *Standsicherheit* der Halle ist für den Zeitraum der
- Nutzungsdauer
- Bauzeit

infolge äußerer Krafteinwirkungen vor allem aus
- Witterung (Wind und Schnee)
- Nutzung (Verkehrs-, Kran- und TGA-Lasten)
- Montage (Montagelastfälle und Zusatzlasten aus Lastaufnahmemitteln)

zu gewährleisten.

Standsicherheit

Das räumliche Tragwerk kann in einzelne Stabilisierungsebenen wie Binderebene, Giebelwandebene, Längswandebene, Dachebene unterteilt werden.
Aus Tafel 8.1 sind Prinzipdarstellungen bevorzugter *Stabilisierungsebenen* zu entnehmen.

Stabilisierungsebenen

Zur technischen Realisierung der Wirkprinzipien dienen nachfolgende Realisierungselemente.

Stabilisierungsprinzipien

Wirkprinzipien
- Einspannung
- Scheibenwirkung
- Verbände
- Rahmenwirkung
- Kopplung an starre Kerne
- Abspannung
- Kombinationen verschiedener Prinzipien.

Realisierungselemente
- Eingespannte Stützen (Bilder 8.1 und 8.4b)
- Scheiben (Bild 8.2a)
- Verbandsstäbe (Bild 8.2b)
- Rahmen (Bilder 8.3a, 8.3b und 8.4a)
- Portalstäbe (Bild 8.3c)
- Binder (Bild 8.4b)
- Koppelstäbe (Bild 8.19)
- Hüllelemente (vgl. Abschnitt 11).

Wirkprinzipien und Realisierungselemente

Das Ziel für die *Auswahl* der Stabilisierungselemente besteht darin, die Haupttragglieder des Tragwerkes für die Hallenstabilisierung mitzunutzen, um den Aufwand an Material, Fertigung und Montage zu minimieren. Die optimale Lösung besteht in der Entwicklung energie- und materialökonomischer, fertigungs- und montage-, nutzungs- und unterhaltungsgerechter Hallen.
Beispiele für *Realisierungselemente* der Hallenstabilisierung gehen aus den Bildern 8.1 bis 8.4 hervor.
Die Aufgliederung eines räumlichen Tragwerkes in einzelne Tragelemente (Stab, Stütze, Scheibe) dient der Modellbildung. Das Modell ist Grundlage zur vereinfachten Durchführung der statischen Berechnung.

Auswahlkriterien

Tafel 8.1
Stabilisierungsprinzipien für Hallen

Stabilisierungsebenen - Prinzipien	Erläuterungen
1	**1** Stabilisierungsebenen in Querrichtung *1* Giebelebene; *2* Zwischenebenen
2	**2** Stabilisierungsebenen in Längsrichtung *1* Dachscheibe; *2* Längswandscheibe
3	**3** Stabilisierungsebenen in Quer- und Längsrichtung *1* Dachverband in Querrichtung; *2* Dachverband in Längsrichtung; *3* Verband in Längswand; *4* Verband in Giebelwand
4	**4** Kernstabilisierung

8. Stabilisierung

8.1. Grundlagen

Realisierungselemente der Stabilisierung

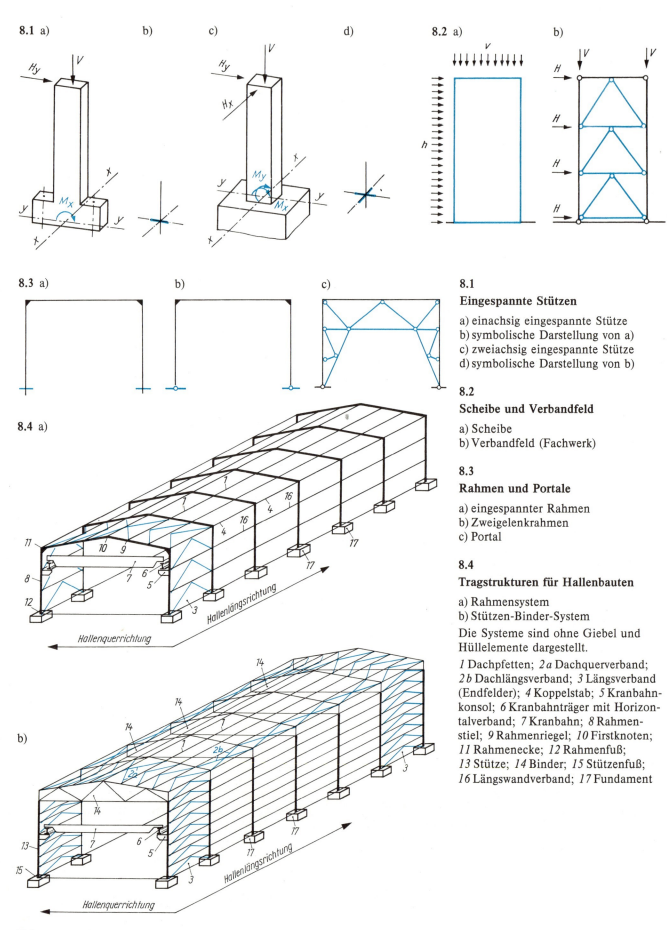

8.1 Eingespannte Stützen

a) einachsig eingespannte Stütze
b) symbolische Darstellung von a)
c) zweiachsig eingespannte Stütze
d) symbolische Darstellung von b)

8.2 Scheibe und Verbandfeld

a) Scheibe
b) Verbandfeld (Fachwerk)

8.3 Rahmen und Portale

a) eingespannter Rahmen
b) Zweigelenkrahmen
c) Portal

8.4 Tragstrukturen für Hallenbauten

a) Rahmensystem
b) Stützen-Binder-System

Die Systeme sind ohne Giebel und Hüllelemente dargestellt.

1 Dachpfetten; *2a* Dachquerverband; *2b* Dachlängsverband; *3* Längsverband (Endfelder); *4* Koppelstab; *5* Kranbahnkonsol; *6* Kranbahnträger mit Horizontalverband; *7* Kranbahn; *8* Rahmenstiel; *9* Rahmenriegel; *10* Firstknoten; *11* Rahmenecke; *12* Rahmenfuß; *13* Stütze; *14* Binder; *15* Stützenfuß; *16* Längswandverband; *17* Fundament

8. Stabilisierung

8.2. Stabilisierung in Querrichtung

Ein- und mehrschiffige Hallen, Tafel 8.2

Grundtypen statischer Systeme ohne und mit Kranausrüstung enthält Tafel 8.2. Einzelne Tragstrukturen zur Stabilisierung in Querrichtung lassen sich aus dem beiderseitig eingespannten Rahmen herleiten, wenn bis zu drei Gelenke eingeführt werden. Alle Strukturen sind kinematisch starr (Tafel 8.3, Nr. 1 bis 6).

Ausgewählte Tragstrukturen zur Stabilisierung in Querrichtung werden bei Kopplung unterteilt in
- gleiche Grundsysteme (Tafel 8.3, Nr. 7 und 8)
- ungleiche Grundsysteme (Tafel 8.3, Nr. 9 und 10).

Einschiffige Hallen

Mehrschiffige Hallen

Tafel 8.2

Vorzugssysteme für einschiffige Hallen in Abhängigkeit von Systembreiten, Systemhöhen, Kranausrüstung

Zusatzlasten	Systemabmessungen	Tragwerk
Ohne Kran	≤6000 h; 15000···18000 b	– Zweigelenkrahmen – Walzprofile, geschweißt – eingespannter Rahmen, Walzprofile, geschweißt – Fachwerkriegel mit Kopfgelenken, eingespannte Stützen – Stützenvollwandprofile, geschweißt – Variantenuntersuchungen
	≤8400 h; 15000···18000 b	
	≤9600 h; 18000···36000 b	
Leichte Krane ≦ 80 t Hublast	≤6000 h; 15000···18000 b	– Zweigelenkrahmen – Walzprofile, geschweißt – Fachwerkriegel mit Kopfgelenken, eingespannte Stützen – Stützen, Vollwandprofile, geschweißt – Zweigelenkrahmen – Vollwandausführung, geschweißt – Variantenuntersuchungen
	≤9600 h; 18000···36000 b	
	≤9600 h; 18000···36000 b	
Schwere Krane ≧ 80 t Hublast	≤6000 h; 15000···18000 b	– Zweigelenkrahmen – Vollwandausführung – Walzprofile, geschweißt – eingespannter Rahmen – Vollwandausführung, Walzprofile, geschweißt – Variantenuntersuchungen – Fachwerkriegel mit Kopfgelenken, eingespannte Fachwerkstützen – Walzprofile, geschweißt
	≤8400 h; 15000···18000 b	
	≤14400 h; 18000···36000 b	

8. Stabilisierung

8.2. Stabilisierung in Querrichtung

Tafel 8.3, Statische Systeme für ein- und mehrschiffige Hallentragwerke

Statische Systeme

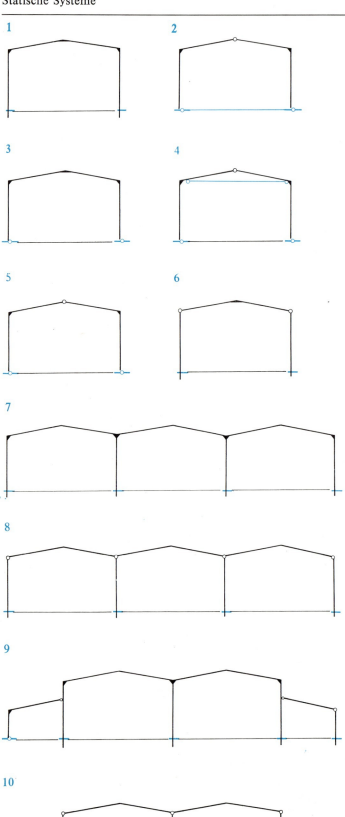

Erläuterungen

Einschiffige Hallen

1 Beiderseitig eingespannter Rahmen
   - dreifach statisch unbestimmt
   - Zwängungsspannungen bei Setzungen und Verdrehungen der Fundamente
   - geeignet für Krane mit größeren Kranlasten ≥ 125 kN
   - geringer Stahlverbrauch

2 Zweigelenkrahmen
   - einfach statisch unbestimmt
   - geringe Zwängungsspannungen bei Setzungen der Fundamente
   - geeignet für Krane mit kleineren Kranlasten < 125 kN
   - mittlerer Stahlverbrauch

3 Dreigelenkrahmen
   - statisch bestimmt
   - unempfindlich gegenüber Setzungen und Verdrehung der Fundamente
   - erhöhter Fertigungsaufwand in Stahlkonstruktion und Gebäudehülle durch Gelenk im First
   - hoher Stahlverbrauch

4 Dreigelenkrahmen mit Zugband in Höhe der Stützenfüße
   - statisch unbestimmt
   - unempfindlich gegenüber Setzungen
   - hoher Fertigungsaufwand durch Gelenk im First
   - für große Stützweiten geeignet
   - Fußbodenaussparungen im Bereich der Zugbänder erforderlich
   - höherer Materialverbrauch

5 Dreigelenkrahmen mit Zugband in Höhe der Rahmenecke
   - statisch unbestimmt
   - unempfindlich gegenüber Setzungen
   - hoher Fertigungsaufwand durch Gelenk im First
   - große Kräfte im Zugband

6 Stützen-Binder-System
   - einfach statisch unbestimmt
   - Binder wirkt als Koppelstab
   - geeignet für Mischbauweisen

Mehrschiffige Hallen

Kopplung gleicher Grundsysteme

7 Vorzugslösung für Rahmen-Systeme

8 Vorzugslösung für Stützen-Binder-Systeme

Kopplung unterschiedlicher Systeme

9 Vorzugslösung für Rahmen-Systeme mit Seitenschiffen ohne Kranausrüstung

10 Vorzugslösung für Stützen-Binder-Systeme mit Seitenschiffen ohne Kranausrüstung

8. Stabilisierung

8.3. Stabilisierung in Längsrichtung

Allgemeine Hinweise, Tafel 8.4

Endfelder werden aus montagetechnischen Gründen zur Aufnahme der Stabilisierungselemente bevorzugt.
Über ausgewählte Tragglieder zur Endfeldstabilisierung informiert Tafel 8.4.

Die Randstabilisierung kann beispielsweise nur entfallen, wenn die Dachelemente aussteifend wirken oder die Dachdeckungselemente eine schubsteife Scheibe bilden (Bild 8.5b, Nr. 1).
Bei Obergurtlagerung nimmt der einzelne Binder entsprechend seiner Schwerpunktlage in der Regel eine stabile Lage ein. Aus diesem Grunde kann eine Randstabilisierung in Längsrichtung entfallen (Bild 8.5b, Nr. 4).
Bei Untergurtlagerung ist eine Randstabilisierung in Längsrichtung erforderlich (Bild 8.5a, Nr. 2, 3 und 5).

Endfelder

Auflagerbereich der Fachwerkbinder

Tafel 8.4

Tragglieder zur Stabilisierung der End- und Verbandsfelder von Außenlängswänden

Statische Systeme | Erläuterungen

1 Scheiben

2 K-Verband

3 Kreuzverband

4 Rahmen

5 eingespannte Stützen

6 eingespannte Eckstützen

Hinweise
für Systemlängen (SL) < 36 m nach Abschnitt 6
Für Systemlängen 36 m ≤ SL ≤ 72 m ist eine zusätzliche eingespannte Mittelstütze erforderlich.

8. Stabilisierung

8.3. Stabilisierung in Längsrichtung

Binderrandstabilisierung

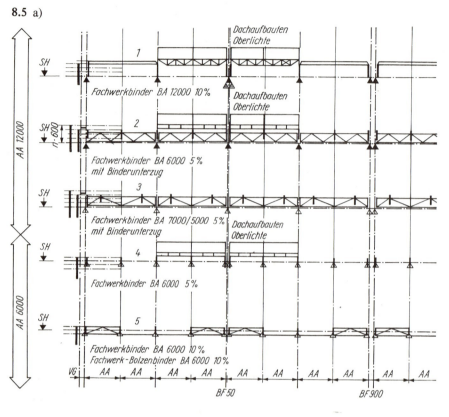

8.5
Randstabilisierung von Fachwerkbindern im Auflagerbereich

a) Lage im Gebäudelängsschnitt [6.1]
b) Fachwerkbinder mit und ohne Randstabilisierung
  Binder 1 und 4 ohne Randstabilisierung
  Binder 2 und 3 stabilisiert mit Binderunterzug (Randträger)

▲ Auflager auf Stahl- und Stahlbetonstützen

△ (hatched) besondere Auflagerbedingungen bei Betonstützen

△ Auflager obergurtgelagerter Dachtragwerke auf Auflagerbock

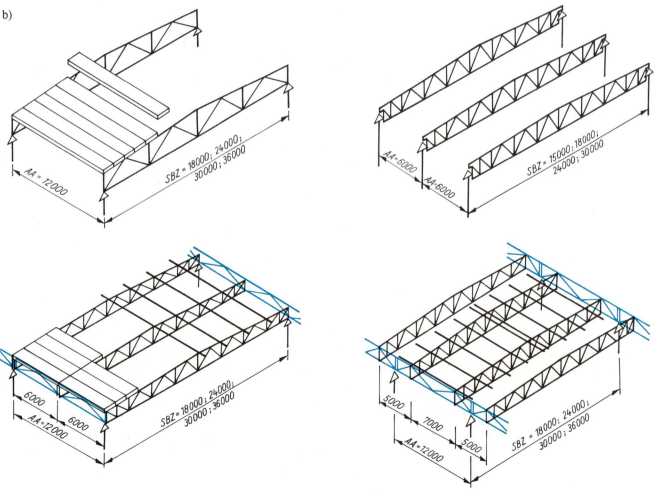

8. Stabilisierung

8.4. Stabilisierung in Quer- und Längsrichtung

Allgemeine Hinweise

Aufgabe der Stabilisierung

Die Stabilisierung des Daches als schubsteife Scheibe oder als schubsteifes Segment ermöglicht die Quer- und Längsstabilisierung auf wenige Stellen der Halle zu konzentrieren und Pendelstützen anzuordnen. Bei mäßig tragfähigem Baugrund ist dies von Vorteil, da die Fundamente vorrangig nur lotrechte Kräfte übertragen. Die Hallenlänge sollte $\leq$ 100 m, die Hublast der Krane $\leq$ 80 kN sein.

Ankopplung

Über die Möglichkeit der Ankopplung von längsstabilisierenden Stabelementen, wie Pfetten, Koppelstäbe, an eine starre Scheibe informiert Bild 8.6.

Hallendächer – Windverbände

Beispiele von Tragstrukturelementen zur Stabilisierung in Quer- und Längsrichtung der Dachebene zeigen Tafel 8.5 und die Bilder 8.7 bis 8.14 einschließlich Detaillösungen für Windverbände.

Räumliche Aussteifung

Beispiele von Tragstrukturen zur Gewährleistung einer räumlichen Aussteifung sind in Tafel 8.6 und den Bildern 8.15 bis 8.20 zusammengefaßt.

Hallen mit Kernen

Stabilisiert der Kern nur in Längsrichtung, so sind die Tragsysteme in Querrichtung stabil auszubilden, z. B. Stützen-Binder-System, Rahmensystem.
Stabilisiert der Kern in Quer- und Längsrichtung, so stellen schubsteife Dachscheiben oder schubsteife Dachsegmente eine wirtschaftliche Lösung dar. Die Vertikalkräfte können bei schubsteifen Dachscheiben, Dachsegmenten auf einen labilen Unterbau (z. B. Pendelstützen) übertragen werden.
Hallenstabilisierungen mit Kernen (Tafel 8.7).

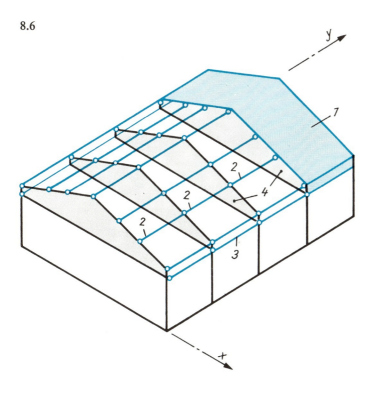

8.6

8.6 Obergurtstabilisierung in Längsrichtung durch Stabelemente

1 starre Scheibe; *2* Pfetten; *3* Koppelstäbe; *4* Binder

8. Stabilisierung

8.4. Stabilisierung in Quer- und Längsrichtung

Tafel 8.5, Tragstrukturen, Erläuterungen

Tragstrukturen	Erläuterungen
1 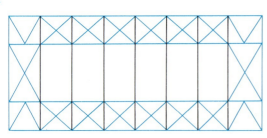	**1** Stabilisierung in der Ober- oder Untergurtebene
2 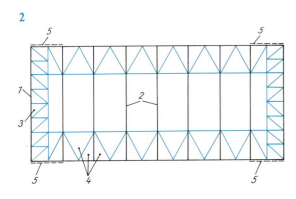 **3** 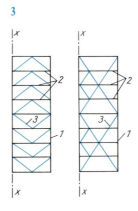	**2** Stabilisierung der Untergurtebene bei größerer Dachhöhe *1* Untergurt des Giebelbinders mit ausgesteifter Giebelwand in Querrichtung; *2* Binderuntergurte; *3* Giebelwindverband; *4* Windverband in Längsrichtung; *5* Endfeldstabilisierung der Außenlängswand **3** Varianten der Endfeldstabilisierung in der Obergurtebene *1* Binderobergurt oder Rahmenriegel; *2* Pfetten; *3* Windverstrebung **4** Schubsteife Dachscheibe **5** Schubsteifes Dachsegment
4 / **5** 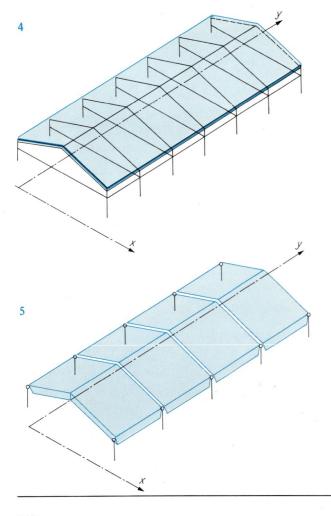	

8. Stabilisierung

8.4. Stabilisierung in Quer- und Längsrichtung

Fachwerkbinder

8.7

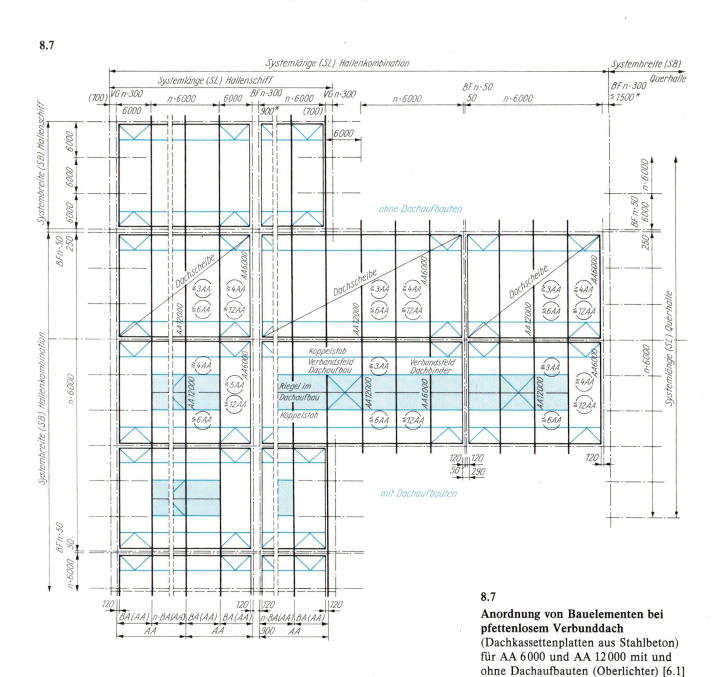

8.7
Anordnung von Bauelementen bei pfettenlosem Verbunddach
(Dachkassettenplatten aus Stahlbeton)
für AA 6000 und AA 12000 mit und ohne Dachaufbauten (Oberlichter) [6.1]

— Binder
— Verbände
▨ Dachaufbauten

Anordnung der Verbände
- für Binder in Untergurtebene
- für Dachaufbauten in Obergurtebene
- für Dach der Aufbauten mittig innerhalb
  der Länge des Dachaufbaus
  der Systemlänge des Gebäudes bzw.
  der Bewegungsfugenabschnitte

Abkürzungen
VG: Vorgesetzter Giebel, erforderlich bei Dachkassettenplatten

8. Stabilisierung

8.4. Stabilisierung in Quer- und Längsrichtung

Pfetten-Binder-System in Dachebene

8.8
Anordnung von Bauelementen bei Pfetten-Binder-Systemen mit und ohne Dachaufbauten und Attika [6.1]

a) Lage der Bauelemente
- — · — · — Binder
- ——— Verbandstäbe
- ——— Pfetten
- ——— Hängestangen

b) Dachaufbauten
- für AA 6000
- für AA 12000

Ausstattung
- an Giebel- und Längsseiten mit kittloser Verglasung mit und ohne Jalousien
- mit und ohne einseitig bzw. doppelseitig angeordneten Laufstegen

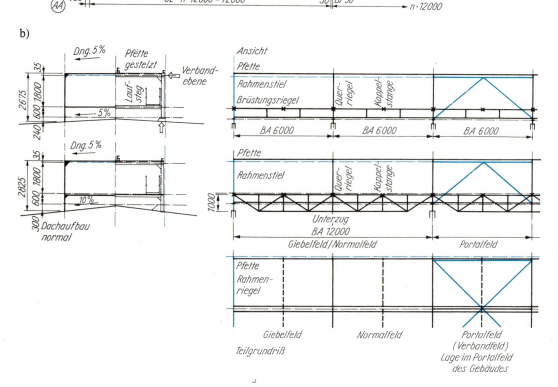

8. Stabilisierung

8.4. Stabilisierung in Quer- und Längsrichtung

Hallendächer-Windverbände

8.9

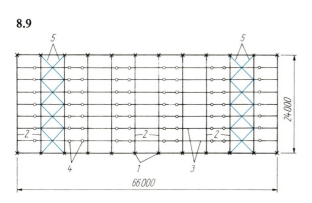

8.9

Schema eines Verlegeplanes von Gerberpfetten und in Querrichtung verlaufenden Windverbänden [6.29]

1 in Querrichtung eingespannte Stützen; *2* Binder; *3* Pfetten; *4* Gelenke; *5* Windverbandstäbe

8.10

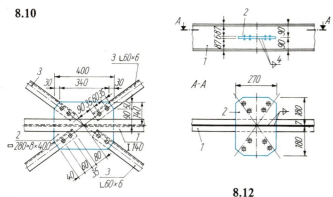

8.10

Windverband-Detail

Stabanschluß des Windverbandes in neutraler Achse der Pfetten mit Knotenblech [6.29]

1 Pfette; *2* Knotenblech; *3* Stäbe des Windverbandes

8.11

Windverband-Detail

Stabanschluß des Windverbandes am unteren Flansch der Firstpfetten mit Knotenblech [6.29]

1 Firstpfette; *2* Knotenblech; *3* Stäbe des Windverbandes aus Winkelstahl

8.12

Windverband-Detail

Stabanschluß des Windverbandes im Kreuzungspunkt von Pfette und Binderobergurt [6.29]

1 Pfette aus I-Profilstahl; *2* Binderobergurt; *3* Knotenblech; *4* Windverbandstäbe

8.11

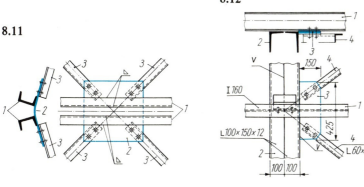

8.12

8.13

Windverband-Stabkreuzungen [6.29]

a) Stäbe unter der Pfette mit angeschweißtem rhombenförmigem Knotenblech

b) Stäbe wie vor mit quadratischem Knotenblech ohne Verbindung mit der Pfette

1 Pfette aus I-Profilstahl; *2* rhombenförmiges Knotenblech (fertigungsaufwendig); *3* durchgehender Stab; *4* unterbrochene Stäbe; *5* quadratisches Knotenblech

8.13 a) b)

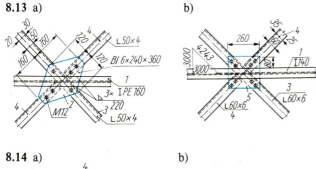

8.14

Windverband-Kreuzverband [6.29]

a) mit einem unterbrochenen Stab
b) durchgehende Stäbe

1 rhombenförmiges Knotenblech; *2* durchgehender Stab; *3* unterbrochene Stäbe; *4* Futterblech

8.14 a) b)

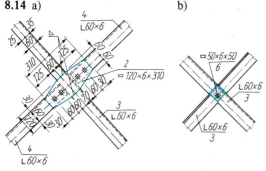

10 Büttner/Stenker

8. Stabilisierung

8.4. Stabilisierung in Quer- und Längsrichtung

Tafel 8.6, Statische Systeme zur Gewährleistung der räumlichen Hallenaussteifung

Statische Systeme	Erläuterungen	
1 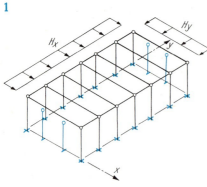	**1** Stützen-Binder-System in x-Richtung (Querrichtung) Zweiachsig eingespannte Wandstützen Bindersysteme wirken in x-Richtung unabhängig voneinander. Bei einer Hallenhöhe $\leq$ 6 m und einer Hallenlänge $\leq$ 30 m genügen einachsig eingespannte Giebelstützen (Windstiele) zur Ableitung der Windkräfte in y-Richtung.	**3** Stützen-Binder-System in x-Richtung (Querrichtung) Zweiachsig eingespannte Wandstützen Bindersysteme wirken in x-Richtung unabhängig voneinander. Größere Hallenhöhen erfordern Giebelwindverbände. Koppelstäbe übertragen Windkraft H_y auf alle Stützen
2 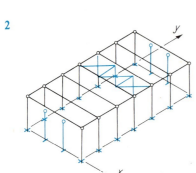	**2** Stützen-Binder-System in x-Richtung (Querrichtung) Zweiachsig eingespannte Wandstützen Bindersysteme wirken in x-Richtung unabhängig voneinander. Bei mittlerer Hallenlänge zwischen 30 und 60 m genügen ein querliegender Windverband und Windstiele (Giebel). Pfetten übertragen Windanteile vom Giebel zum Windverband. Koppelstäbe übertragen Windkraft H_y auf alle Stützen.	**4** Zweigelenkrahmensystem in x-Richtung (Querrichtung) Längsstabilisierung durch Koppelstäbe und Verbände in Endfeldern (K-Verband) Windstabilisierung erfolgt wie in den Beispielen nach 1 bis 3. **5** Schubsteife Dachscheibe auf Pendelstützen zweiachsig eingespannte Eckstützen als Mindestforderung für die räumliche Stabilisierung
3 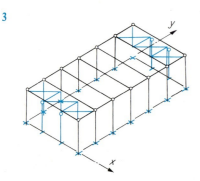		**6** Schubsteife Dachscheibe auf Pendelstützen Räumliche Stabilisierung erfolgt durch Scheiben oder Rahmen.
4 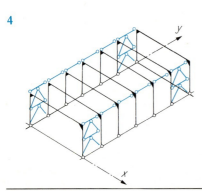	**5** 	**6** 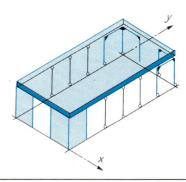

8. Stabilisierung

8.4. Stabilisierung in Quer- und Längsrichtung

Räumliche Aussteifung

8.15
a)

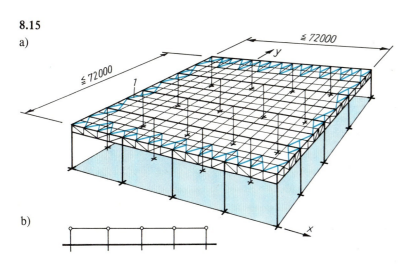

b)

8.16
a)

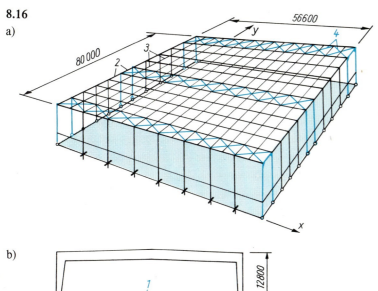

b)

8.15

Raumfachwerk mit ebener Stabanordnung (Fachwerkrost)

zweiachsig eingespannte Stützen Quer- und Längsverbände des Obergurtes stabilisieren das kinematisch labile Raumfachwerk in der Obergurtebene.
a) Perspektive
b) statisches Grundsystem
1 Verbandstäbe

8.16

Zweigelenkrahmensystem mit Zugband in der *x*-Richtung

Längsstabilisierung
– in der Dachebene: Pfetten, Koppelstäbe und Verbandstäbe (querliegender Windverband)
– in den Außenlängswänden: Rahmen in den Mittel- und Endfeldern
a) Perspektive
b) statisches Grundsystem

1 Zugband; *2* Koppelstäbe; *3* Pfetten; *4* Verbandstäbe

8.17

Stützen-Binder-System in *x*-Richtung

Giebelwand: kleine Toröffnungen und Windverband in Untergurthöhe
Längsstabilisierung
a) Portal mit Verbandstäben
b) Rahmen

8.18

Stützen-Binder-System in *x*-Richtung

Giebelwand: größere Toröffnung, Windverband über Toröffnung
Längsstabilisierung: Verbandsfeld in den Endfeldern der Längswände und des Daches (K-Verband)

8.17
a)

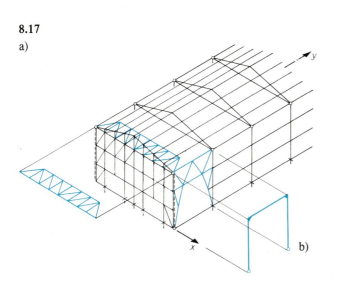

8.18

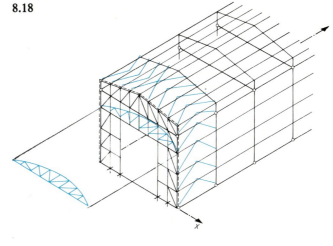

8. Stabilisierung

8.4. Stabilisierung in Quer- und Längsrichtung

Zweigelenk-Vollwand-Rahmenhalle

8.19 a)

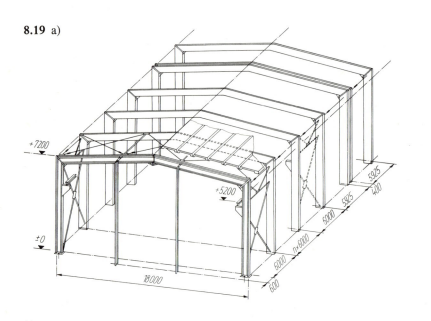

b)

c)

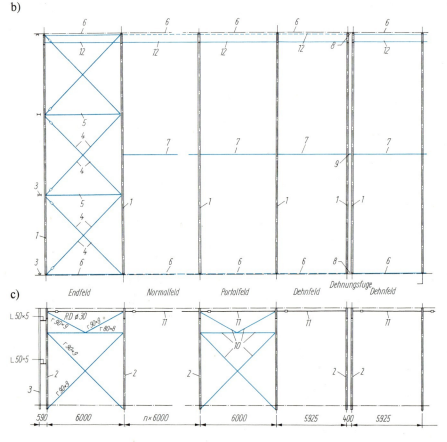

8.19
Übersicht Zweigelenk-Vollwand-Rahmenhalle mit Y-Profil ohne und mit Kranausrüstung

Hersteller: *VEB Metalleichtbaukombinat Leipzig*

Charakteristik
Dachdeckung mit Stahlbeton-Dachkassettenplatten (starre Scheibe) mit Anordnung von Zugstäben an der Traufe
Rahmendetails, vgl. Bild 7.14

Stabilisierung im Montagezustand
Montagebeginn am Giebel erfordert Montageverbände als Dachverband im Endfeld und als Längswand-Portale im Endfeld sowie im Normalfeld vor dem Dehnfeld.
Montagehilfsstäbe, Koppelstäbe und Dehnfugenkoppelstäbe stabilisieren die Rahmen im Montagezustand an First und Traufe.
Nach Verschweißen der Dachkassettenplatten kann der Dachverband demontiert werden.
Demontage der Hilfs-Portale nach Montageabschluß aller Stahlbauteile

Stabilisierung für den Endzustand (Nutzung)
Längswandportale und Montage-Hilfsportale weisen gleiche Ausführung auf.
Anzahl der verbleibenden Portale bei Systemlängen bis
  42 m: ein Portal (Endfeld)
  90 m: ein Portal (Hallenmitte)
132 m: zwei Portale; nach Hallenabschnitt von 90 m Länge ist eine Dehnungsfuge erforderlich
180 m: zwei Portale; je ein Portal in den Mitten der Hallenabschnitte von je 90 m Länge

a) Isometrie
b) Draufsicht auf das Tragwerk mit Verband
c) Ansicht der Längswand mit Portalen

1 Rahmenriegel; *2* Rahmenstiel; *3* Giebelstütze; *4* Dachverbandstab: Rundstahldiagonalen Rd 20 mit Spannschloß; *5* Dachverbandstab: R 76 × 3,2; *6* Montagehilfsstab an der Traufe: R 76 × 3,2; *7* Montagehilfsstab im First: R 76 × 3,2; *8* Dehnfugenkoppelstab an der Traufe; *9* Dehnfugenkoppelstab im First; *10* Portalstab; *11* Zugstab mit Spannschloß: Rd 30; *12* Stabilisierungsstab: R 76 × 3,2

8. Stabilisierung

8.4. Stabilisierung in Quer- und Längsrichtung

Zweigelenk-Vollwand-Rahmenhalle

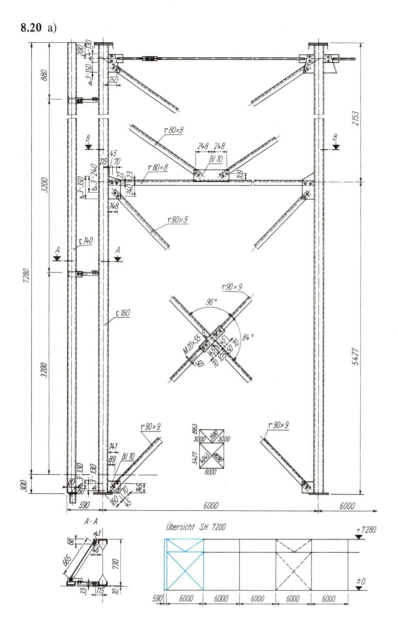

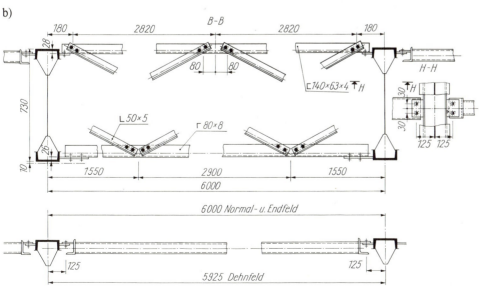

8.20

Stabilisierungselemente zu Bild 8.19

a) Längswandportal und vorgesetzte Giebeleckstütze mit Übersicht
b) Stabilisierungsverband im Portalfeld und Stabilisierungsstäbe in den Normal-, End- und Dehnfeldern bei Hallen ohne Kranausrüstung

(Seite 150)

c) Draufsicht Montage-Dachverband und vorgesetzte Giebelstützen
d) Dehnfugenkoppelstäbe am First
e) Dehnfugenkoppelstäbe an der Traufe

1 Rahmenriegel; *2* Rahmenstiel; *3* Giebelstütze; *4* Dachverbandstab: Rundstahldiagonalen Rd 20 mit Spannschloß; *5* Dachverbandstab: R 76 × 3,2; *6* Montagehilfsstab an der Traufe: R 76 × 3,2; *7* Montagehilfsstab im First: R 76 × 3,2; *8* Dehnfugenkoppelstab an der Traufe; *9* Dehnfugenkoppelstab im First; *10* Portalstab; *11* Zugstab mit Spannschloß: Rd 30; *12* Stabilisierungsstab: R 76 × 3,2

8. Stabilisierung

8.4. Stabilisierung in Quer- und Längsrichtung

Zweigelenk-Vollwand-Rahmenhalle
Tafel 8.7

8.20 c)

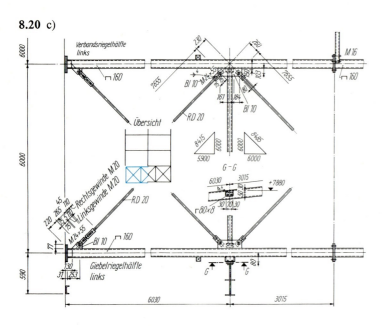

d), e)

Statische Systeme

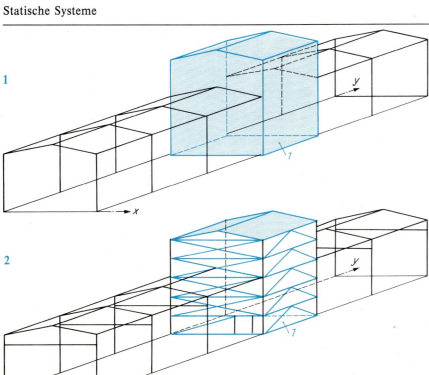

Tafel 8.7
Hallenstabilisierung durch Kernbauwerke

Erläuterungen

Die Kerne ersetzen bei kraftschlüssiger Verbindung mit dem Hallentragwerk
- eine Querstabilisierung am Kern
- Dachverband am Anschluß (Ortgang)
- Längswandstabilisierungen.

Statischer Nachweis ist in jedem Falle notwendig.

1
Ausführung in Stahlbeton, räumlich wirkende Scheiben

2
Ausführung als räumlich wirkendes Fachwerk

3
Ausführung als räumlich wirkender Rahmen

1 Kern

8. Stabilisierung

8.5. Stabilisierung von Kranbahnen

Allgemeine Hinweise

Aus nutzertechnologischen Anforderungen können Stahlhallen und Freiflächen mit Kranbahnen ausgerüstet werden. Grundsätzliches für den Betrieb mit Brückenkranen ist in Vorschriften festgelegt [8.1 bis 8.3].

Nutzertechnologische Anforderungen

Zu den tragenden Stahlbauelementen einer Kranbahn gehören Kranbahnträger, Horizontalverband, Nebenträger, Kranstützen, Portale (Bilder 8.21 bis 8.27).

Tragwerkselemente

Kranbahnträger

Die Belastung aus dem Kranbetrieb legt der Nutzer fest. Sie basiert auf Angaben des Kranherstellers. Bei der Belastung wird unterschieden
- in Trägerebene: ständige Last und Verkehrslast vertikal sowie Bremslast aus Kranfahrt in Höhe der Schienenoberkante in Fahrtrichtung wirkend
- quer zur Trägerebene: horizontale Seitenkräfte aus Kranfahrt, senkrecht zur Fahrtrichtung wirkend

Belastung

- Balken- und Gelenkträger, vor allem um Bodensetzungen aufnehmen zu können, jedoch höherer Material- und Fertigungsaufwand
- Durchlaufträger, Vorzugslösung aus Gründen des geringen Material- und Fertigungsaufwandes
- Träger mit Unterspannung

und in Abhängigkeit von der Beanspruchung aus
- I-Profilstahl oder Stahlbetonträger für kleinere Stützweiten und geringere Hublast des Kranes
- Fachwerkträger oder geschweißte Träger für größere Stützweiten und größere Hublast des Kranes.

Ausbildung

Vorzugslösungen von Querschnittsvarianten für geschweißte Träger siehe Bild 8.26.

Zur Aufnahme der horizontalen Seitenkräfte des Kranes ist in Höhe des Kranbahnobergurtes ein waagerechter Horizontalverband anzuordnen. Er überträgt gleichzeitig die in Längsrichtung wirkenden Bremskräfte in die Stützen.

Horizontalverband

Belastung

In der Regel wird der Horizontalverband als Fachwerkträger ausgebildet (Bild 8.27). Der obere Gurt des Kranbahnträgers ist gleichzeitig ein Gurt des Verbandes, während der andere Gurt vom Nebenträger gebildet wird. Die Abdeckung des Horizontalverbandes mit Gitterrosten dient zugleich als Laufsteg.

Ausbildung

Der Nebenträger nimmt die vertikale Belastung aus dem Laufsteg auf und ist gleichzeitig Gurt des Horizontalverbandes.

Nebenträger

Kranbahnstützen und Portale werden im Abschnitt 8.6. behandelt.

8.21

8.21

Kranbahn auf Konsole am Stiel eines Zweigelenk-Vollwandrahmens
AA 6000; Kranbahnträger nach Tafel 8.8, Nr. 3 und Bild 8.25b

Hersteller: *VEB Metalleichtbaukombinat Leipzig*

Endfeldstabilisierung von Dach- und Längswand durch Verbandstäbe (Längswandportal, Dachverband)
Aufnahme des Dachschubes im First durch mit Verbandstäben zum Fachwerkträger ergänzte Doppelfirstpfetten

Umhüllung
- verglaste Längswand mit Kippflügeln zur natürlichen Belüftung
- Dach und Giebel: St-PUR-St

(Foto: *VEB Metalleichtbaukombinat Leipzig*)

8. Stabilisierung

8.5. Stabilisierung von Kranbahnen

Halle mit Kranbahn, Kranbahnelemente

8.22 a)

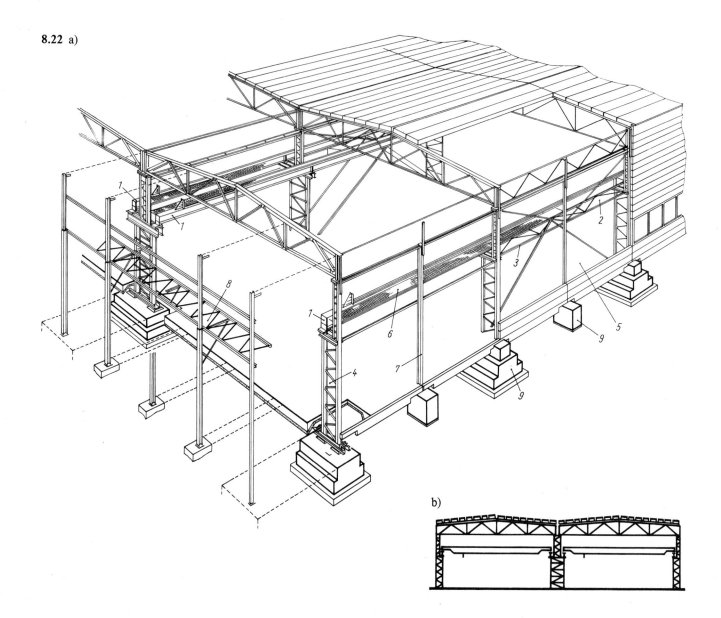

8.22
Stahlhalle als Stützen-Binder-System mit Kranausrüstung
Fachwerkbinder auf Gitterstützen aus Stahl mit AA 12 000 und Verbunddach mit 10% Dachneigung [6.1]

a) Perspektive
b) Schnitt

1 Kranbahnträger; *2* Horizontalverband; *3* Nebenträger; *4* Kranbahnstütze; *5* Portalfeld; *6* Laufsteg mit Gitterrostabdeckung; *7* Windstütze; *8* Windverband am Giebel; *9* Fundament

8.23 (Seite 153)
Lage der Stützen, Stabilisierungselemente, Bewegungs- und Dehnungsfugen
AA 12 000; Übersicht [6.1]

a) Stahltragwerk einer Hallenkombination mit Kranausrüstung
b) Stützen-Binder-System mit Fertigteilstützen aus Stahlbeton mit und ohne Kranausrüstung

1 Gittermittelstützen in Normallage; *2* Gittermittelstützen in Doppelstellung an einer Fuge (Bewegungsfuge); *3* Gitterrandstützen; *4* Giebelstiele; *5* Giebelmittelstiel; *6* Giebeleckstiel; *7* Längswand-Windstiel; *8* Kranbahnachse; *9* Kranbahnhorizontalverband; *10* Portalfeld; *11* vorzugsweise portalfreies Feld; *12* Giebelwindverband; *13* Horizontalverband zur Stabilisierung im Portalfeld; *14* Mittelstützen mit Kranbahn aus Stahlbeton; *15* Randstützen aus Stahlbeton mit Kranbahn; *16* Mittelstützen aus Stahlbeton ohne Kranbahn; *17* Randstützen ohne Kranbahn aus Stahlbeton; *18* Stützen aus Stahlbeton, Windstiele am Giebel; *19* Stützen aus Stahlbeton, Windstiele der Längswand; *20* Koppelstangen; *21* Dehnfeld

8. Stabilisierung

8.5. Stabilisierung von Kranbahnen

Halle mit Kranbahn, Kranbahnelemente

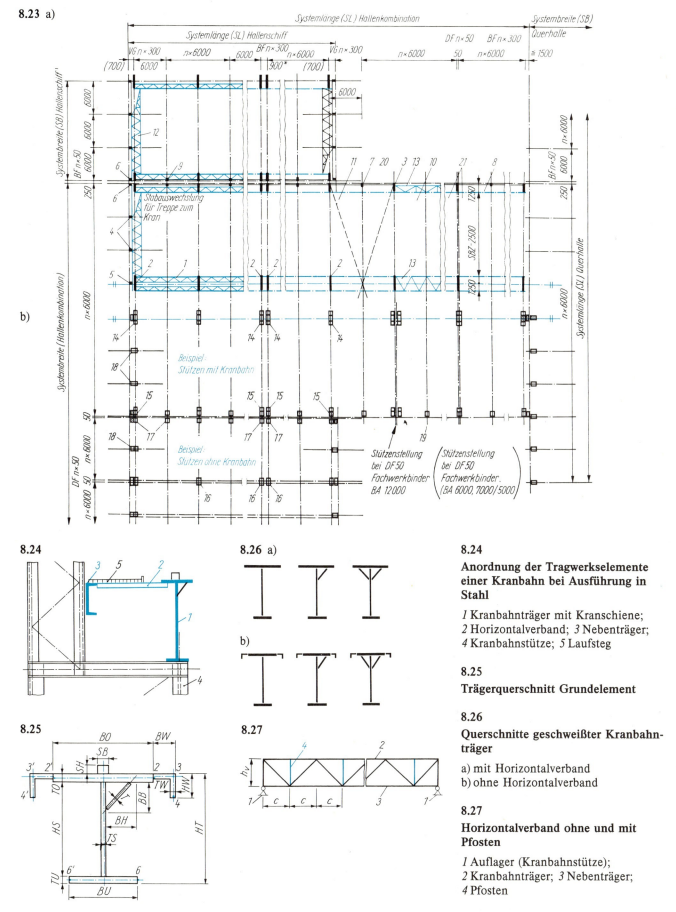

8.24
Anordnung der Tragwerkselemente einer Kranbahn bei Ausführung in Stahl

1 Kranbahnträger mit Kranschiene;
2 Horizontalverband; *3* Nebenträger;
4 Kranbahnstütze; *5* Laufsteg

8.25
Trägerquerschnitt Grundelement

8.26
Querschnitte geschweißter Kranbahnträger

a) mit Horizontalverband
b) ohne Horizontalverband

8.27
Horizontalverband ohne und mit Pfosten

1 Auflager (Kranbahnstütze);
2 Kranbahnträger; *3* Nebenträger;
4 Pfosten

8. Stabilisierung

8.6. Stützen

Allgemeine Hinweise

Stützen gehören zu den Haupttraggliedern im Hallenbau. Entsprechend ihrer Funktion werden unterschieden Stützen ohne Kranbahn, Windstützen (Windstiele), Kranbahnstützen.
Lasteintragung in die Stützen soll zentrisch erfolgen, um möglichst kleine Verformungen zu erhalten.
Stützen werden vorwiegend auf Druck beansprucht.

Anforderungen

Die Ausbildung der Stützen kann in Stahl oder Stahlbeton erfolgen. Die Querschnittsausbildung von Stahlstützen ist vielfältig. Eine Auswahl zeigen Bilder 5.6 und 5.7 sowie Tafel 5.3.
Vielfach angewendet werden Stahlbeton-Fertigteilstützen (Mischbau, Bild 8.28). Eine Übersicht für die im Mischbau eingesetzten Stahlbeton-Fertigteilstützen geben die Bilder 8.29 bis 8.32.

Stützen ohne Kranbahn
Ausbildung in Stahl oder Stahlbeton

Der Baustoff für die Windstützen entspricht in der Regel dem der Hauptstützen. Eine Übersicht für Windstützen aus Stahlbeton-Fertigteilstützen gibt Bild 8.30.

Windstützen

Kranbahnstützen können bei einer Hublast der Krane bis zu 80 kN und bei einer Kranhöhe bis zu 9,6 m nach Bild 8.32 aus Stahlbeton-Fertigteilstützen ausgeführt werden. Anderenfalls werden Stahlstützen (Stahl-Gitterstützen) verwendet. Über die Stützenlage im Grundriß für Stahlbetonstützen ohne und mit Kranbahn für AA 12000 gibt Bild 8.23 einen Überblick.

Stützen mit Kranbahn
Anwendung

- vertikal: ständige Last und Verkehrslastanteile
- horizontal in Hallenlängsrichtung: Bremslast aus Kranfahrt
- horizontal in Querrichtung: Seitenkraft aus Kranfahrt.

Belastung

Tafel 8.8 gibt einen Überblick über mögliche statische Systeme von Kranbahnstützen mit leichtem ($\leq$ 80 kN Hublast) und schwerem Kranbetrieb (> 80 kN Hublast).

Stützensysteme

In der Regel wird die Dachstütze mit der erforderlichen Abstützung des Kranbahnträgers in einer Gesamtstütze zusammengefaßt (Bilder 8.33 bis 8.35).
Vorzugslösungen abgestufter Kranbahnstützen für Systemzellenbreiten SBZ $\geq$ 24 m und Brückenkrane mit schwerem Kranbetrieb sind eingespannte Stahl-Fachwerkstützen (Gitterstützen). Bild 8.36 zeigt Varianten in der konstruktiven Ausbildung und Bild 8.37 Regelausführungen für eingespannte Gitterstützen mit Kranbahn. Aus Bild 8.23 geht die Lage der Gitterstützen mit Kranbahn für AA 12000 einer Hallenkombination (Schiff, Trakt) und ihre Einordnung in die Systemlinien des Grundrisses hervor.

Vorzugslösungen

Die konstruktive Durchbildung einer Mittelstütze mit Kranbahn als Konstruktionsbeispiel für Gitterstützen zeigt Bild 9. Konstruktive Möglichkeiten als Varianten in der Detailausbildung siehe auch [8.4]. Über die Auflagerausbildung für Dachtragwerk und Kranbahnträger sowie die Ausbildung der Fußeinspannung gibt Bild 8.38 einen Überblick.

Konstruktionslösungen

Zur Gewährleistung der Standsicherheit einer Kranbahn in Längsrichtung ist eine Stabilisierung infolge der längsgerichteten Bremskräfte erforderlich.
Portale für Kranbahn- oder Längswandstabilisierung unterscheiden sich nicht im tragstrukturellen Aufbau und in der Anordnung.
Einige Prinziplösungen und Konstruktionsvorschläge sind im Bild 8.39 aufgezeigt.

Kranbahn-Portale

8. Stabilisierung

8.6. Stützen

Mischbau – Stahlbetonfertigteilstützen

8.28

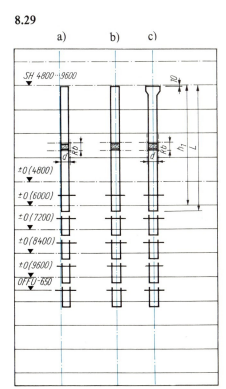

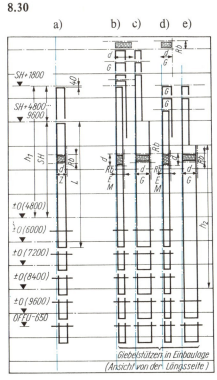

8.28
Fachwerkbinder (AA 6000) mit Untergurtlagerung auf Stahlbeton-Fertigteilstützen und Auflager-Randstabilisierung mit Binderunterzug vgl. Bild 8.5

(Foto: *Krause*, Leipzig)

8.29
Stahlbeton-Fertigteilstützen ohne Kranbahn der Reihe Rb 350, Rb 400 und Rb 500 [6.1]

a) Randstützen in Randlage
b) Randstützen in Mittellage
c) Mittelstützen mit Stützenkopfverbreiterung

h_1 Systemhöhe
L Gesamtlänge

8.30
Stahlbeton-Fertigteilstützen als Windstützen der Reihe Rb 350, Rb 400 und Rb 500 in Randlage [6.1]

a) Längswandzwischenstütze (Z), AA 12 000
b) Giebeleckstütze (E), Giebelmittelstütze (M), Giebelzwischenstütze (G), AA 12 000
c) Giebelzwischenstütze (G), mit abgesetztem Stützenoberteil, AA 12 000
d) Giebeleckstütze (E), Giebelmittelstütze (M), Giebelzwischenstütze (G), AA 6000
e) Giebelzwischenstütze (G) mit abgesetztem Stützenoberteil, AA 6000

8. Stabilisierung

8.6. Stützen

Mischbau

8.31 a)

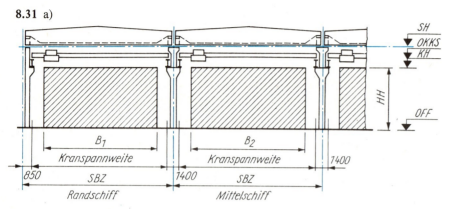

b)

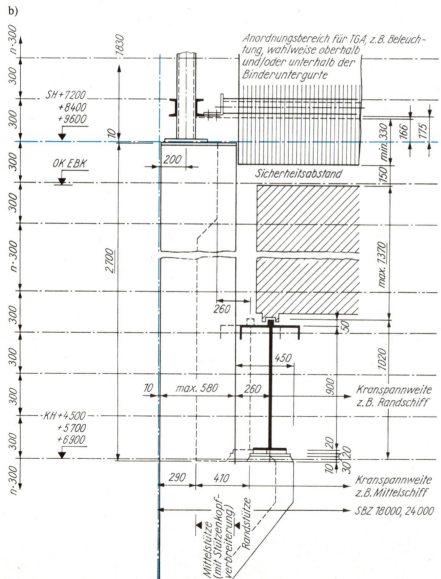

8.31

Anordnung von Kranbahnen mit Einträgerbrückenkranen (EBK) auf Stahlbeton-Fertigteilstützen als Regelausführung für AA 12 000 [6.1]

Geometrische Kennwerte
B (B_1, B_2) Hakenbestrichene Breite
KH   Konsolhöhe der Stütze
HH   Höchster Hakenstand
OKKS   Oberkante Kranbahnschiene
            = KH + 1,03 m
OKETBK Oberkante Einträger-Brückenkran

a) mehrschiffige Halle mit Krankombination bis 2 × 80 kN Hublast, flurgesteuert
b) Auflagerung des beidachsig biegesteifen Kranbahnträgers auf einer Stahlbetonkonsole für EBK mit 80 kN Hublast

8. Stabilisierung

8.6. Stützen

Mischbau

8.32

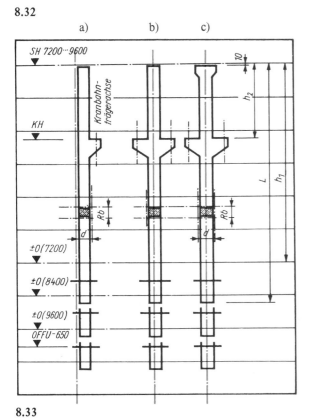

8.33

8.32

Stahlbeton-Fertigteilstützen mit Kranbahn für 1 oder 2 Einträgerbrückenkrane von je 80 kN Hublast der Reihe Rb 400 und Rb 500

a) Randstützen in Randlage
b) Mittelstützen
c) Mittelstützen mit Stützenkopfverbreiterung

8.33

Abgestufte Kranbahnstützen in einer Halle in Mischbauweise mit

- bis zur Dehnungsfuge durchlaufender Kranbahnschiene
- Kranbahn- und Längswandportal im zweiten Normalfeld neben der Dehnungsfuge
- schubsteifer Dachscheibe als Verbunddach aus Stahlbeton-Dachkassettenplatten mit Dachaufbau (Laterne)
- Obergurtlagerung des Fachwerkbinders auf Randträger als durchgehende Randstabilisierung, vgl. Bild 8.5

(Foto: *VEB Metalleichtbaukombinat Leipzig*)

8. Stabilisierung

8.6. Stützen

Tafel 8.8, Mischbau

8.34
Eingespannte Fachwerkstützen mit Kranbahn und Fachwerkbinder der Haupthalle eines Kombinates für Zukkerrohrkombines in Kuba während der Montage

(Foto: *ADN-ZB/TASS*)

Tafel 8.8
Systeme von Kranbahnstützen in Abhängigkeit von der Hublast der Krane

Systeme für Hublast ≦ 80 kN	Hublast > 80 kN	Erläuterungen
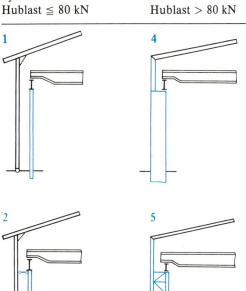		**1** Vorgesetzte Kranstützen sind bei allen Hallentragwerken einsetzbar, erfordern aber einen Mehraufwand (Material, Fertigung, Montage). Der Vorteil besteht jedoch darin, daß die Hallenstützen durch die Kranbahn nicht belastet werden. **2** Angependelte Kranstützen, für Rahmen- und Stützen-Binder-Systeme geeignet. Die Hallenstützen werden zusätzlich durch Horizontalkräfte der Kranbahn belastet. **3** Konsolen am Stiel von Rahmen- und Stützen-Binder-Systemen. Die Stiele besitzen vorzugsweise einen Vollwandquerschnitt, vgl. Bild 8.19. **4** Abgestufte Kranbahnstützen bei Stützen-Binder-Systemen und bei Rahmen **5** Gelenkig gelagerte Fachwerkstiele, bevorzugt bei Rahmen **6** Eingespannte Fachwerkstützen, bevorzugt bei Stützen-Binder-Systemen und bei Rahmen

8. Stabilisierung   8.6. Stützen   Detailausbildung

8.35

8.35
Kranbahnkonsole an einem Zweigelenk-Rahmen (vgl. Bilder 7.14 und 8.19)

(Foto: *VEB Metalleichtbaukombinat Leipzig*)

8.36
Konstruktive Ausbildung von Stahl-Gitterstützen [8.4]

a) Querschnitte im Oberteil der Stütze
b) Querschnitte im Unterteil der Stütze
c) Anschlüsse von Diagonalen im Stützenunterteil

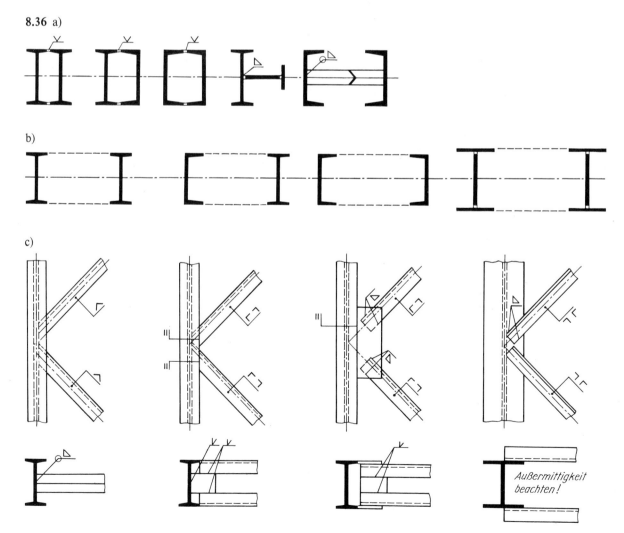

8. Stabilisierung

8.6. Stützen

Gitterstützen – Vorzugslösungen (MLK)

8.37 a)

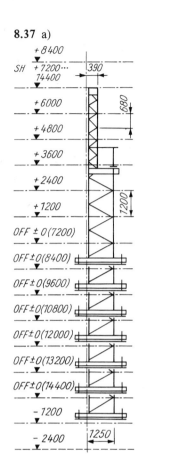

b)

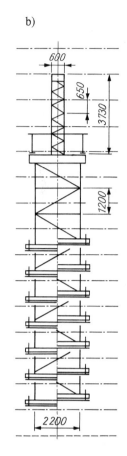

8.37

Gitterstützen mit Kranbahn
für AA 12000, SH 7,2 bis 14,4 m und
SBZ 18 bis 36 m [6.1]

a) Randstütze
b) Mittelstütze

Details: Stützenkopf, Kranbahnauflager und Stützenfuß

c) Randstütze
d) Mittelstütze
e) Doppelrandstütze (Bewegungsfuge zwischen zwei Schiffen)

OKS Oberkante Sockelwandplatten-
     auflager
OKKS Oberkante Kranbahnschiene
OFFU Oberfläche Fundament

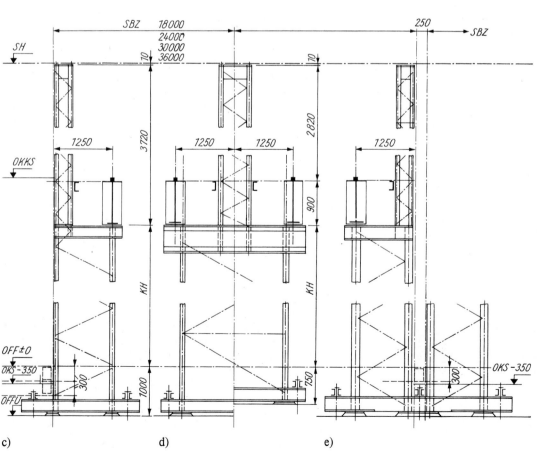

c)   d)   e)

8. Stabilisierung

8.6. Stützen

Gitterstützen, Beispiel

8.38 a)

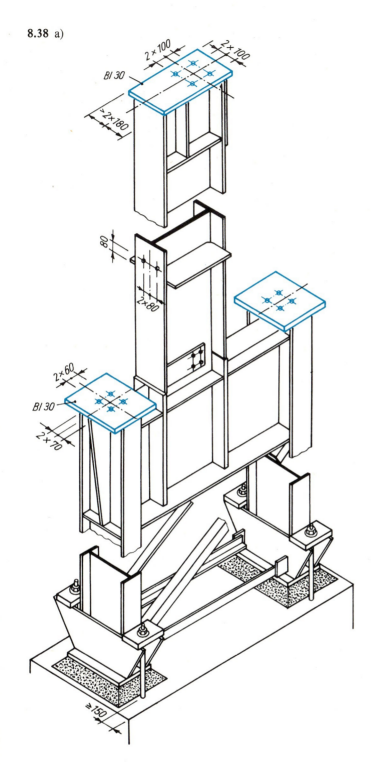

b)

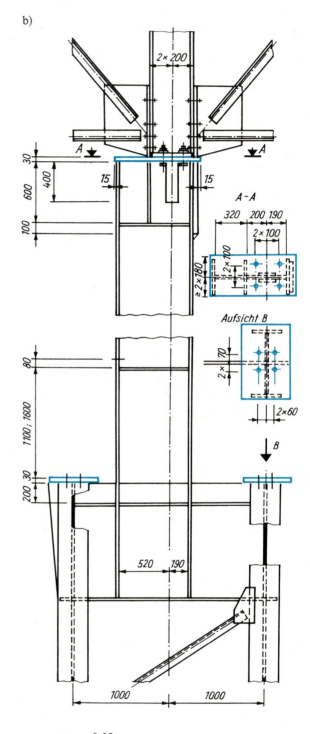

8.38
Stützenkopf, Kranbahnauflager und Stützenfuß einer Kranbahnstütze in Stahl für den Einsatz in Kältezonen der UdSSR [8.6]

a) Isometrie
b) Ansicht

8. Stabilisierung

8.6. Stützen

Kranbahn

8.39 a)

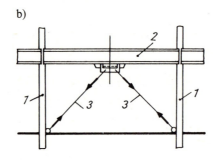

b)

c)

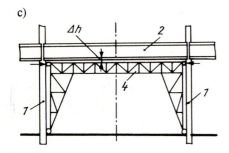

8.39

Kranbahnstabilisierung in Längsrichtung zur Aufnahme der Bremskräfte

a) Zugstäbe, spannbar an den Trägerenden
b) Zugstäbe, spannbar in der Trägermitte
c) Portal als Zweigelenk-Fachwerkrahmen (Freiraum Δh wegen Formänderung gewährleisten; horizontale Krafteintragung am Fachwerkobergurt)
d) und e) Ausführungszeichnung für ein Kranportal

1 Kranbahnstütze; *2* Kranbahnträger; *3* Zugstab mit Spannschloß; *4* Fachwerkportal; *5* Portalebene

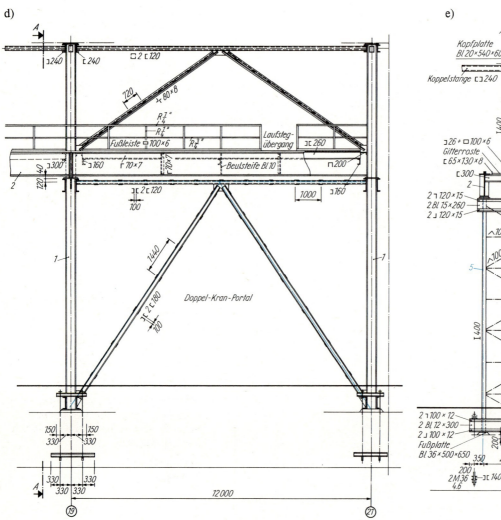

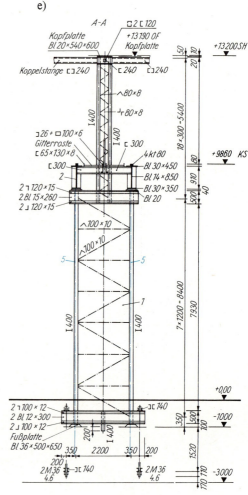

162

8. Stabilisierung

8.7. Stützenkopfausbildung bei Stahlstützen

Kranbahnauflage

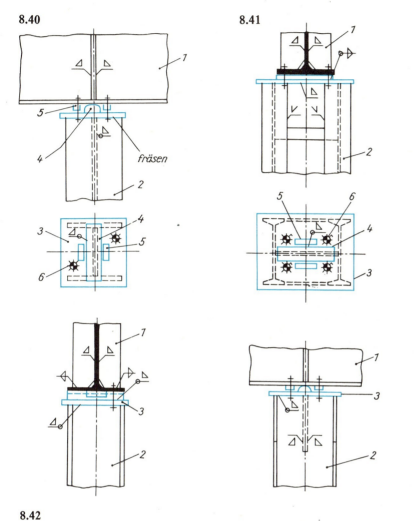

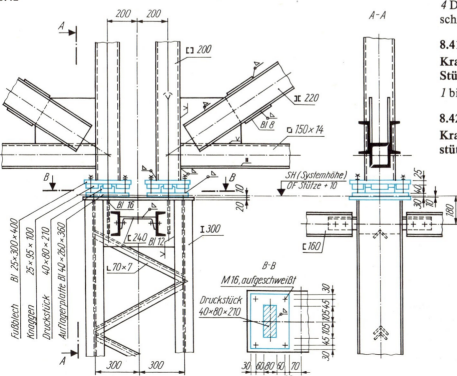

Regelausführungen

Regelausführungen bevorzugen eine zentrische Lasteintragung am Stützenkopf. Konstruktiv wir die Übertragung von Druckkräften als

- *Punktlagerung* durch *Kugeln* oder kugelförmige Bauteile bzw. *quadratische Druckstücke*
- Linienlagerung durch *rechteckige Druckstücke* (Zentrierplatten)

realisiert (Bilder 6.41e, 6.44b, 9b bis 9d und Tafel 7.3/p).
Unter den Druckstücken darf die Druckverteilung 45° oder steiler angenommen werden. Die vorhandene *Kontaktwirkung* zwischen Stütze und Kopfplatte läßt sich statisch-konstruktiv vorteilhaft ausnutzen. Im Regelfall erfolgt die Bearbeitung des Stützenquerschnittes durch einen Sägeschnitt, während die Kopfplatte zu fräsen oder bei hochbeanspruchten Querschnitten zu hobeln ist. Die Schweißnähte dürfen dann für ein Viertel der Druckkraft bemessen werden. Gegen Abheben sichern Schrauben mit Federringen oder gekonterte Doppelmuttern; gegen Lageverschiebungen Knaggen. Ausbildungsvarianten nach den Bildern 8.40 bis 8.42 [8.4]

8.40
Kranbahnauflager bei einteiligem Stützenquerschnitt [8.4]
1 Träger; *2* Stütze; *3* Kopfblech; *4* Druckstück; *5* Knagge; *6* Sicherungsschraube

8.41
Kranbahnauflager bei zweiteiligem Stützenquerschnitt [8.4]
1 bis *6* nach Bild 8.40

8.42
Kranbahnauflager bei Stahl-Gitterstützen [8.4]

8. Stabilisierung

8.8. Gelenkige Stützenfüße

Konstruktionsbeispiele Tafel 8.9

8.43

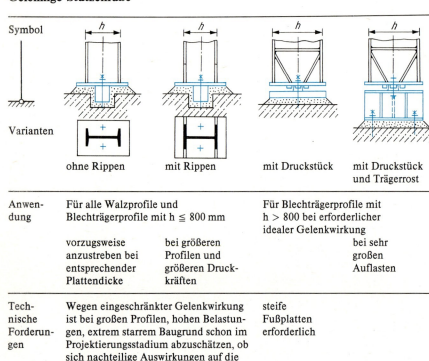

Tafel 8.9
Gelenkige Stützenfüße

Anwendung

Vorwiegend werden vertikale Druckkräfte übertragen (Pendelstützen). Größere Horizontalkräfte in einer oder in zwei Richtungen wirkend erfordern eine Schubknagge.
Stützen mit gelenkigen Füßen sind einfach in der Fertigung und benötigen nur relativ kleine Fundamente, erfordern jedoch besondere Aufmerksamkeit bei der Montage.

Projektierungs- und Konstruktionsgrundsätze [8.7]

Bei der Gestaltung von gelenkigen Stützenfüßen sind folgende Gesichtspunkte zu beachten (Bild 8.43, Tafel 8.9):
- Fußplattenabmessungen klein halten.
- Die Anordnung von Rippen ist möglichst zu vermeiden, da sie einen Mehraufwand in der Fertigung erfordern; günstiger sind dickere Platten.
- *Kontaktwirkung* ausnutzen, Bearbeitung und Berechnung, vgl. Abschnitt 8.7.
- Die Schweißnähte an der Fußplatte sind grundsätzlich als Kehlnähte auszubilden.
- Horizontalkräfte sind durch Schubverankerungen ins Fundament abzuleiten. Abhebende Kräfte sind durch Hammerschrauben, Steinschrauben oder einbetonierte Fußplattenanker aufzunehmen [8.8]. Auch bei reiner Druckbelastung sind aus montagetechnischen Gründen Ankerschrauben erforderlich.
- Unterlagsmaterial nach [8.9].

Einige Konstruktionslösungen gehen aus Bild 8.44 hervor.

8.43
Fußausbildung gelenkig gelagerter Stützen (Profilhöhe ≤ 800 mm, c und f nach [8.7])

8.44
Fußpunkte mit Rippenverstärkung

Ausführungsbeispiele
a) Kasten- oder Rohrprofile
b) I-Profilstahl bzw. I-Träger geschweißt
c) zweiteilige offene Querschnitte

8. Stabilisierung

8.9. Eingespannte Stützenfüße

Konstruktionsbeispiele

Das Wirkprinzip zur Übertragung von Normalkräften, Horizontalkräften und Momenten (ein- oder zweiachsig) ist die Einspannung.

Maßgebend für die Projektierung von eingespannten einteiligen Stützen und leichten Fachwerkstützen in Hülsenfundamenten (direkte Einspannung) sind [8.9; 8.10] (Bilder 8.45 bis 8.47).

Zur Regelausführung eingespannter Vollwand- und Fachwerkstützen (indirekte Einspannung) gehören der Fußträger und dessen biegesteife Verankerung mit dem Betonfundament (Bilder 8.48 bis 8.51).

Die Ausbildung des Fußträgers kann beispielsweise aus Blech (Schaftblech mit durchgehendem Fußblech), I- oder [-Profilstahl erfolgen und besitzt in der Regel mittig eine Schubknagge (Schubnocke).

Verankerung von Maschinen, Apparaten und Konstruktionen nach [8.8]

Grundlagen/Wirkprinzip

Einteilige Stützen und leichte Fachwerkstützen

Vollwandstützen und schwere Fachwerkstützen

8.45 a)

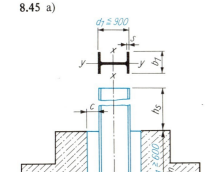

b)

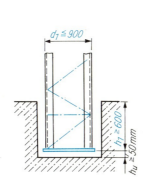

c)

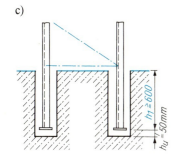

d)

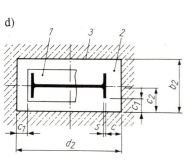

8.46

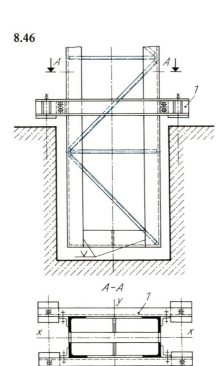

8.45
Einspannung von Stahlstützen in Stahlbetonhülsenfundamente [8.9]

Anwendung für
a) *einteilige Stützen* mit $d_1 \leq 900$ mm bei vollwandigem, offenem (z. B. I-Stütze) und geschlossenem (kastenförmig) Querschnitt
b) *Fachwerkstützen* mit $d_1 \leq 900$ mm und durchgehendem Verband bis zur Fußplatte
c) *Fachwerkstützen* mit Verband bis Oberfläche Fundament und verlängerten Stielen in einzelnen Fundamentaussparungen. Jeder Stiel ist als Einzelstütze bezüglich seiner Verankerung zu betrachten.

Einspannbedingungen
Einspannlänge h_1 beträgt in Abhängigkeit
- vom Stützenprofil $h_1 \geq 1{,}8 \cdot d_1$ außer bei b)
- der Stützenhöhe $h_1 \geq 0{,}1 \cdot h_s$
und als Mindestlänge $h_1 \geq 600$ mm.

Abstände
d) Horizontalschnitt
Der Abstand c zwischen der Stützenbegrenzung und der Hülsenwand beträgt 75 mm $\leq c \leq$ 210 mm.
Für Querschnittsteile mit $s \leq 40$ mm ist einzuhalten $c_1 \leq 50$ mm.
Der Abstand c_2 bei I-Trägern ist $c_2 \leq 250$ mm.

Schutzmaßnahmen
Der Übergangsbereich der Stütze in Verfüllbeton der Hülse ist korrosionsgerecht auszuführen (vgl. Bild 8.5) [8.11].

1 Fußplatte der Stütze; 2 Hülse des Fundamentes; 3 Hülsenwand

8.46
Kranbahnstütze mit durchgehendem Verband und Montagetraverse zum Justieren der Stütze

1 Montagetraverse

8. Stabilisierung

8.9. Eingespannte Stützenfüße

Konstruktionsbeispiele

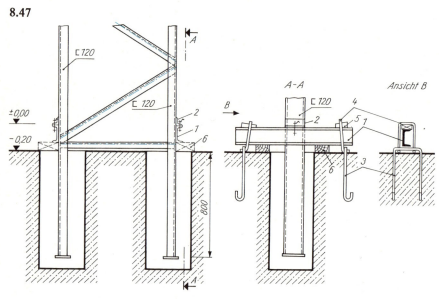

8.47
Fachwerkstützen mit Verankerung der Einzelstiele und Montagehilfsteilen

1 Montagetraverse; *2* Montagewinkel zur Lastabtragung auf *(1)*; *3* Montageverankerung; *4* Befestigungseisen; *5* Hartholzkeile; *6* Höhenjustierblöcke

8.48
Prinziplösung einer indirekt eingespannten Fachwerkstütze [8.4]

a) Fußträger aus Schaftblech, durchgehendes Fußblech und Verankerung
b) Fußträger aus U-Profilstahl, Quertraverse und Verankerung

1 Fußträger (Schaftblech bzw. U-Profilstahl); *2* Fußblech; *3* Schubknagge; *4* Quertraverse; *5* Steinschraube mit Ankerbarren (Winkelstahl); *6* Hammerschraube mit Ankerbarren (U-Profilstahl); *7* Ankerkanal (mit Einfüllstutzen), nach Montage mit Vergußbeton füllen und Fußbleche unterstopfen

8.49
Fußkonstruktion eingespannter Stützen

einachsige Einspannung
a) Vollwandstütze mit Quertraverse
b) Fachwerkstütze mit Quertraverse und Fußplattenanker

zweiachsige Einspannung
c) Kastenstütze mit Einzelverankerung

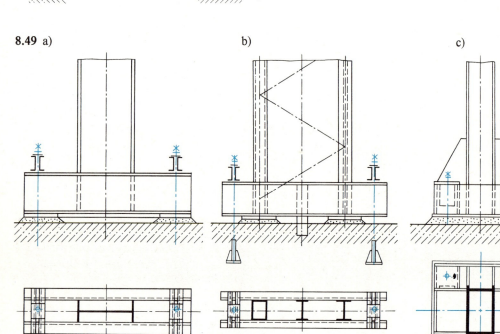

8. Stabilisierung

8.9. Eingespannte Stützenfüße

Konstruktionsbeispiele

8.50
Verankerung mit Fußplattenanker der eingespannten Stützen
in den Achsen A und B nach Bild 11.2

8.51
Zweiachsig eingespannte Vollwandstütze mit kastenförmiger Fußausbildung [8.4]

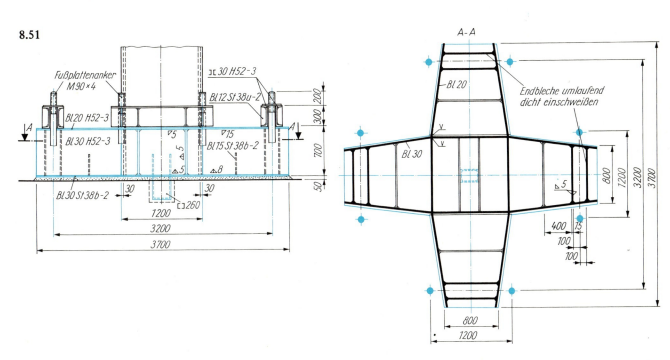

9
Montagetechnologie

9. Montagetechnologie

9.1. Grundlagen

Allgemeines

Voraussetzungen

Die Effektivität der Bau- und Montagedurchführung wird im wesentlichen in der Phase der Produktionsvorbereitung entschieden.
Für die Montagedurchführung gelten die verbindlichen Projektunterlagen, Konstruktions- und Montagezeichnungen sowie die Montagetechnologie.
Vor Montagebeginn ist die volle Baufreiheit zu gewährleisten. Dazu ist es erforderlich, daß die Fundamente fertiggestellt sind und die notwendigen Meßprotokolle vorliegen.

Montageplanung

Die Montageplanung ist ein Teil der gesamten bautechnologischen Planung für ein Bauvorhaben. Es kommt dabei darauf an, wie wechselseitige komplexe Verflechtung von
- Arbeitskräften
- Arbeitsmitteln (Werkzeuge, Geräte, Maschinen, Automaten) und
- Arbeitsgegenständen (herzustellende Produkte, z. B. Bauelemente, Baugruppen, Bauwerke, bauliche Anlagen)

umfassend darzustellen.

Montagetechnologie

Die Darstellungen (Montageprojekte bzw. Montagetechnologien) erfolgen in Form von Beschreibungen, Skizzen, Tabellen, Schematas, Flußdiagrammen o. a. in kurzer übersichtlicher Form.
Ihre Anwendung erfolgt immer im Zusammenhang mit den Projektunterlagen, den Werkstattzeichnungen und den Materiallisten einschließlich der Stücklisten.
Bei der Ausarbeitung spezieller Montagetechnologien für ein Objekt (Objekttechnologie) sind in jedem Fall außer der Konstruktion die konkreten Einflüsse zu berücksichtigen, die durch den Montagebetrieb (Stand der Technik) und die Baustelle (örtliche Gegebenheiten) gegeben sind.

Beispiele für den Inhalt einer Montagetechnologie:
1. Baufreiheit
2. Arbeitsplatz
3. Arbeitsablauf
3.1. Stabilisierung im Montagezustand
3.2. Gliederung des Arbeitsablaufes
3.3. Arbeitsgänge
3.4. Gesundheits-, Arbeits- und Brandschutz
3.5. Qualitätssicherung
3.6. Winterbau
4. Bedarf bautechnologischer Ausrüstungen
5. Hilfs- und Vorhaltematerial
6. Arbeitskräftebedarf
7. Technisch-ökonomische Kennzahlen

Objekttechnologie

Die Ausarbeitung von Objekttechnologien kann durch die Anwendung von Grundsatztechnologien rationalisiert und qualifiziert werden. In der DDR steht der Katalog »Einheitliche Technologie Baumontage« (ETB) zur Verfügung, dabei wird unterteilt in:

VORBEREITUNG | DURCHFÜHRUNG

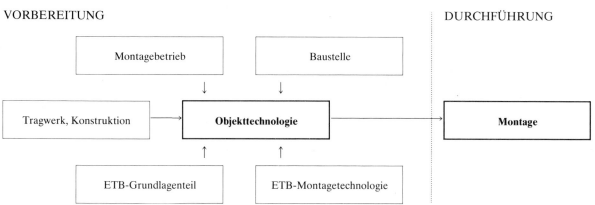

9. Montagetechnologie

9.1. Grundlagen

Konstruktive und technologische Details

Es ist notwendig, eine gewisse Variabilität des Montageprozesses zuzulassen. Das kann durch eine geeignete Wahl der statischen Systeme und durch eine montagegerechte Detailausbildung erreicht werden.
Konstruktiv und technologisch bedingt sind die Details an den Nahtstellen der einzelnen Montagestöße (Stützenmontage, Vormontage, Dachmontage, Wandmontage u. a.). Durch sie wird in entscheidendem Maße die Qualität und Effektivität des industriellen Bauens bestimmt.

Montageprozeß

Entscheidende Konstruktionsdetails für den Montageprozeß:

Konstruktionsdetails

Konstruktiv und technologisch bedingt
Fundament-Stütze, Stütze-Dachtragwerk (einschließlich Auflager), Tragwerk-Hülle, Tragwerk-Hülle-Entwässerung

Konstruktiv bedingt
Stoßausbildung (Tragwerke mit ebener Stabanordnung, Tragwerke mit räumlicher Stabanordnung, Pfetten), Knotenpunktausbildung (Tragwerke mit ebener Stabanordnung, Tragwerke mit räumlicher Stabanordnung), Anschlüsse (Verbände, Tragwerke mit räumlicher Stabanordnung)

Technologisch bedingt
Anschlagpunkte (Bauelement, Baugruppe, Segment), Anschlüsse von Hilfskonstruktionen (starre Bauteile, Abspannseile, Montageblöcke)

Technologische Details (Beispiel: Auflager – Dachtragwerk)
Die Wahl der Unterkonstruktion (Stahlstütze bzw. Stahlbetonstütze) ist ausschlaggebend für das Auflagerdetail. In Abhängigkeit von dem Tragwerk und Auflager wird daher unterschieden in:

Technologische Details

Ebene Baugruppe — Räumliche Baugruppe

Untergurtlagerung:

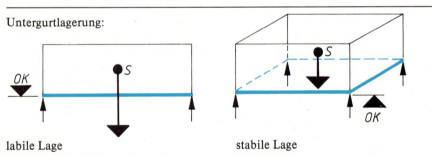

labile Lage — stabile Lage

Obergurtlagerung:

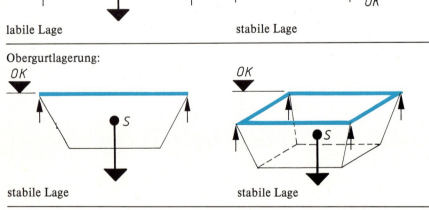

stabile Lage — stabile Lage

9. Montagetechnologie

9.1. Grundlagen

Ausführungsbeispiele

9.1

9.1
Dachsegment mit Obergurtlagerung
Lage vor dem Absetzen auf Stahlstützen

(Foto: *Ingenieurhochschule Cottbus*)

9.2
Aus Gründen der Materialökonomie werden Stahlbetonstützen als Unterkonstruktion – *Mischbauweise* genannt – eingesetzt [9.2].

9. Montagetechnologie

9.2. Auflager

Prinzipien und Beispiele

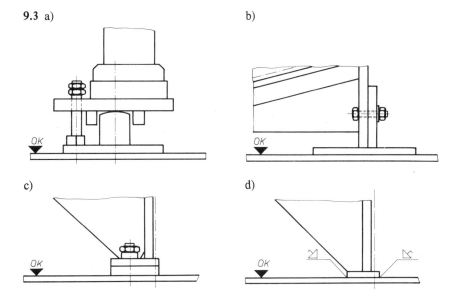

9.3 Auflagerprinzipien

a) Raumgelenk
b) festes Auflager – horizontale Verschraubung
c) festes Auflager – vertikale Verschraubung
d) festes Auflager – Schweißverbindung
e) Auflager nach d) auf dem Montagebock

(Foto: *S. Thomas*, Dresden)

9.4 Auflagerbeispiel nach Bild 9.3 d)

a) Einbauzustand
b) Vormontage

(Foto: *Wartenberg*, Leipzig)

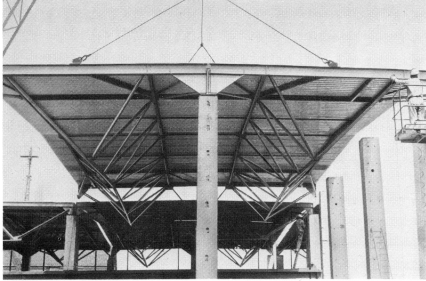

9. Montagetechnologie

9.3. Stoßausbildungen

Baustellenstoß

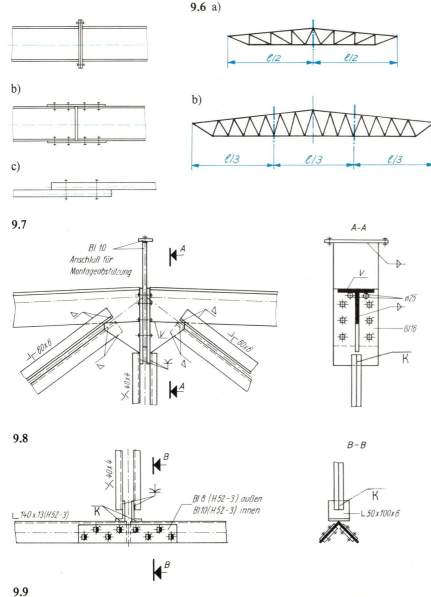

Grundlage
Obwohl im Stahlbau das Prinzip der maximalen Vorfertigung in der Werkstatt weitestgehend realisiert wird, müssen in vielen Fällen Baustellenstöße angeordnet werden (infolge Transportabmessungen, Montage- bzw. Umschlaglasten).

Ausführung
Da Schweißverbindungen auf der Baustelle aufwendig sind, entscheidet man sich in den meisten Fällen für Schraubverbindungen.

9.5
Prinziplösungen bei langgestreckten Traggliedern

a) Stirnplattenstoß
b) Laschenstoß
c) Überlappungsstoß

9.6
Stoßanordnung bei Fachwerken

a) in der Binderhälfte
b) in den Drittelpunkten

9.7
Konstruktive Lösung eines Stirnplattenstoßes im Obergurtfirstpunkt eines Fachwerkträgers mit pfettenlosem Verbunddach

9.8
Konstruktive Lösung eines Laschenstoßes im Untergurt einer Binderhälfte

9.9
Konstruktive Ausbildung eines Obergurtknotens als Laschenstoß
Die mangelhafte Lösung erfordert eine horizontal und eine vertikal angeordnete Stoßlasche.

(Foto: *S. Thomas*, Dresden)

9. Montagetechnologie

9.4. Seitliche Anschlüsse

Baustellenanschluß

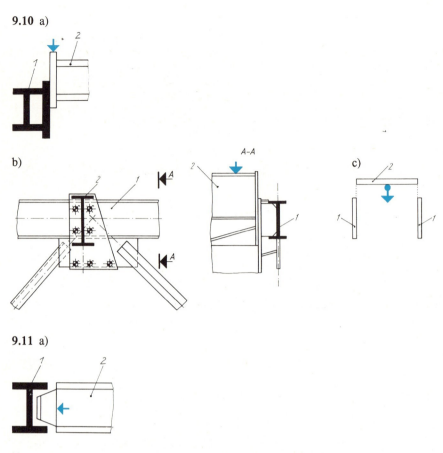

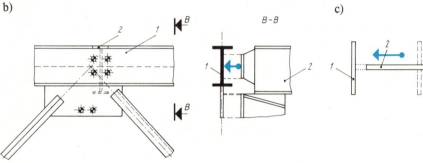

Grundlage
Seitliche Anschlüsse werden u. a. bei der Segmentbildung von Dachtragwerken als räumliche Anschlüsse erforderlich und bilden eine Grundlage für die konstruktive Ausbildung.

Ausführung
Art und Weise der konstruktiven Ausbildung der Anschlüsse bestimmen in der Ausführung die Montagereihenfolge.

Aufgabe
Lastaufnahmemittel sind Vorrichtungen, die zwischen Lasthaken und der zu hebenden Last bei der Montage angeordnet werden. Ihre Gestaltung und Anordnung hat wesentlichen Einfluß auf die Effektivität des Montageverfahrens und auf die Arbeitssicherheit.

Zielstellung
Anwendung von Seilgehängen aus standardisierten Einzelteilen unter Beachtung einer Flurlösbarkeit

9.10
Stumpfer, aufgeschobener Anschluß von Fachwerkgurten und Querträgern oder Stäben

a) Prinziplösung
b) konstruktive Lösung
c) Einbaufolge

1 feststehendes Teil; *2* aufgeschobenes Teil

9.11
Stumpfer, eingeschobener Anschluß von Fachwerkgurten und Querträgern oder Stäben

a) Prinziplösung
b) konstruktive Lösung
c) Einbaufolge

1 feststehendes Teil; *2* eingeschobenes Teil

9.12
Eingeschobener Anschluß beim Raumtragwerk Ruhland
(Heftverbindung)

(Foto: *S. Thomas*, Dresden)

9. Montagetechnologie

9.5. Lastaufnahmemittel

Tafel 9.1, Beispiele

9.13 a)

b)

9.13 Seilgehänge

a) Dachsegment mit Vierseilgehänge nach Tafel 9.1 (Variante 3)
b) Dachsegment mit Seilgehänge und Traverse nach Tafel 9.1 (Variante 4)

(Fotos: *Vieluf*, Dresden)

Tafel 9.1

Varianten für Seilgehänge zur Montage von Bauteilen, Baugruppen bzw. Dachsegmenten in Metalleichtbauweise

LAM	Lastaufnahmemittel
h_{LAM}	Höhe des Lastaufnahmemittels
S	Seilkombination
SP	Montagespreizen, Traverse
L	Lasthaken
F	Spezialtraverse

Variante 1

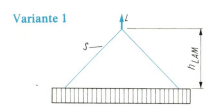

Variante 2

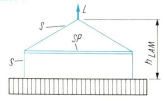

Variante 3

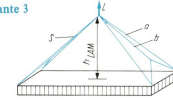

Variante 4

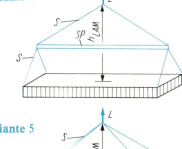

Variante 5

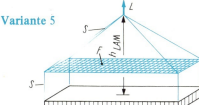

Variante 1
Vorzugslösung für Einzelteile und ebene Binder (starre Gebilde)

Variante 2
Anwendung bei Gefahr eines Ausweichens aus der Binderebene nach Variante 1

Variante 3
Vorzugslösung für starre räumliche Gebilde
a) Vierseilgehänge
b) Variante zum Vierseilgehänge (gespreizt)

Variante 4
Verminderung der horizontalen Beanspruchung in Längsrichtung nach Variante 3

Variante 5
Lastaufnahmemittel sichert die Aufnahme vertikaler Lasten

9. Montagetechnologie

9.6. Anschlagpunkte

Prinziplösungen, Beispiele

9.14 a)

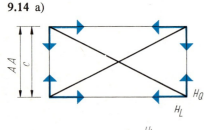

b)

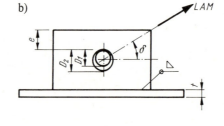

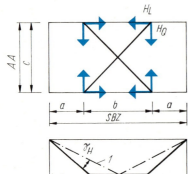

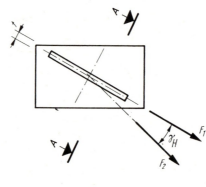

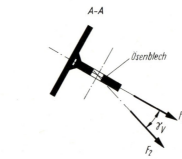

9.15 a)

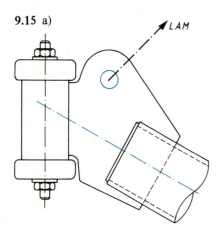

b)

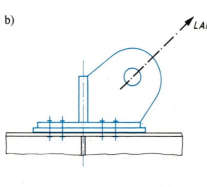

c)

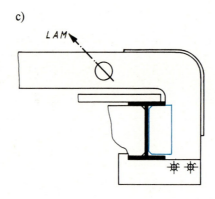

Zielstellung

Ausbildung von Anschlagpunkten an Bauteilen, Baugruppen und Dachsegmenten unter Beachtung einer rationellen Lastaufnahmemitteltechnik

Gruppe 1

integrierter Bestandteil eines Konstruktionselementes, siehe Bild 9.15 a)

Gruppe 2

lösbar mit dem Bauteil verbundenes zusätzliches Element, siehe Bild 9.15 b)

Gruppe 3

fest mit dem Bauteil verbundenes zusätzliches Element, siehe Bild 9.15 c)

9.14

Schema der Lasteintragung bei Seilgehängen

a) Variabilität bei Seilgehängen
b) belastungsmäßige Auswirkungen am Anschlagpunkt bei der Anwendung unterschiedlicher Seilgehänge

γ_H Abweichungen der Kraftrichtungen im Grundriß, wenn an Stelle des Seilgehänges *(1)* das Seilgehänge *(2)* angewandt wird

γ_V Abweichung der Kraftrichtung in der Senkrechten, wenn an Stelle des Seilgehänges *(1)* das Seilgehänge *(2)* angewandt wird

δ Winkel am Anschlagpunkt ($30° \leq \delta \leq 90°$)

F_1 Richtung der Seilkraft am Anschlagelement für ein planmäßiges Vierseilgehänge *(1)*

F_2 Richtung der Seilkraft, wenn an Stelle von *(1)* das Seilgehänge *(2)* zum Einsatz kommt
(1) Vierseilgehänge, nach Tafel 9.1 (Variante 3)
(2) gespreiztes Vierseilgehänge, siehe Tafel wie bei *(1)*

t Dicke des Anschlagelementes

$D_B = D_1$ Bolzendurchmesser des Anschlagmittelteiles (Schäkel)

$D_L = D_2$ Lochdurchmesser des Anschlagelementes

e minimaler Randabstand in Richtung der Seilkraft

9.15

Konstruktionsbeispiele für die Ausbildung von Anschlagpunkten

a) integriertes Konstruktionselement
b) lösbares Konstruktionselement
c) zusätzliches Hilfskonstruktionselement

9. Montagetechnologie

9.6. Anschlagpunkte

Konstruktionsbeispiele

9.16 a)

b)

9.17 a)

b)

9.16
Anwendung von Seilschlupps

a) Anbringen eines Seilschlupps bei stabförmigen Bauteilen (z. B. Träger)
b) Seilschlupps, befestigt am Randträger eines Montagesegmentes

9.17
Ausführungsbeispiele von Anschlagpunkten

a) Hilfselement in Verbindung mit einer Anschlagrippe
b) angeschweißte Anschlagöse

(Fotos: *S. Thomas*, Dresden)

9. Montagetechnologie

9.7. Dachsegment-Kranmontage

Grundlage

Der konstruktive Aufbau der Dachsegmente als Montagesegmente gestattet es, großflächige Dachsegmente (siehe Bilder 6.42 bis 6.48 und 9.20 bis 9.29) zu ebener Erde vorzumontieren und anschließend als Montageeinheit mit dem Kran zu heben.

Vorteile

Damit wurde ein neuer Weg im Hallenbau beschritten, der zu Bauzeitverkürzungen und Verbesserungen der Arbeitssicherheit beitrug.

Kraneinsatz Dachsegmente

Die konstruktive Entwicklung der Dachsegmente für Serienerzeugnisse hat in jedem Fall unter Beachtung der Vorzugslösung MT 1.1 nach Tafel 9.2 zu erfolgen. Werden Krane mit einer Tragfähigkeit $P_{Kran} > 100\,t$ erforderlich, sind Überlegungen zur Montagetechnik MT 6.1 oder 6.2 vorzunehmen.
Sollen die Serienerzeugnisse für Hallenkomplexe $A > 5\,Tm^2$ nach Tafel 9.2 eingesetzt werden, muß die Montagetechnik MT 5 geprüft werden. Alle anderen Montagetechniken nach Tafel 9.2 sind Sonderfälle, deren Anwendung beschränkt ist.

Einsatzkriterien

Im Rahmen der konstruktiven Entwicklung von Dachsegmenten sind die technisch erforderlichen Kranparameter (Hakenhöhe, Ausladung, Tragkraft) zu ermitteln. Die Realisierbarkeit der technisch erforderlichen Kranparameter ist zu überprüfen.

Kranspezifische Untersuchungen erfolgen gegenwärtig in der Regel erst im Zusammenhang mit der montagetechnologischen Bearbeitung der Dachsegmente. Es ist notwendig, diese Untersuchungen im Zusammenhang mit den Festlegungen zum Komplettierungsgrad vorzunehmen.

Im Rahmen der Konstruktionsbearbeitung sind folgende Untersuchungen vorzunehmen: Festlegung der Kranstandpunkte unter Beachtung der Vorlagerung bzw. des Transportes der Dachsegmente in den Schwenkbereich des Montagekranes und Bestimmung der erforderlichen Kranparameter für eine Einkranmontage mit ADK/MDK als Vorkopfmontage. Ein ökonomischer Kraneinsatz läßt sich aus dieser Ermittlung allerdings nicht ableiten, dazu sind organisatorische und betriebsspezifische Kriterien bei der unmittelbaren Einsatzplanung zu berücksichtigen [6.3].

Die Gewährleistung eines planmäßig arbeitsschutztechnisch einwandfreien Zusammenbaus ist wichtig für die Arbeitssicherheit der Montagekollektive, hat aber auch erheblichen Einfluß auf den Arbeitszeitaufwand und auf die Montagekosten.

Tafel 9.2 zeigt die für die von Dachsegmenten in Frage kommenden Montagetechniken und nennt die Vorzugslösung sowie spezielle Anwendungsfälle.

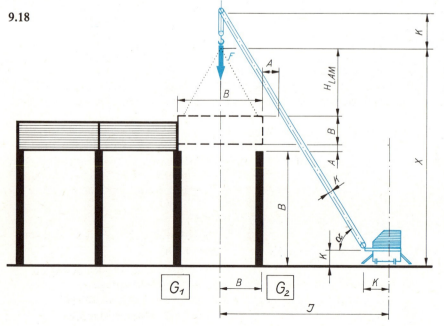

9.18
Bauwerk als Grundlage für die Ermittlung spezifischer Parameter für die Kranmontage

K kranspezifische Parameter
B geometrische Parameter der Konstruktion
A arbeitstechnische Parameter
X erforderliche Hakenhöhe
I erforderliche Ausladung
P erforderliche Tragkraft
G_1, G_2 Montagegerüste

| 9. Montagetechnologie | 9.7. Dachsegment-Kranmontage | Tafeln 9.2, 9.3 |

Tafel 9.2
Montagetechniken für den Hub von Dachsegmenten

Lfd. Nr.	Montagetechniken (MT)	Beurteilung	Lfd. Nr.	Montagetechniken (MT)	Beurteilung
MT 1.1	Einkranmontage ADK/MDK Vorkopfmontage	Vorzugslösung	MT 4	Hubschraubermontage	Sonderfall baustellenbedingt
MT 1.2	Einkranmontage ADK/MDK Seitenmontage	spezielle Baustellenbedingungen	MT 5	Hubbühnenmontage	Anwendung bei Hallenkomplexen $A > 5$ Tm^2
MT 1.3	Mehrkranmontage	Einsatz von Kranen geringer Tragfähigkeit	MT 6.1	Kranlose Montage mechanischer Hub	beengte Baustellenverhältnisse, Fehlen großer Krane
MT 2	TDK Montage	Sonderfall baustellenbedingt	MT 6.2	Kranlose Montage hydraulischer Hub	
MT 3	Derrickmontage	Sonderfall baustellenbedingt	MT 6.3	Kranlose Montage pneumatische Hubkissen	Sonderfall

Tafel 9.3
Aufwand für Dachsegmente mit unterschiedlichem Komplettierungsgrad 10.2 [1])

Kennzahlen	Dachsegment			
	Variante 1	Variante 2	Variante 3	Variante 4
erforderliche Kranklasse für die Montage	30–45 t	20–30 t	80–110 t	30–45 t
Verhältnis zwischen Vormontagezeit (V) und Montagezeit (M) in %	M 71,5 / V 28,5	M 35,5 / V 64,5	M 6,3 / V 93,7	M 39,6 / V 60,4
Zeitaufwand für Vormontage und Montage in h/m^2	0,66	0,42	0,30	0,36
Spezifik	Jedes zweite Feld wird als Dachsegment mit zwei Bindern, Pfetten und Dachelementen vormontiert. Die Zwischenfelder werden durch Einzelmontage von Pfetten und Dachelementen geschlossen. Diese Variante wurde beim TBK 6000 bereits angewandt (mit oder ohne Dachelemente, siehe Bild 9.6).	Das Dachsegment besteht aus einem Binder, Pfetten und Dachelementen. Der Pfettenstoß befindet sich in Feldmitte. Je Segmentstoß wird ein Dachelement einzeln verlegt.	Sie ähnelt Variante 2, jedoch werden zwei Binder mit Pfetten und Dachelementen vormontiert. Bild 9.20 zeigt das Prinzip dieser Montagevariante in der Anwendung bei einem Rekonstruktionsvorhaben. Bei diesem Dachsegment wurden auch Teile der Dachentwässerung und der Wand in die Vormontage einbezogen.	Das Dachsegment setzt sich aus zwei Bindern und über den gesamten Binderabstand überkragenden Pfetten zusammen; der Pfettenstoß liegt über dem Binder des bereits montierten Segmentes. Die Dachelemente des Feldes mit überkragenden Pfetten werden nachträglich montiert. Diese Variante wurde mit der Dachkonstruktion des TBK 6000 erprobt, siehe Bild 9.21.

■ Vormontiertes Dachsegment bzw. Teilsegment   □ nachträglich zu montierende Bauteile

[1]) Als Grundlage für den Vergleich diente das »Fachwerk 80« bei einer Stützenhöhe von 9,60 m für die Halle.

9. Montagetechnologie

9.7. Dachsegment-Kranmontage

Prinziplösungen, Ausführungsbeispiele

9.19

Variante 1

Variante 2

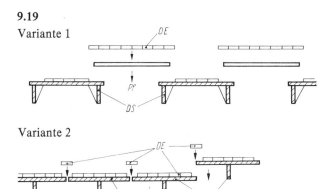

Variante 3

Variante 4

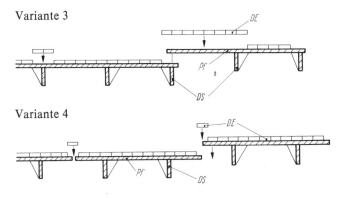

9.20

9.21

Wechselwirkung zwischen Tragwerk + Konstruktion + Montage

Voraussetzung für die weitere Industrialisierung im Hallenbau ist die Durchsetzung der Einheit von Konstruktion, Technologie und Ökonomie. Die Weiterentwicklung material- und energiearmer, fertigungs- und montagegerechter Dachkonstruktionen als Montagesegmente für Hallenkomplexe unter 5000 m² Grundfläche setzt beim Entwurf der Konstruktion eine planmäßige Berücksichtigung der Variabilität des Vormontage- und Komplettierungsgrades voraus.
Montagen einzelner Baugruppen als Teilsegmente sind möglich (siehe Tafel 9.4). Bild 9.19 zeigt vier prinzipielle Möglichkeiten als Varianten auf [9.2]. Eine Gegenüberstellung der Aufwandkennziffern für die Vormontage und Montage der vier Varianten zeigt Tafel 9.3 [9.2].

9.19

Prinzipielle Möglichkeiten der Segmentmontage
Varianten 1 bis 4 [9.2]

DS vormontiertes Dachsegment
DE Dachelement
Pf Pfette

9.20

Montage eines Dachsegmentes
der Variante 3 und Tafel 9.4 bei einem Rekonstruktionsvorhaben [9.3]

9.21

Montage eines Teilsegmentes mit überkragenden Pfetten
nach Variante 4, Tafel 9.3 und Tafel 9.4. Infolge der großen Schlankheit der auskragenden Pfetten hat sich diese Variante in der Montage noch nicht durchgesetzt. [9.2]

9. Montagetechnologie

9.7. Dachsegment-Kranmontage

Tafel 9.4 Komplettierbare Dachsegmente durch Baugruppen

Montageschema	Erläuterungen
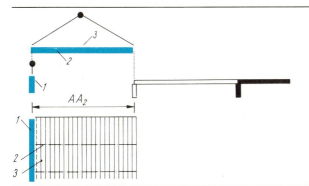	*Montage* Binder *(1)* in Einzelmontage und komplettierbare Baugruppe aus Pfetten und Dachpfetten *(2)* und Dachhüllelementen *(3)* *Anforderungen* - hohe Genauigkeitsanforderungen in der Vormontage der Pfetten-Dachhautsegmente - spezielle Montagetraverse erforderlich - Montageverbindungen nach dem Hub der Baugruppen

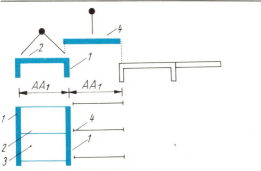	*Montage*
	Fachwerkbinder *(1)* und Pfetten *(2)* bilden eine Baugruppe, komplettierbar mit Dachhüllelementen *(3)*.
	
	Anforderungen
	- nachträgliche Einzelmontage der Zwischenfelder:
	  Pfetten
	  Dachhüllelemente

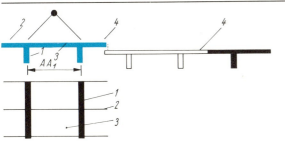	*Montage* Binder *(1)* verbunden mit überkragenden Pfetten *(2)*; *3* Komplettierung mit Dachhüllelementen *Anforderungen* - *4* Pfettenverbindung in Feldmitte
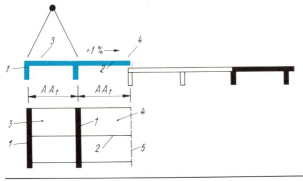	*Montage* *1* Binder und überkragende biegesteife Elemente (Pfetten, *2*), *3* Komplettierung mit Dachhüllelementen *Anforderungen* - Nachweis der Schwerpunktlage für die Festlegung der Lastaufnahmemittelgeometrie ist erforderlich; *5* Stabilisierung - Neigung in Richtung der bereits montierten Segmente 1% - Kräfteumlagerung zwischen Lastaufnahmemittel und Dachsegment nachweisen; während des Hubes müssen alle Dachhüllelemente *(4)* (Kragbereich) im Feld 3 gelagert werden.
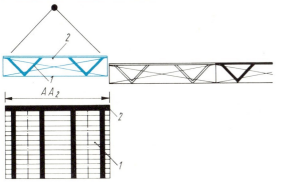	*Montage* Dreigurt-Fachwerkträger *(1)* verbunden mit Randträgern *(2)*, komplettierbar wie die anderen Beispiele maximal komplettierbares Dachsegment *Anforderungen* - Einzelmontage von Randträgern und Dreigurtträgern bei entsprechender Anschlußlösung möglich - teilweise Montageverbände erforderlich - In bestimmten Fällen sind Montageabspannungen erforderlich.

9. Montagetechnologie

9.7. Dachsegment-Kranmontage

Ausführungsbeispiele

Zielstellung

Wichtigstes Kriterium bei der Entwicklung von Dachsegmenten zu ebener Erde mit anschließendem Hub ist die Einbaulage.
In Abhängigkeit von konstruktiven Restriktionen kann das durch drei Möglichkeiten erreicht werden:
1. maximal komplettierbare Dachsegmente
2. Teilsegmente
3. vormontierbare Baugruppen.

9.22

9.22
Vormontage zu ebener Erde
Montagehilfsmittel beim Zusammenbau der Dachsegmente

9.23

9.23
Teilkomplettierte Segmente
aufgelagert auf luftbereiften Einzelfahrwerken für den Zwischentransport

9.24
Vormontage mit Fließfertigung zu ebener Erde

(Fotos: *S. Thomas*, Dresden)

9.24

9. Montagetechnologie

9.8. Kombinierte Dachsegmentmontage

Prinziplösung

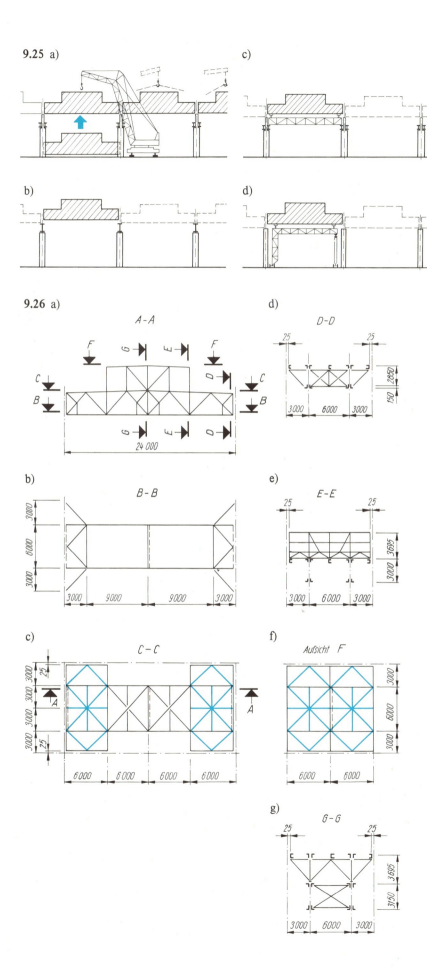

Montageablauf

Horizontaler Antransport der vormontierten und komplettierten Dachsegmente zu ebener Erde,
Hub und Vorbereitung zum Horizontaltransport der Dachsegmente in etwaiger Einbauhöhe nach Bild 9.25 a) und 9.27:
- Heranrollen der Dachsegmente zum Einbauort auf Trägern, vorzugsweise auf den vorhandenen Kranschienen, mit Hilfe demontierbarer Rollenelemente, befestigt an den Untergurtknoten nach Bild 9.25 b) und 9.29
- Heranrollen der Dachsegmente auf speziellen horizontalverschieblichen Transportbühnen auf Kranschienen nach Bild 9.25 c)
- wie vor auf Bodengleisen nach 9.25 d).

9.25

Schematische Darstellung einer kombinierten Dachsegmentmontage
Roll on – Roll off [9.3]

a) Hub in etwaige Einbauhöhe
b) Anrollen auf vorhandenen Kranschienen mit demontierbaren Rollelementen
c) Anrollen auf vorhandenen Kranschienen mit speziellen Transportbühnen
d) Anrollen auf Bodengleisen mit speziellen Transportbühnen

9.26

Beispielanwendung der kombinierten Dachsegmentmontage [9.3]

Schmiedewerk in Losovsk (UdSSR), erbaut 1973, siehe Bilder 9.25 bis 9.29

Dachsegment 12 m × 24 m

a) Längsschnitt A-A nach c)
b) Untergurtebene nach Schnitt B-B von a)
c) Obergurtebene nach Schnitt C-C von a)
Durch die Verwendung von Stahltrapezprofilblech als Dachscheibe konnten die unmittelbar darunter vorhandenen Verbände (farbig gekennzeichnet) entfallen.
d) Randträger nach Schnitt D-D von a)
e) Randausbildung mit Oberlichtgestaltung nach Schnitt E-E von a)
f) Aufsicht F auf die Dachlaterne (Oberlicht)
Die unmittelbar darunter vorhandenen Verbände (farbig gekennzeichnet) konnten infolge der schubsteifen Dachscheibe (Strahltrapezprofilblech) entfallen.
g) Querschnitt G-G in Segmentmitte nach a)

183

9. Montagetechnologie

9.8. Kombinierte Dachsegmentmontage

Ausführungsbeispiele

9.27

Bild 9.27 bis 9.29
Ausführungsbeispiel für die Anwendung der kombinierten Dachsegmentmontage in der UdSSR

9.27
Hub und Schwenkung eines Dachsegmentes zur Vorbereitung des Horizontaltransportes, siehe Bild 9.25 a)

9.28
Absetzen des Dachsegmentes auf demontierbare Rollelemente, befestigt an den vier Eckknotenpunkten des Segmentes

9.29
Heranrollen der Dachsegmente zum Einbauort auf demontierbaren Rollelementen unter Nutzung der vorhandenen Kranschienen, siehe Bild 9.25 b)

9.28

9.29

9. Montagetechnologie

9.8. Kombinierte Dachsegmentmontage

Schubsteife, Dachscheibe

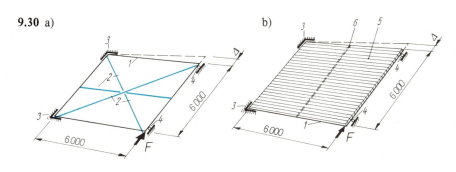

9.30 a) b) c)

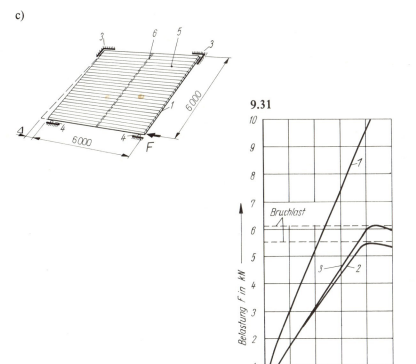

9.31

Bild 9.30 und 9.31
Experimentelle Untersuchungsergebnisse der Verbundwirkung eines Schubfeldes aus Stahltrapezprofilblech und Randträgern gegenüber einem Schubfeld mit Verbänden [9.3]

9.30
Experimentell untersuchte Schubfelder

a) Verband
b) und c) Stahltrapezprofilblech, Kraftrichtung senkrecht zur Profilierung b) und parallel zur Profilierung c)
d) konstruktive Ausbildung des Schubfeldes nach a)
e) konstruktive Ausbildung des Schubfeldes nach b) und c)

1 äußere Begrenzung des Schubfeldes durch Stahlträger; *2* aussteifende Verbände aus Stahlprofilen; *3* horizontale Auflager, unverschieblich; *4* vertikale Auflager, horizontal verschieblich; *5* Stahltrapezprofilblech; *6* Träger zur Reduzierung der Stützweite für das Profilblech ($l = 3{,}0$ m)

9.31
Verschiebung der Schubfelder in Abhängigkeit von der Einzelkraft F

Kurve 1 Schubfeld nach Bild 9.30 a)
Kurve 2 Schubfeld nach Bild 9.30 b)
Kurve 3 Schubfeld nach Bild 9.30 c)

9.30 d)

e)

9. Montagetechnologie

9.9. Dachsegmentmontage mit leichten Hubmechanismen

Kranloser Hub

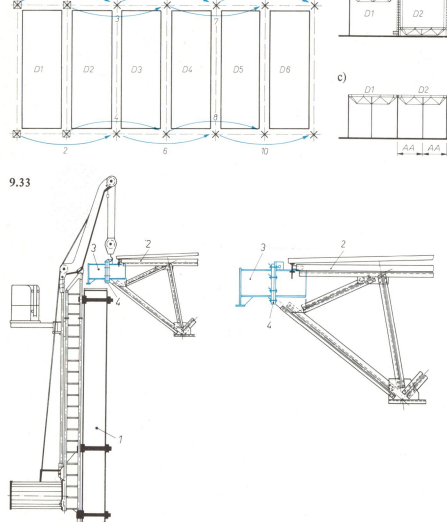

9.32 a) b) c)

9.33

9.34

Anwendungskriterien

Während die Anwendung pneumatischer Hubkissen noch keine baupraktische Bedeutung hat, stellen der elektromechanische bzw. der hydraulische Hub ernsthafte Alternativlösungen zur Kranmontage dar.
Ihr Anwendungsgebiet liegt insbesondere dort, wo beengte Baustellenverhältnisse vorliegen (z. B. in Rekonstruktionskomplexen) bzw. beim Heben schwerer Dachsegmente (Dachsegmentfläche ≥ 360 m² $\triangleq$ Segmentgröße ≥ 12 m $\times$ 30 m).
Wesentliches Kriterium für eine effektive Anwendung des kranlosen Hubes ist unter Berücksichtigung des Hubes die konstruktive Ausbildung der Stützen (Stützengeometrie und -anordnung).

Bild 9.32 bis 9.34
Kranloser Hub mit elektromechanischer Ausrüstung

9.32
Montageübersicht bei einschiffigen Hallen

a) im Hallengrundriß vormontierte Dachsegmente (D1–D6) und Umsetzoperationen der Hubausrüstung (1–10)
b) D1 gehoben, nach Umsetzoperationen 1 und 2 D2 zum Hub angeschlagen
c) Montage der Dachsegmente abgeschlossen, Windstiele im Achsabstand AA eingebaut

9.33
Anordnung der Hubausrüstung an der Stütze

1 Stütze; *2* Dachsegment; *3* schwenkbare Auflagerkonsole; *4* Montagestoß

9.34
Dachsegment nach Abschluß des Hubvorganges

10

Hüll- und Ausbauelemente

10. Hüll- und Ausbauelemente

10.1. Funktionelle Grundlagen

Grundlagen

Umhüllungselemente von Metalleichtbauten unterliegen einer vielseitigen Beanspruchung. Die wesentlichsten Einflüsse ergeben sich einmal aus der natürlichen Umwelt der Gebäude (äußere Faktoren). Sie gliedern sich nach [5.4] in folgende Hauptkomponenten:
- Witterungseinflüsse durch Schnee, Regen, Wind u. a.
- Wärmeeinwirkung durch Lufttemperatur und Strahlung
- Luftverunreinigungen durch unterschiedliche Medien
- Lärm- und Geräuscheinwirkungen
- Erschütterungen
- mechanische und andere Beanspruchungen bei der Montage sowie bei Pflege- und Unterhaltungsmaßnahmen
- Wärmebelastung aus der technologisch-funktionellen Nutzung
- Feuchtigkeitseinflüsse aus Raumluft, Wasserdampf
- betriebliche Emissionen, wie Säure, Gas, Staub, Lärm.

Äußere Einflußfaktoren

Innere Einflußfaktoren

Gebrauchswert-Anforderungen
Statisch-konstruktiv
Funktionell-technologisch

Sanitär-hygienisch

Aufnahme und Weiterleitung von Eigen- und Verkehrslasten
Schutz vor äußeren Klimaeinflüssen und schnelle Abgabe von Emissionen an die Außenatmosphäre unter Beachtung der Umweltschutzanforderungen
Gewährleistung bestimmter raumklimatischer Verhältnisse, Oberflächentemperaturen usw., die zum Wohlbefinden der Menschen beitragen

Aus der Vielzahl möglicher Kombinationen von Anforderungen ergibt sich auch die international anzutreffende Vielfalt der Konstruktionslösungen für leichte Umhüllungen sowohl im stofflichen als auch in den geometrischen Parametern und konstruktiven Verbindungslösungen. Folgende Lösungen sind z. B. für Dachdeckungen gegenwärtig als Hauptkategorien anzusehen:

Umhüllungsarten
Wahl

Mit der Wahl dieser oder jener technischen Lösung für Dächer und Außenwände werden im allgemeinen Entscheidungen von großer ökonomischer Tragweite getroffen, da durch sie neben dem einmaligen Aufwand für die Investitionen insbesondere die laufenden Betriebs- und Pflegeaufwendungen beeinflußt werden.
Diese Abhängigkeit stellt sich aufwandsmäßig als Optimierungsproblem zwischen dem einmaligen Investitionsaufwand und dem Aufwand beim Nutzen, Betreiben und Unterhalten der Konstruktionen dar.

Investitionsaufwand

Ein Hauptproblem besteht in der bauphysikalisch, besonders wärme- und feuchtigkeitstechnisch richtigen Dimensionierung, in einem abgestimmten Materialeinsatz und in der werkstoffgerechten Ausführung und Wartung der leichten Dach- und Außenwandelemente.

Bauphysik

Die Leichtbauvarianten werden z. Z. vorwiegend mit folgenden Baustoffen bzw. Materialkombinationen realisiert:
1. Bitumenbahnen auf Tragschichten (z. B. Stahlbeton)
2. Asbestzement-Welltafeln, gepreßt und teilweise autoklav behandelt mit verschiedenen Oberflächenvergütungen
   Aluminiumtafeln, meist als Trapez- oder Wellprofile mit unterschiedlicher Oberflächenbehandlung
   Stahlblechtafeln, meist als Trapezprofile mit verzinkter und kunststoffbeschichteter oder anderweitig vergüteter farbiger Oberfläche
   in zunehmendem Umfang Plastprofilplatten und -bänder auf unterschiedlicher Materialgrundlage

10. Hüll- und Ausbauelemente

10.1. Funktionelle Grundlagen

Grundlagen

Umhüllungsarten

3. und 4. Bitumendämmdeckungen auf Tragschichten aus Stahlbeton, Stahl- und Aluminium-Profilblechen mit unterschiedlichen, meist organisch-künstlichen Dämmstoffen
5. Außenwände aus Rahmenelementen mit umlaufenden Holz- oder Metallrahmen und unterschiedlichen Dämm- und Deckschichten
6. zweischalige Dachdeckungen und Außenwände mit Wetterschalen aus Asbestzement- und Metallblech-Profiltafeln sowie Dämmschalen auf der Basis von Mineralwollen oder Plastschäumen (leichte Mehrschichtelemente).

Schematische Darstellung des Einflusses der Umhüllungskonstruktionen auf die Nutzungskosten von Gebäuden

Laufender Aufwand aus den Umhüllungskosten

Amortisationsaufwendungen	Betriebsaufwendungen	Pflege- und Wartungsaufwendungen
- Dach und Wandflächen	- Heizung, Lüftung, Klima	- Dach- und Wandflächen
- TGA-Anlagen	- Beleuchtung	- TGA-Anlagen

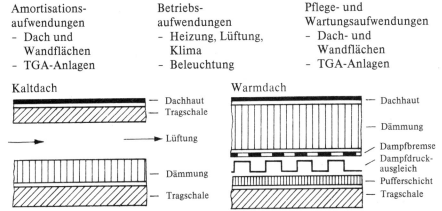

Dachausbildung

Der Einsatz sogenannter Kaltdächer kommt nur für Lagerhallen mit geringen Gebrauchswertanforderungen in Frage. In der Regel handelt es sich dabei um bauliche Lösungen, die lediglich den Zweck des Wetterschutzes für bestimmte Lagergüter zu erfüllen haben.

Einsatz

Für den überwiegenden Teil eingeschossiger Industriegebäude ist auf Grund der Nutzung für Produktionszwecke u. dgl. eine wärmegedämmte Ausführung der Dachkonstruktion erforderlich. Zwei Konstruktionsprinzipien haben sich als effektiv erwiesen.

In der Praxis bewährte Dach- und Wandelemente einschließlich Fensteranschlüsse und unterschiedliche Materialübergänge werden mit einigen ausgewählten Konstruktionsdetails vorgestellt (Tafeln 10.2 und 10.3).

Details

Bei den für Umhüllungen zur Anwendung kommenden Konstruktionslösungen handelt es sich i. allg. um Kombinationen von Schichten aus Baustoffen mit unterschiedlichen materialtechnischen Eigenschaften. Soweit diese Eigenschaften zur Erfüllung der Funktionen einzelner Schichten notwendig sind, wie z. B. geringe Wärmeleitfähigkeit bei Wärmedämmschichten, hoher Diffusionswiderstand bei Dampfsperren und Wasserdichtigkeit, ergeben sich daraus keine Probleme.

Ökonomischer Materialeinsatz und werkstoffgerechte Ausführung

Schäden aber können auftreten beim festen Zusammenfügen von Materialien mit stark abweichenden temperaturbedingten Formänderungen (Dehnen und Verkürzen), mit feuchtigkeitsbedingten Formänderungen (Quellen und Schwinden) sowie z. B. durch Ausdiffundieren von Gasen verursachte Volumenabnahmen, die zu Riß- und Fugenbildungen, Verwölbungen sowie Ablösen von Deckenschichten führen können.

Temperatureinflüsse

Wichtig sind in dieser Hinsicht beispielsweise die funktionstüchtigen und beständigen Ausbildungen von Kehlen, Mulden, Durchbrüchen, Attika- und Ortgangvarianten sowie anderen Anschlußpunkten. Vor allem sollte es darum gehen, die Details von vornherein konstruktiv so auszubilden, daß ihre Funktionsfähigkeit durch die Ausführung kaum beeinflußt werden kann.

Konstruktive Ausbildung

Die funktionssichere Lösung der mit dem Leichtbau verbundenen wärme- und feuchtigkeitstechnologischen Probleme ist eine Grundvoraussetzung für die Breitenanwendung dieser Gebäude. Dabei sind sowohl der sommerliche Wärmeschutz als auch die Fragen der Kondensatbildung in die komplexe Betrachtung des nutzungsgerechten Bauens einzubeziehen.

Wärme- und Feuchtigkeitsschutz Leichtbau-Spezifik

10. Hüll- und Ausbauelemente

10.1. Funktionelle Grundlagen

Grundlagen

Bei traditionellen Gebäuden sind infolge der großen Baumasse und der daraus resultierenden hohen Speicherfähigkeit eine ausreichende Wärmebeharrung der Dach- und Wandbauteile und eine gute Thermostabilität der Bauwerke bei instationären Temperatureinflüssen im Sommerzustand gewährleistet.

Die Massenreduzierung beim Leichtbau bringt zwangsweise einen Verlust an Wärmespeicherfähigkeit mit sich, die einen Verlust an Temperaturstabilität und damit ein ungünstigeres Sommerverhalten nach sich zieht. Werden dadurch die nutzungstechnologischen Forderungen an die maximal zulässige mittlere Raumlufttemperatur überschritten, so müssen technische oder bauliche Maßnahmen zur Absenkung der thermischen Belastung getroffen werden. Dazu eignen sich die Verkleinerung oder Verschattung großer Glasflächen, Spezialverglasungen, die Erhöhung der flächenbezogenen Masse der Fußböden, die Ausbildung zweischaliger hinterlüfteter Außenkonstruktionen u. a.

International wird zunehmend die Tendenz sichtbar, Konstruktions- und Verbindungslösungen einzusetzen, die die Gefahr der Bildung von Oberflächenkondensat auf ein Minimum beschränken. Das ist meist mit erhöhtem Investitionsaufwand verbunden, erscheint aber durch die Verringerung des Betriebs- und Pflegeaufwandes während der Nutzung der Gebäude voll gerechtfertigt.

Von großer Bedeutung für die Funktionstüchtigkeit und die Bestandssicherung einer Konstruktion ist ihr Verhalten gegenüber Wasserdampfdiffusion. Die Bewertungskriterien sind:

Bei Verwendung von Wärmedämmstoffen, die bei zeitweiliger Kondensatbildung ihr Dämmvermögen behalten und in ihrem Bestand nicht gefährdet sind, die ausgeglichene jährliche Feuchtebilanz, d. h., die anfallende Kondensatmenge darf nicht größer sein als die in der Defizitperiode entweichende.

Bei Verwendung von verrottungsgefährdeten Dämmaterialien, die unter zeitweiliger Feuchteeinwirkung ihr Dämmvermögen teilweise oder völlig einbüßen, ist die Kondenswasserfreiheit zu fordern.

Leichtkonstruktionen sind besonders anfällig hinsichtlich der Bildung von Oberflächenkondensat. Während die Normalbereiche der Dächer und Außenwände infolge des meist hohen Wärmedurchlaßwiderstandes ungefährdet sind, besteht bei Fugen, Anschlüssen und konstruktiv bedingten Durchbrüchen die Gefahr der Oberflächenkondensatbildung. An diesen Punkten weisen Leichtkonstruktionen häufig Wärmebrücken auf, die konstruktiv nur schwer zu beseitigen sind.

Die Wechselwirkungen zwischen der wärmetechnischen Ausbildung der Umhüllungskonstruktionen von Gebäuden und dem dadurch beeinflußten laufenden Energieaufwand für die Heizung, Lüftung oder Klimatisierung bei der Nutzung der Gebäude treten gegenwärtig immer mehr in den Vordergrund volkswirtschaftlicher Untersuchungen.

Untersuchungen an ausgewählten Beispielen eingeschossiger Gebäude zeigen in etwa die Zusammensetzung der Energieverluste und damit gleichzeitig einige Entwicklungsschwerpunkte

- Wärmeverluste durch natürlichen Luftwechsel   etwa 56 Prozent
- Transmissionswärmeverluste durch geschlossene Wandflächen   etwa 14 Prozent
- Transmissionswärmeverluste durch verglaste Wandflächen   etwa 30 Prozent

Für die Senkung der Wärmeverluste durch die Art der Ausführung der baulichen Hülle und damit zur Verringerung des laufenden Nutzungsaufwandes sind folgende Tendenzen anzustreben:

- Senkung des natürlichen Luftwechsels durch verbesserte Dichtung der Fugen von Wand- und Dachelementen, insbesondere der Fenster und Oberlichter
- Verbesserung der Wärmedämmung der geschlossenen Dach- und Außenwandkonstruktionen in Übereinstimmung mit den funktionell-technologischen Anforderungen im Gebäude
- Senkung des Flächenanteils der verglasten Teile der Gebäudehülle auf das beleuchtungstechnisch notwendige Maß bzw. Verringerung des Verglasungsteils bei gleichem Beleuchtungsniveau durch günstigere Anordnung von Fenstern und Oberlichtern.

Marginalien:
- Traditionelle Bauweise
- Oberflächenkondensatbildung
- Wasserdampfdiffusion
- Durchbrüche, Oberflächenkondensat, Wärmebrücken
- Energiebewußtes Konstruieren
- Wechselwirkung: Energieaufwand/Konstruktion
- Senkung der Wärmeverluste

10. Hüll- und Ausbauelemente

10.1. Funktionelle Grundlagen

10.2. Vorschriften

Grundlagen

Zur Gesamtproblematik des wärme- und feuchtigkeitstechnischen Verhaltens von leichten Dächern und Außenwänden liegt bei der Bauakademie der DDR sowie bei dem VEB MLK eine Vielzahl von Einzelergebnissen in Form von Berechnungsvorschriften, Rechenprogrammen, Experimentaluntersuchungen und daraus abgeleiteten Konstruktionslösungen vor.
Entscheidend ist das Optimum zwischen einmaligem Investitions- und laufendem Nutzungsaufwand. Die Qualität der Umhüllungen wirkt entscheidend ein auf die Nutzungsqualität des Gesamtgebäudes.

Folgerung

Die auf den Blättern dargestellten Varianten sind Auszüge aus dem Angebotskatalog (Projektierungsrichtlinien) des VEB MLK.

Grundlagen

Der Katalog bezieht sich auf kittlose Verglasung im Industriebau, eine Anwendung im Gewächshaus- und Wohnungsbau ist nicht möglich.
Bei Katalog-Anwendung ist immer auf Aktualität sowie auf die Verbindlichkeit der entsprechenden Vorschriften zu achten.

Projektierungshinweise

Folgende Übersichtszeichnungen sind zu liefern:
Grundrisse, Schnitte, Ansichten und Stahlbauwerkstattzeichnungen des zu verglasenden Bauwerkes.
Es müssen ersichtlich sein:

Erforderliche Arbeitsgrundlagen

im Grundriß:
- zu verglasende Gebäudeachsen
- nicht zu verglasende Gebäudeachsen mit Angabe des Wandbaustoffes
- Ecklösung der Längswand und des Giebels
- Tor- und Türöffnungen
- Gebäudefugen (Bewegungsfugen)

im Gebäudeschnitt und in den Ansichten:
- Höhe, Wandstärke und Baustoffe der Wand und/oder der Brüstung
- Lage und Profil der Wandriegel bzw. der Giebelwandriegel
- Ausbildung der Traufe bzw. des Ortes mit Gesimsüberstand
- Lage und Anzahl der Lüftungsflügel, Art der Ausbildung und Bedienung
- Tor- und Türöffnungen, Lage und Größe sowie Anschlußdetail an kittlose Verglasung
- technologische und bautechnische Aussparungen innerhalb der Verglasungsfläche
- vermaßte Gebäudefugen
- Lage der Regenfallrohre und Steigleitern
- bei Oberlichtverglasung Angaben analog zu vorgenannten Punkten
- Verglasungsart, Glassorte

10. Hüll- und Ausbauelemente

10.3. Baukörperanschlüsse

Übersichten

10.1 a)

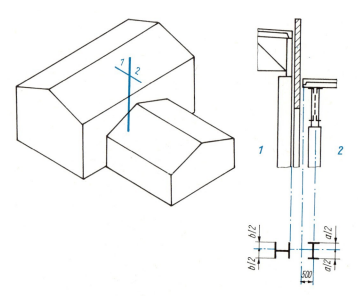

10.1 Übersichten

a) Giebelanschluß an Längswand
b) Längswandanschluß an Giebel
c) Giebelanschlüsse
d) Querreihung
e) Giebelreihung mit abgesetzten Traufhöhen und Dehnfuge mit Wand
f) Giebelanschluß mit durchgehenden Trauf- und Firsthöhen

b)

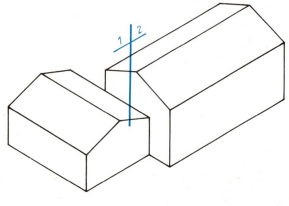
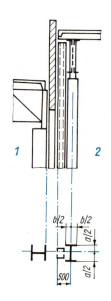

c)

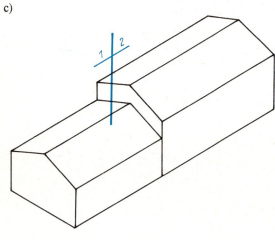
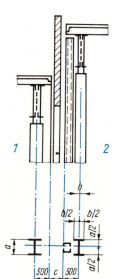

192

10. Hüll- und Ausbauelemente

10.3. Baukörperanschlüsse

Übersichten

10.1 d)

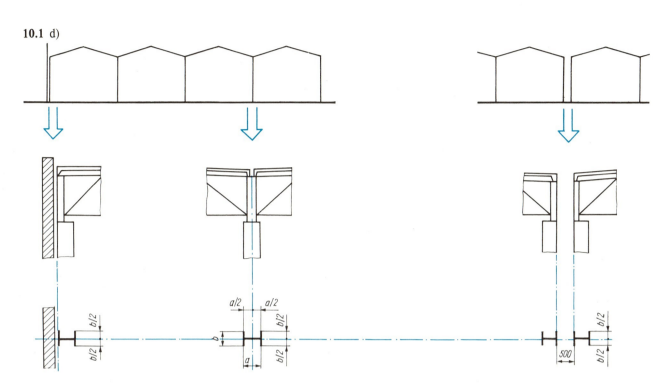

Randabschluß — Mittelstütze — Dehnungsfuge

e)   f)

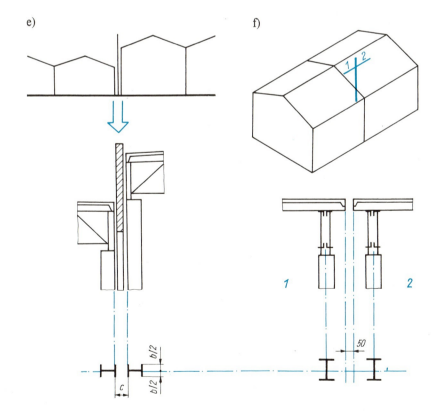

10. Hüll- und Ausbauelemente

10.4. Wandausbildung im Industriebau

Prinzipien

10.2

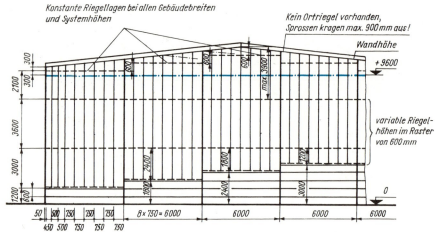

10.2
Beispiel Giebelwand *(VEB MLK)* bei
- 10 % Dachneigung
- Systemhöhe (SH) 9,60 m
- Binderabstand (BA) 6,00 m

10.3
Lichtbänder in kittloser Verglasung auf drei Brüstungsvarianten *(VEB MLK)*

10.3

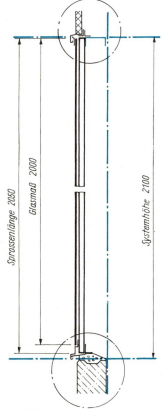 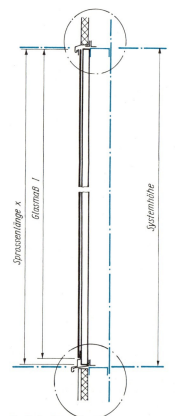 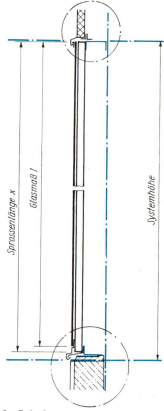

1. Schnitt:
Lichtbänder auf Beton-Brüstung

2. Schnitt:
Lichtbänder in leichten Wänden

3. Schnitt:
Lichtbänder auf GSB-Brüstung (Gassilikatbeton)

Generelle Angaben über:

Glasmaß l in mm	Sprossenlänge x in mm	Systemhöhe in mm
1310	1340	1350
1760	1790	1800
1910	1940	1950
2360	2390	2400
1620, 1320	2990	3000
1620, 1910	3590	3600

10. Hüll- und Ausbauelemente

10.4. Wandausbildung im Industriebau

Prinzipien

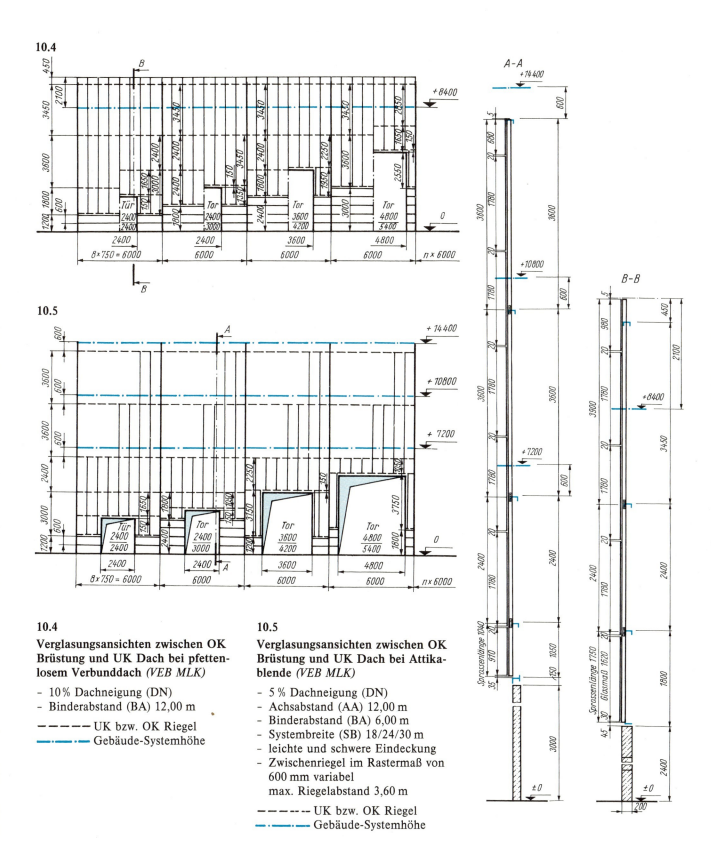

10.4
Verglasungsansichten zwischen OK Brüstung und UK Dach bei pfettenlosem Verbunddach *(VEB MLK)*

- 10 % Dachneigung (DN)
- Binderabstand (BA) 12,00 m

– – – – – UK bzw. OK Riegel
—·—·— Gebäude-Systemhöhe

10.5
Verglasungsansichten zwischen OK Brüstung und UK Dach bei Attikablende *(VEB MLK)*

- 5 % Dachneigung (DN)
- Achsabstand (AA) 12,00 m
- Binderabstand (BA) 6,00 m
- Systembreite (SB) 18/24/30 m
- leichte und schwere Eindeckung
- Zwischenriegel im Rastermaß von 600 mm variabel
  max. Riegelabstand 3,60 m

– – – – – UK bzw. OK Riegel
—·—·— Gebäude-Systemhöhe

10. Hüll- und Ausbauelemente

10.4. Wandausbildung im Industriebau

Tafel 10.1 Außenwandarten nach Bauwerkteil, Außenwände

Ausführungsprinzip	Ohne Wärmedämmung			
Konstruktionsprinzip/ Bezeichnung	Asbestzement-Welltafeln	Al-Trapezprofilband	EKOTAL-Trapezprofilblech	
Wandausführung				
Profilform in mm	51/177/6	35/150/0,7...1,0	25/167/0,8	48/250/0,7...0,9
Systemmaße der abgedeckten Wandfläche in mm	873/2400	750/12000	1000/18000	1000/18000
Eigenmasse, bezogen auf die Deckfläche in kg/m²	14,2	1,96...3,49	10,07	9,41...11,96
Wärmeschutztechnische Eigenschaften				
Wärmedurchlaßwiderstand R in m²K/W	-	-	-	-
Wärmedurchgangswert k in W/m²K	-	-	-	-
Spannweite der Wandelemente bei ...N/m² Windbelastung[2]) in mm	75 - 2400[2])	55 - 2400 bei 0,7 siehe Vorschrift der STBA[4]) 10/76		
Größte Riegelabstände in mm	2400	2400	2400	2400
Feuerwiderstand fw in min	0	0	0	0
Oberflächenschutz	-	-	sendzimierverzinkt beschichtet	
Erforderliche Unterkonstruktion	Riegel aus Stahl	Riegel aus Stahl	Riegel aus Stahl	
Verankerung	Hakenschrauben	Hakenschrauben	Hakenschrauben	
Standard/Zulassung	TGL 117-0065 TGL 22896		Sondergenehmigung 1/72 Vorschrift der STBA 10/76	
Segmentausführung				
Systemgröße Segment				
a in mm	6000			
SH TBK 12000 in mm	-			
SH TBK 6000 in mm	4800...n × 1200...9600 (Rahmenhalle 5700, 6900, 8100)			
SH Attika H_1 in mm	-			
SH Brüstung s_1 in mm	600...n × 600, vorzugsweise 1200 und 1800			
Unteres Fensterband h_1 in mm	900, 1200, 1800			
Oberes Fensterband h_2 in mm	1200			
Türen, Tore aus Stahl b/h in mm	Türen: 1200/2400, 2400/2400; Tore: 2400/3000, 3600/3600, 3600/4200, 4800/5400			

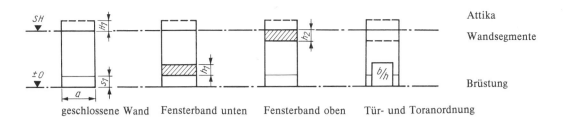

geschlossene Wand	Fensterband unten	Fensterband oben	Tür- und Toranordnung

wärmedämmend

AL-PUR-Al (2 × 0,8-mm-Al-Deckschicht)	St-PUR-St (2 × 0,7-mm-St-Deckschicht)	Gasbeton 0,70/50	Leichtbeton[1]
988/50, 988/80	988/50, 988/80	5970/597/200	5980/1180/190
max. 9000/1000	≥ 250/1000, ≤ 16000/1000	6000/600	6000/1200
6,5 (ohne Verbindungs- 7,5 mittel)	14,5 (ohne Verbindungs- 16,0 mittel)	170	293
1,73 2,80	1,71[3] 2,78	0,75	0,28
0,51 0,32	0,54 0,34	1,03	2,23
55-3000, 55-4200[2] 75-2700, 75-3600[2]	55-4000, 55-4700[2] 75-3400, 75-3750[2]	75-6000[2]	100-6000[2]
3000, 4200	4700		6000
0	0	180	240
-	-	Putz, Plastputz	-
Riegel aus Stahl	Riegel aus Stahl	Stützen	Stützen
Schraubenverankerung	Schraubenverankerung	Hakenschrauben	Bügelverankerung
Zulassung	Zulassung 131/75	TBE-AK 71-7	TBE-AK 63-125

6000

4800...n × 1200...14400

4800...n × 1200...9600 (Rahmenhalle 5700, 6900, 8100)

n × 600 (n × 300 bei FWB, 5 % mit Verbunddach)

600...n × 600, vorzugsweise 1200 und 1800

900, 1200, 1800, 2400

900, 1200, 1800, 2400

[1] Anwendung von Leichtbeton nur mit Zustimmung des VEB BLK Dresden
Größte Riegelbelastung (Wind) nur Winddruck
[2] Nach TGL 20167/01 Windlasten für Gebäudehöhe ≤ 10 m = 550 N/m² und 10 m < Gebäudehöhe ≤ 20 m = 750 N/m² (Werte gelten nur bis t_e < −20 °C!)
Außenwände aus PUR-AZ keine Regellösung
Die wärmeschutztechnischen Werte beziehen sich jeweils auf den Baustoff bzw. das Bauelement ohne Berücksichtigung konstruktiv bedingter Wärmebrücken.
[3] Elementenormalwert gemäß neuestem Anwendungskatalog
[4] STBA: Staatliche Bauaufsicht

10. Hüll- und Ausbauelemente

10.5. Konstruktionsbeispiele

Tafel 10.2 Konstruktionsbeispiele im Dachbereich

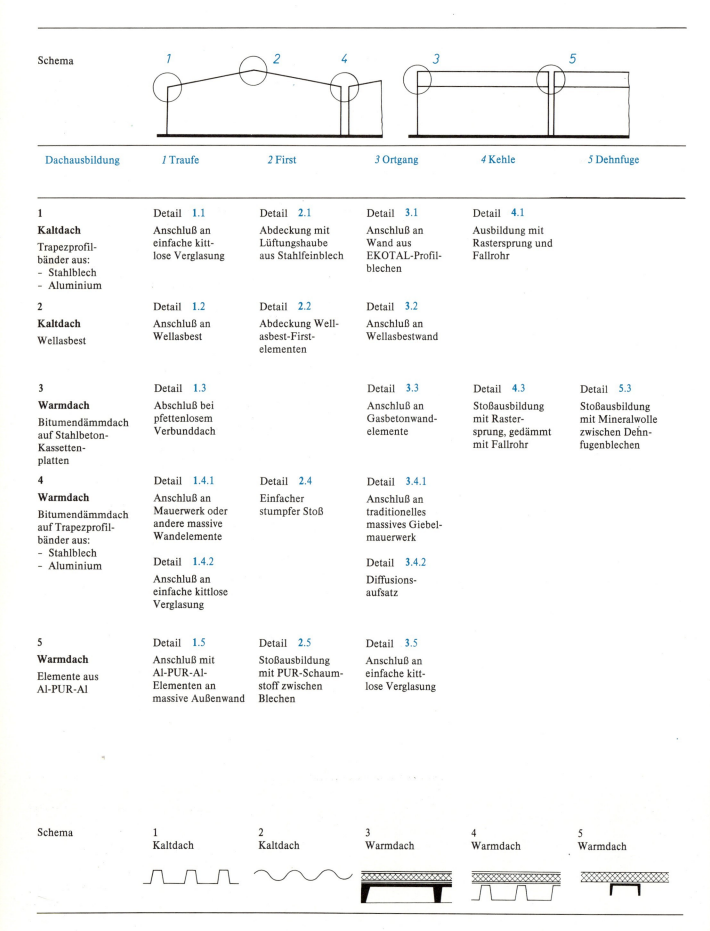

Schema	*1*	*2*	*4*	*3*	*5*
Dachausbildung	*1* Traufe	*2* First	*3* Ortgang	*4* Kehle	*5* Dehnfuge
1 Kaltdach Trapezprofilbänder aus: – Stahlblech – Aluminium	Detail **1.1** Anschluß an einfache kittlose Verglasung	Detail **2.1** Abdeckung mit Lüftungshaube aus Stahlfeinblech	Detail **3.1** Anschluß an Wand aus EKOTAL-Profilblechen	Detail **4.1** Ausbildung mit Rastersprung und Fallrohr	
2 Kaltdach Wellasbest	Detail **1.2** Anschluß an Wellasbest	Detail **2.2** Abdeckung Wellasbest-Firstelementen	Detail **3.2** Anschluß an Wellasbestwand		
3 Warmdach Bitumendämmdach auf Stahlbeton-Kassettenplatten	Detail **1.3** Abschluß bei pfettenlosem Verbunddach		Detail **3.3** Anschluß an Gasbetonwandelemente	Detail **4.3** Stoßausbildung mit Rastersprung, gedämmt mit Fallrohr	Detail **5.3** Stoßausbildung mit Mineralwolle zwischen Dehnfugenblechen
4 Warmdach Bitumendämmdach auf Trapezprofilbänder aus: – Stahlblech – Aluminium	Detail **1.4.1** Anschluß an Mauerwerk oder andere massive Wandelemente Detail **1.4.2** Anschluß an einfache kittlose Verglasung	Detail **2.4** Einfacher stumpfer Stoß	Detail **3.4.1** Anschluß an traditionelles massives Giebelmauerwerk Detail **3.4.2** Diffusionsaufsatz		
5 Warmdach Elemente aus Al-PUR-Al	Detail **1.5** Anschluß mit Al-PUR-Al-Elementen an massive Außenwand	Detail **2.5** Stoßausbildung mit PUR-Schaumstoff zwischen Blechen	Detail **3.5** Anschluß an einfache kittlose Verglasung		

Schema	1 Kaltdach	2 Kaltdach	3 Warmdach	4 Warmdach	5 Warmdach

10. Hüll- und Ausbauelemente

10.5. Konstruktionsbeispiele

Tafel 10.3 Konstruktionsbeispiele Attika, Fenster/Wand, Brüstung, Wandanschlüsse

Vertikal-Schnitte

- 6 Attika / Fenster
- 7 Wand + Tor + Fenster

6 Wandelemente:	7 Stahl-PUR-Stahl Massivwand Glaswand

Schema — Horizontal-Schnitte

Achslage:
- 8 Normal
- 9 Dehn- bzw. Bewegungsfuge
- 10 Ecke

Detail 6.1
Attikaausbildung mit Dämmplatten aus PUR-Hartschaum zwischen Alu-Trapezblechen

Detail 7.1
Brüstungsanschluß Stahl-PUR-Stahl auf Gasbeton-Wandplatten

1 Gasbeton

Detail 8.1
Stoßausbildung Gasbeton an Gasbeton-Wandelementen

Detail 9.1
Fugenausbildung mit Gasbeton-Wandbausteinen zwischen Gasbeton-Wandelementen

Detail 10.1
Eckausbildung Anschluß Gasbeton an: doppelte kittlose Verglasung an Giebelseite

Detail 6.2
Anschluß einfacher kittloser Verglasung an Stahl-PUR-Stahl-Wandplatten

Detail 7.2.1
Brüstungsanschluß einfacher kittloser Verglasung an massive Wand

2 Kittlose Verglasung an Gasbeton

Detail 8.2.
Anschluß einfacher kittloser Verglasung an Massivwand (z. B. Beton)

Detail 10.2
wie vor; doppelte kittlose Verglasung an Längsseite

Detail 6.3
Fensterrahmenelement m. doppelter kittloser Verglasung zwischen Gasbeton-Wandelementen

Detail 7.2.2
wie vor; mit doppelter kittloser Verglasung

3 Eckverglasung

Detail 10.3
Einfache kittlose Eckverglasung

Detail 6.4
Glaswand aus doppelter kittloser Verglasung

Detail 7.3.1
Anschluß einfacher kittloser Verglasung an Tür- oder Torriegel

4 Stahl-PUR-Stahl

Detail 9.4
Fugenausbildung 150 mm, PUR-Weichschaum zw. Stahl-PUR-Stahl-Wandplatten

Detail 6.5
Glaswand aus einfacher kittloser Verglasung

Detail 7.3.2
Anschluß einfacher kittloser Verglasung an Tür- oder Torgewände

5 Stahl-PUR-Stahl an kittlose Verglasung

Detail 8.5.1
Anschluß einfacher kittloser Verglasung an Stahl-PUR-Stahl-Wandelemente

Detail 9.5
Fugenausbildung 50 mm, PUR-Weichschaum zw. Stahl-PUR-Stahl-Wandelementen und randgedämmter doppelter kittloser Verglasung

Detail 8.5.2
wie vor; mit dreifacher kittloser Verglasung

Detail 7.4
Regenfallrohrhalterung im Bereich einfacher kittloser Verglasung

6. Glasstoß

Detail 8.6
horizontaler Glasstoß bei dreifacher kittloser Verglasung

Detail 9.6.1
Fugenausbildung 150 mm zwischen einfacher kittloser Verglasung

Detail 9.6.2
Fugenausbildung 50 mm, PUR-Schaumst. zwischen doppelter kittloser Verglasung

10. Hüll- und Ausbauelemente

10.5. Konstruktionsbeispiele

Tafel 10.4 Dachanschluß am Ortgang (Giebelbereich)

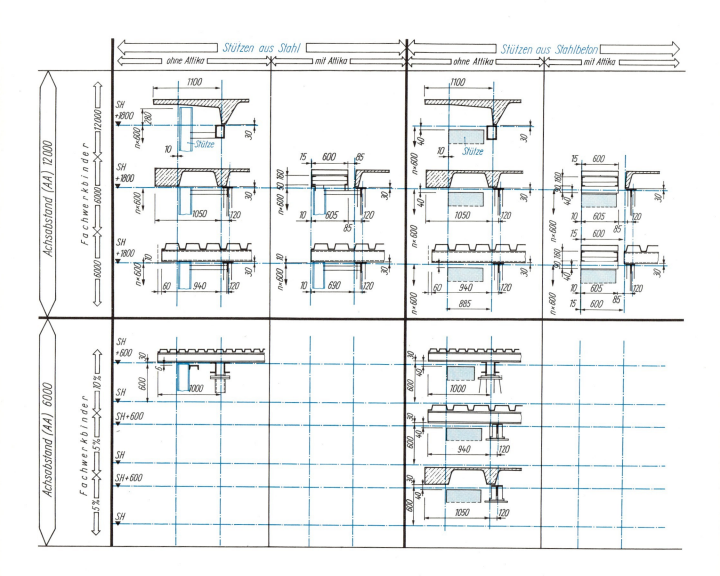

10. Hüll- und Ausbauelemente

10.5. Konstruktionsbeispiele

Zeichnungssystem

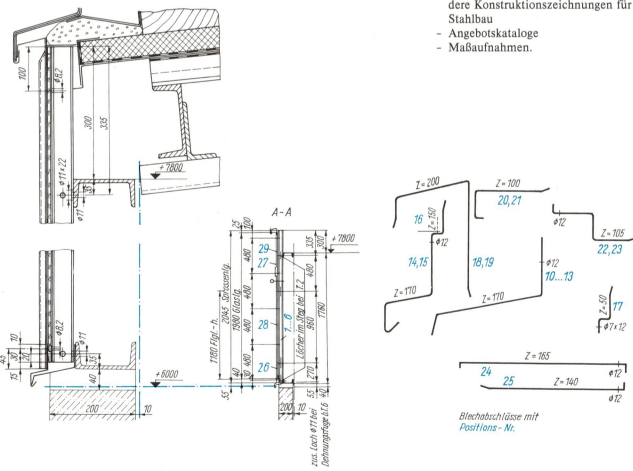

10.6

Beispiel: Zeichnungssystem – Ausführungsunterlagen für Feinstahlbau nach MLK-Standard MLK-S 1503/02 (Auszug)

Anwendung

Dieser Standard gilt für die Erzeugnisse des Feinstahlbaues, z. B.:
- kittlose Verglasung + Fenster + Türen + Tore + Jalousien aus Stahl
- Fassadenelemente

Bemerkung

Das Zeichnungssystem erfaßt die als Ausführungszeichnungen definierten technischen Unterlagen; dazu gehören:
- Konstruktions- und Teilzeichnungen
- Stücklisten.

Arbeitsgrundlagen

Arbeitsgrundlagen zur Herstellung der technischen Unterlagen sind:
- Projektzeichnungen
- Ausführungszeichnungen; insbesondere Konstruktionszeichnungen für Stahlbau
- Angebotskataloge
- Maßaufnahmen.

Blechabschlüsse mit Positions-Nr.

10. Hüll- und Ausbauelemente

10.5. Konstruktionsbeispiele

Detailbilder zu Tafel 10.2/10.3 Traufe

Detail 1.1

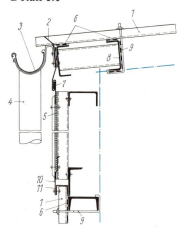

Detail 1.1

Traufe – Anschluß EKOTAL-Dachplatten an einfache kittlose Verglasung

1 EKOTAL-Trapezprofilblech; *2* Traufblech mit Zahnleiste; *3* verzinkte Dachrinne; *4* verzinktes Regenfallrohr; *5* einfache kittlose Verglasung (Drahtglas); *6* PE-Folie; *7* Stahlfeinblech; *8* Pfette; *9* Hülsenhakenschraube; *10* Abdeckblech; *11* Blechkappe

Detail 1.2

Traufe – Wellasbestdachelemente mit Anschluß an EKOTAL-Stahltrapezprofil-Wandelemente

1 Asbestzement-Welltafeln; *2* Traufenfußstück; *3* Hülsenhakenschraube; *4* Pfette; *5* Zylinderschneidschraube; *6* Rinnenhalter; *7* verzinkte Dachrinne; *8* Traufblech; *9* Wandriegel; *10* EKOTAL-Trapezprofilblech; *11* verzinktes Regenfallrohr

Detail 1.3

Traufe bei pfettenlosem Verbunddach – mit Anschluß an einfache kittlose Verglasung

1 Stahlbeton-Verbundplatte; *2* Holzdübel; *3* Rinnenhalterung; *4* U-Profil Sprosse; *5* oberer Abschlußwinkel; *6* Auflageband; *7* Drahtglas; *8* Dichtungsband; *9* Deckschiene; *10* oberer Blechabschluß

Detail 1.4.1

Traufe Bitumendämmdach auf EKOTAL-Trapezprofilblech mit Anschluß an massive Außenwand

1 1 Lage Glasvliesdachbelag; *2* 2 Lagen 500er Pappe; *3* MS-HWL Platte 50 mm; *4* 1 Lage 500er phenolfreie Bitumendachpappe; *5* EKOTAL-Trapezprofilblech; *6* Pfette; *7* Ausstopfung mit Schlackenwolle; *8* Traufblech; *9* Schlitz für Randentspannung; *10* Traufblech; *11* Traufblech; *12* Wandanker; *13* massive Außenwand

Detail 1.4.2

Traufe Bitumendämmdach auf EKOTAL-Trapezprofilblech mit Anschluß an einfache kittlose Verglasung

1 1 Lage Glasvliesdachbelag; *2* 2 Lagen 500er Bitumendachpappe; *3* 1 Lage 50-mm-MS-Holzwolleleichtbauplatten; *4* 1 Lage 500er Bitumendachpappe (phenolfrei, Dampfbremse); *5* EKOTAL-Trapezprofilblech; *6* Pfette; *7* Schlackenwollefüllung; *8* Holzbohle 200/50 mm; *9* Schlitz für Randentspannung; *10* Traufeinhang aus EKOTAL-Blech; *11* Traufblech; *12* U-Profil (Wandanker); *13* massive Außenwand; *14* Halteblech; *15* Befestigungsriegel; *16* einfache kittlose Verglasung

Detail 1.5

Traufe mit Al-PUR-Al-Dachelementen mit Anschluß an massive Außenwand

1 Al-PUR-Al-Dachelemente 50 mm dick; *2* Korrosionsschutzbinde; *3* Chemiplastabdichtung; *4* PUR-Hartschaum (auf Baustelle eingepaßt); *5* 2facher Anstrich mit phenolfreiem Bitumen; *6* Pfette; *7* Einhangblech; *8* U-Profil; *9* Traufblech; *10* verzinkte Stahlblechhalterung; *11* Rinnenhalter; *12* verzinkte Dachrinne

Detail 1.2

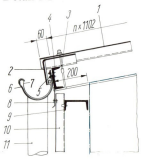

Detail 1.3

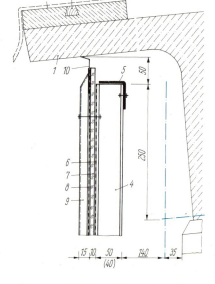

Detail 1.4.1

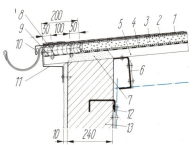

Detail 1.4.2

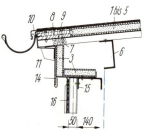

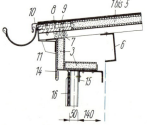

Detail 1.5

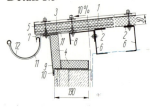

10. Hüll- und Ausbauelemente

10.5. Konstruktionsbeispiele

Detailbilder zu Tafel 10.2/10.3 First

Detail 2.1

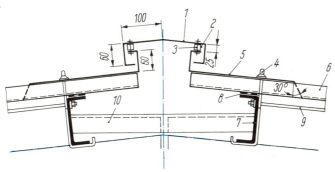

Detail 2.1
Firstausbildung mit Lüftungshaube bei Kaltdach mit EKOTAL-Trapezprofilblech oder Wellaluminium

1 Lüftungshaube aus Stahlfeinblech; *2* Distanzrohr; *3* Sechskantschraube; *4* Hülsenhakenschraube mit Kunststoffdichtungselementen; *5* Firstblech mit Zahnleiste aus Stahlfeinblech; *7* Pfette; *8* auf Pfette aufgeklebte PE-Folie; *9* Zugstange; *10* horizontale Verankerung an Firstpfetten

Detail 2.2

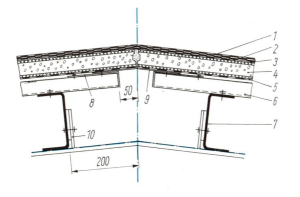

Detail 2.2
Firstausbildung mit Wellasbestdacheindeckung

1 zweiteilige Wellasbest-Firstkappe in Kitt verlegt; *2* Asbestzement-Welltafeln; *3* Hülsenhakenschraube; *4* Pfette

Detail 2.4

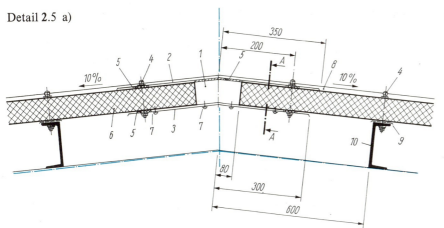

Detail 2.4
Firstausbildung bei Bitumendämmdach aus EKOTAL-Trapezprofilblech

1 nackte 500er Bitumenpappe; *2* 1 Lage Glasvliesdachbelag; *3* 2 Lagen 500er Bitumenpappe; *4* 1 Lage 500-mm-MS-HLW-Platten; *5* 1 Lage 500er Bitumendachpappe (phenolfrei; Dampfbremse); *6* EKOTAL-Trapezprofilblech; *8* und *9* EKOTAL-Bleche; *10* angeschweißte Pfettenhalterungsbleche

Detail 2.5
Firstausbildung mit Al-PUR-Al

a) Firstschnitt
b) Längsfugenschnitt *A-A*

1 PUR-Schaumstoff; *2* äußeres Firstblech; *3* inneres Firstblech; *4* Verschraubungselemente; *5* Dichtungsband; *6* Al-PUR-Al-Elemente; *7* Blindniet; *8* Deckprofil Firstkappe; *9* aufgeklebte PE-Folie; *10* Pfette

Detail 2.5 a)

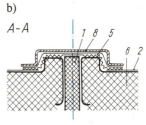

b)

10. Hüll- und Ausbauelemente

10.5. Konstruktionsbeispiele

Detailbilder zu Tafel 10.2/10.3 Ortgang

Detail 3.1

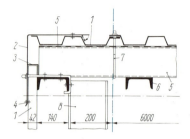

Detail 3.2

Detail 3.3

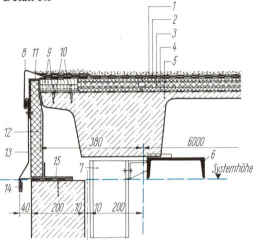

Detail 3.4.1

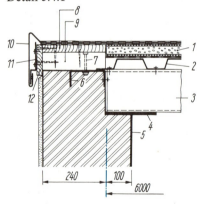

Detail 3.4.2

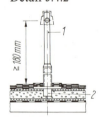

Detail 3.1

Ortausbildung und Wandanschluß mit EKOTAL-Trapezprofilblechen

1 EKOTAL-Trapezprofilblech; *2* Giebelwinkelblech; *3* Blechkappe; *4* Zylinderblechschraube; *5* aufgeklebte PE-Folie; *6* Fachwerkobergurt; *7* Hülsenhakenschraube; *8* Windstütze

Detail 3.2

Ortausbildung und Wandanschluß mit Wellasbest

1 Giebelwinkelblech; *2* Asbestzementwelltafeln; *3* Hülsenhakenschraube mit Sechskantschraube; *4* Pfette; *5* Wandriegel

Detail 3.3

Ortausbildung eines Bitumendämmdaches und eines Gasbetonwandanschlusses

1 gebundene Splittschicht; *2* Dachhaut aus 3 Lagen 500er Bitumendachpappe; *3* Dämmschicht aus MS-HLW-Platten; *4* Dampfbremse aus 1 Lage 500er Bitumendachpappe; *5* Stahlbeton-Dachkassettenplatten; *6* Fachwerkobergurt; *7* Windstütze; *8* Ortblech (verzinktes Feinstahlblech); *9* Holzbohlen (mit Einschnitten für Randentspannung); *10* Senkholzschraube; *11* Flachstahlhalteriegel; *12* Mineralwolle-Platten; *13* Giebeldach (wie *8*); *14* Halteblech (wie *8*); *15* oberes Winkelblech (wie *8*)

Detail 3.4.1

Ortausbildung eines Bitumendämmdaches und eines massiven Wandanschlusses (Mauerwerk)

1 Dachaufbau nach Detail 3.3; *2* EKOTAL-Trapezprofilblech; *3* Pfette; *4* Auflageprofil; *5* Ausmauerung mit Leichtbausteinen; *6* Auflager U-Profil; *7* Befestigungsschraube; *8* Bohle; *9* Kantholz; *10* Ortblech; *11* Anschlagblech; *12* Brett

Detail 3.4.2

Diffusionsaufsatz

1 Diffusionsaufsatz aus PVC mit Grundplatte; eingeklebten Anschlußstützen und Wetterschutzhaube; *2* im Bereich des Standrohres Anschluß an Diffusionskanäle herstellen

10. Hüll- und Ausbauelemente

10.5. Konstruktionsbeispiele

Detailbilder zu Tafel 10.2/10.3 Ortgang, Kehle

Detail 3.5

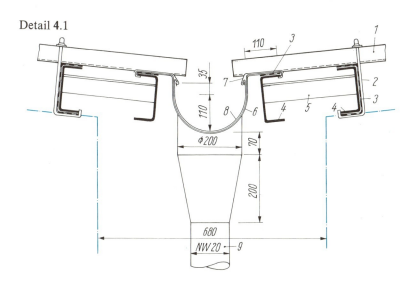

Detail 4.1

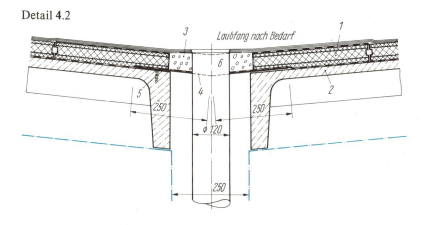

Detail 4.2

Detail 3.5
Ortausbildung mit Al-PUR-Al-Elementen mit Anschluß an einfache kittlose Verglasung

1 50 mm dicke Al-PUR-Al-Elemente; *2* Fugenausbildung nach Detail 2.4b); *3* Befestigungsschraube mit Dichtungselementen; *4* Korrosionsschutzbinde (PE-Folie); *5* Abdeckprofil; *6* Moosgummidichtung; *7* Ortblech; *8* Zylinderschraube mit Dichtungsscheiben; *9* Flachstahlhalterung; *10* Winkelblech; *11* Pfette; *12* Windstütze; *13* U-Profil Abstandhalterung; *14* Sprosse; *15* einfache kittlose Verglasung (Drahtglas)

Detail 4.1
Kehlausbildung mit Aluminium-Trapezprofilen (Rastersprung)

1 Aluminium-Trapezprofil-Dachplatten; *2* Hakenschrauben mit Abdichtungselementen aus Kunststoff; *3* PE-Korrosionsschutzfolie; *4* Pfetten; *5* Pfettenrandversteifung; *6* Rinnenhalterung; *7* Traufblech; *8* verzinkte Dachrinne; *9* verzinktes Regenfallrohr

Detail 4.3
Kehlausbildung mit Bitumendämmdach auf Stahlbeton-Dachkassettenplatten (Rastersprung)

1 Dachaufbau nach Detail 3.3; *2* Stahlbeton-Dachkassettenplatte mit bitumengebundenem Korkschrott-Gefällekeil und Einlaufdichtung; *3* vorgefertigter Einlaufstutzen; *4* Mittelrinnenblech – Feinstahlblech verzinkt; einseitig befestigt; *5* Spreizdübel mit Senkholzschraube; *6* Dämmung des Einlaufstutzens nach TGL 116-0881; *7* Fachwerkobergurt

10. Hüll- und Ausbauelemente

10.5. Konstruktionsbeispiele

Detailbilder zu Tafel 10.2/10.3 Dehnfuge, Attika, Anschlüsse, Verglasung an Wandplatten

Detail 5.1

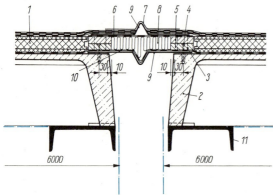

Detail 5.3
Dehnfugenausbildung mit Bitumendämmdach nach Detail 4.2

1 Dachaufbau nach Detail 3.3; *2* Stahlbeton-Dachkassettenplatte nach Detail 4.2; *3* Breitkopfnägel; *4* Senkholzschraube; *5* Holzbohlen imprägniert; *6* PE-Weichfolie 0,1 mm; *7* Dichtungsbahn aus Jute auf oberes Dehnblech heiß aufkleben und streichen; *8* Mineralwolle; *9* oberes und unteres Dehnfugenblech; verzinktes Feinstahlblech; *10* Dampfsperre; *11* Fachwerkobergurt

Detail 6.1

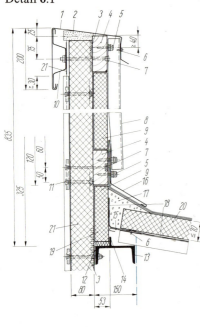

Detail 6.2

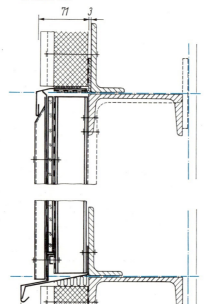

Detail 6.1
Attikaabschluß mit Stahl-PUR-Stahl-Dach- und Wandelementen

1 Abdeckblech; *2* Kunststoffschaumstoff; *3* Spachtelmasse; *4* imprägnierte Holzbohle; *5* Holzschraube mit Kunststoffisolierelementen; *6* Zylinderblechschraube; *7* Verbindungsschraubenelement; *8* Aluminium-Trapezprofil; *9* Dämmplatte aus PUR-Hartschaum; *10* Anschlagprofil aus EKOTAL-Blech; *11* Verbindungselement; *12* PE-Isolierfolie; *13* Anschlagprofil; *14* angeschweißtes Anschlagblech; *15* Fugenabdeckblech; *16* Kehlblech; *17* Korkschrott; *18* Dampfsperre; *19* Dämmplatte; *20* Stahl-PUR-Stahl-Dachelement; *21* Dachbelag Nr. 1 und 2 nach Detail 1.2

Detail 6.2
Oberer und unterer Anschluß einfacher kittloser Verglasung an Stahl-PUR-Stahl-Wandplatten

10. Hüll- und Ausbauelemente

10.5. Konstruktionsbeispiele

Detailbilder zu Tafel 10.2/10.3 Fensterrahmen, Wandanschlüsse

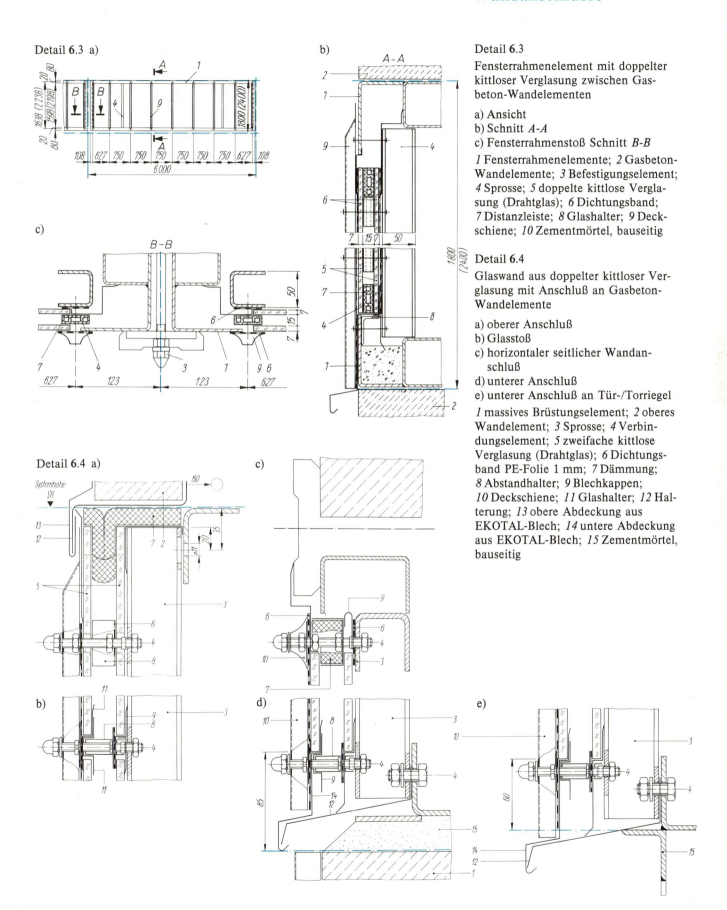

Detail 6.3

Fensterrahmenelement mit doppelter kittloser Verglasung zwischen Gasbeton-Wandelementen

a) Ansicht
b) Schnitt A-A
c) Fensterrahmenstoß Schnitt B-B

1 Fensterrahmenelemente; *2* Gasbeton-Wandelemente; *3* Befestigungselement; *4* Sprosse; *5* doppelte kittlose Verglasung (Drahtglas); *6* Dichtungsband; *7* Distanzleiste; *8* Glashalter; *9* Deckschiene; *10* Zementmörtel, bauseitig

Detail 6.4

Glaswand aus doppelter kittloser Verglasung mit Anschluß an Gasbeton-Wandelemente

a) oberer Anschluß
b) Glasstoß
c) horizontaler seitlicher Wandanschluß
d) unterer Anschluß
e) unterer Anschluß an Tür-/Torriegel

1 massives Brüstungselement; *2* oberes Wandelement; *3* Sprosse; *4* Verbindungselement; *5* zweifache kittlose Verglasung (Drahtglas); *6* Dichtungsband PE-Folie 1 mm; *7* Dämmung; *8* Abstandhalter; *9* Blechkappen; *10* Deckschiene; *11* Glashalter; *12* Halterung; *13* obere Abdeckung aus EKOTAL-Blech; *14* untere Abdeckung aus EKOTAL-Blech; *15* Zementmörtel, bauseitig

10. Hüll- und Ausbauelemente

10.5. Konstruktionsbeispiele

Detailbilder zu Tafel 10.2/10.3 Anschlüsse, Glaswand am Sprossen

Detail 6.5 a)

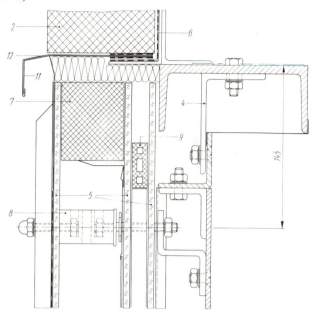

Detail 6.5
Glaswand aus dreifacher kittloser Verglasung mit Anschlußbeispiel an die Sprosse

a) oberer Anschluß
b) vertikaler Glasstoß
c) unterer Anschluß am massiven Brüstungselement
d) unterer Anschluß wie c) zwischen den Sprossen

1 massives Brüstungselement; *2* oberes Wandelement; *3* Sprosse; *4* Verbindungselemente; *5* dreifache kittlose Verglasung (Drahtglas); *6* Dichtungsband; *7* Dämmung; *8* MIRAMID-Unterbrecher; *9* Distanzstück; *10* Hartfaserplatte; *11* Halterung; *12* oberes Abdeckblech; *13* Abdeckung aus EKOTAL-Blech; *14* Zementmörtel, bauseitig

b)

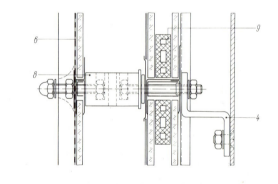

c) d)

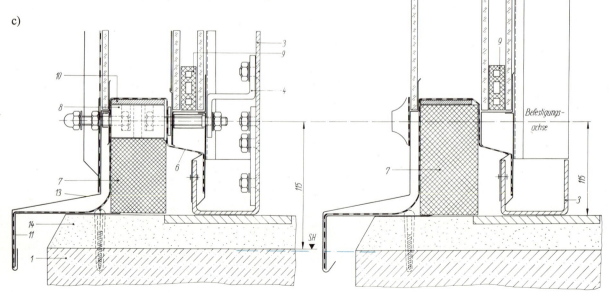

10. Hüll- und Ausbauelemente

10.5. Konstruktionsbeispiele

Detailbilder zu Tafel 10.2/10.3 Brüstungsanschlüsse, Torriegel

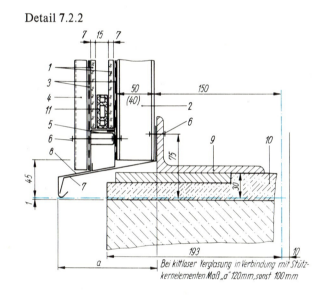

Detail 7.1
Detail 7.2.1
Detail 7.3.1
Detail 7.2.2

Detail 7.1
Brüstungsanschluß Stahl-PUR-Stahl-Wandplatte auf Gasbeton-Wandplatten

1 Stahl-PUR-Stahl-Wandplatten; *2* Gasbeton-Wandplatte; *3* Anschlag-U-Profil; *4* Zementmörtel, bauseitig; *5* Auflager; *6* Dichtungsband PE-Folie; *7* Schraubverbindung; *8* Halteblech (verzinkt); *9* Abdeckung aus EKOTAL-Blech

Detail 7.2.1
Brüstungsanschluß einfache kittlose Verglasung an massive Wandelemente aus Gasbeton, Stahlbeton oder Mauerwerk

1 einfache kittlose Verglasung (Drahtglas); *2* Sprosse; *3* Dichtungsband; *4* Deckschiene; *5* Glashalter; *6* Sicherungsschraube; *7* verzinktes Halteblech; *8* verzinktes Abdeckblech; *9* Anschlagwinkel; *10* Zementmörtel, bauseitig

Detail 7.2.2
Brüstungsanschluß doppelte kittlose Verglasung an massive Wandelemente aus Gasbeton, Stahlbeton oder Mauerwerk

1 doppelte kittlose Verglasung (Drahtglas); *2* bis *10* siehe Detail 7.2.1; *11* Distanzelement

Detail 7.3.1
Anschluß doppelter kittloser Verglasung am Torriegel oder Türriegel in Verbindung mit Stützkernelementen

1 Tor- oder Türriegel für Systembreite 1,20 m; *2* Türriegel für Systembreite 1,20 m; *3* Sprosse; *4* doppelte kittlose Verglasung; *5* Dichtungsband; *6* Distanzelement; *7* Glashalter; *8* Sicherungsschraube; *9* Deckschiene; *10* verzinktes Halteblech; *11* Abdeckung aus EKOTAL-Blech

10. Hüll- und Ausbauelemente

10.5. Konstruktionsbeispiele

Detailbilder zu Tafel 10.2/10.3 Brüstungsanschluß, Toranschluß, horizontale Wandstöße

Detail 7.3.2

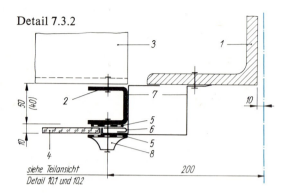

Detail 7.4
a)

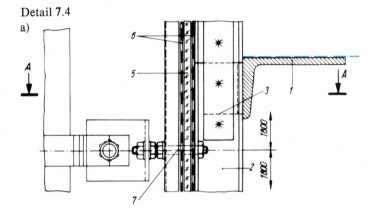

b)

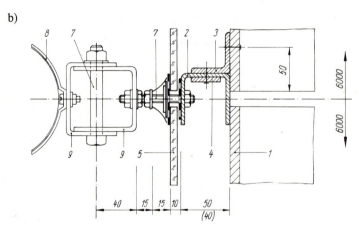

Detail 8.1

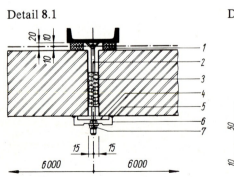

Detail 8.2

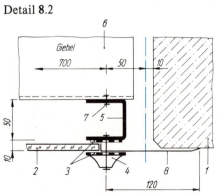

Detail 7.3.2

Seitlicher Anschluß einfacher kittloser Verglasung an Tür- oder Torgewände für Systembreiten (SB): 1,2; 2,4; 3,6; 4,2; 4,8 m

1 Tür- oder Torgewände; *2* Sprosse; *3* Riegel; *4* einfache kittlose Verglasung (Drahtglas); *5* Dichtungsband; *6* Blechböckchen; *7* seitliche Blechabschlüsse; *8* Deckschiene

Detail 7.4

Befestigung der Regenfallrohrhalterung im Bereich horizontaler Riegelstöße bei einfacher Verglasung

a) Befestigung im Bereich Vertikalschnitt

b) Befestigung im Bereich Horizontalschnitt

1 Wandriegel; *2* Sprosse; *3* Sprossenhalter; *4* Stoßlasche; *5* einfache kittlose Verglasung (Drahtglas); *6* Dichtungsband; *7* Sicherungsschraube; *8* Regenfallrohrhalterung; *9* [-Profil-Anschlußelemente

Detail 8.1

Horizontale Stoßausbildung von Gasbeton-Wandplatten mit Anschluß an Stahlstützen

1 Anlegeband aus Massivgummi oder Kunststoff-Kammerprofil; *2* Ankerbolzen; *3* Polyurethan-(PUR-)Weichschaumumhüllung; *4* Klemmplatte; *5* Fugendichtung; *6* Fugendeckschiene; *7* Kunststoff-Hutmutter

Detail 8.2

Horizontaler Anschluß einfacher kittloser Verglasung an Betonwandelemente

1 Betonwandelement; *2* einfache kittlose Verglasung (Drahtglas); *3* Dichtungsband; *4* Deckschiene; *5* Sprosse; *6* Riegelelement; *7* Sicherungsschrauben; *8* seitliches Abdeckblech

10. Hüll- und Ausbauelemente

10.5. Konstruktionsbeispiele

Detailbilder zu Tafel 10.2/10.3 Wandstöße, Dehnfugen

Detail 8.5.1

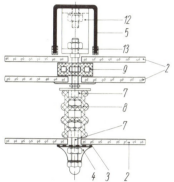

Detail 8.6

Detail 9.1

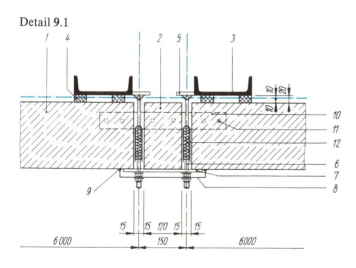

Detail 9.4

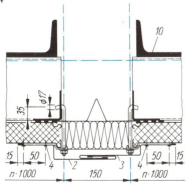

Detail 8.5.1

Horizontaler Anschluß einfacher kittloser Verglasung an Stahl-PUR-Stahl-Wandelemente

1 Stahl-PUR-Stahl-Wandelement; *2* bis *8* siehe Detail 8.2; *9* Hakenschraube

Detail 8.5.2

Horizontaler Anschluß dreifacher kittloser Verglasung an Stahl-PUR-Stahl-Wandelemente

1 Stahl-PUR-Stahl-Wandelement; *2* dreifache kittlose Verglasung; *3* Dichtungsband; *4* Deckschiene; *5* Sprosse; *6* seitliches Anschlagelement; *7* Sicherungsschraube; *8* MIRAMID-Unterbrecher; *9* Distanzelement; *10* Dämmung; *11* seitliches Abdeckblech; *12* Z-förmiges Anschlagelement; *13* U-förmiger elastischer Glasanschlag

Detail 8.6

Horizontaler Glasstoß bei dreifacher kittloser Verglasung

2 bis *12* siehe Detail 8.3.2

Detail 9.1

Dehnfugenausbildung mit Gasbeton-Wandplatten

1 Gasbeton-Wandplatten; *2* Gasbetonwandbausteine; *3* Stahlstütze; *4* Anlegeband aus Massivgummi oder Kunststoffkammerprofil; *5* an 3 angeschweißte Stahlplatten; *6* Ankerbolzen; *7* Klemmplatte; *8* Fugendeckblech; *9* Fugendichtung; *10* harte Polyäthylenplatte; *11* Nägel; *12* Polyurethan- (PUR-) Weichschaum umhüllt von Polyäthylenfolie

Detail 9.4

Dehnfugenausbildung mit PUR-Weichschaum zwischen Stahl-PUR-Stahl-Wandplatten

1 Stahl-PUR-Stahl-Wandelement; *2* und *3* Fugenblech aus EKOTAL-Blech; *4* Blindniet, vertikaler Abstand 3 Stück/m; *5* Verbindungselemente (u. a. Hakenschraube); *6* PUR-Weichschaum, getränkt; *7* Verschleißschutzfolie; *8* inneres verzinktes Fugenblech; *9* Winkelprofil; *10* Stahlstütze

10. Hüll- und Ausbauelemente

10.5. Konstruktionsbeispiele

Detailbilder zu Tafel 10.2/10.3 Wandecken

Detail 9.5

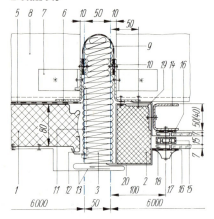

Detail 9.6.1

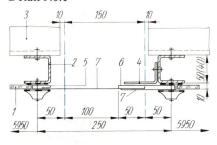

Detail 9.6.2

Detail 10.2

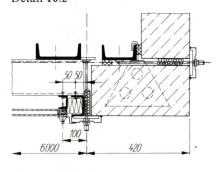

Detail 10.1

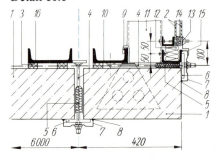

Detail 10.3

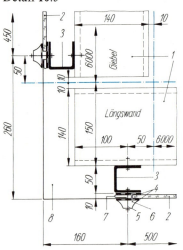

Detail 9.5

Dehnfugenausbildung mit Schaumstoff zwischen Stahl-PUR-Stahl-Wandelement und randgedämmter doppelter kittloser Verglasung

1 Stahl-PUR-Stahl-Wandelement; *2* Schaumstoff; *3* PUR-Weichschaum, getränkt; *4* doppelte kittlose Verglasung (Drahtglas); *5* Schutzfolie; *6* Winkelprofil; *7* Anschlagwinkelprofil; *8* Wandriegel; *9* elastischer Fugenverschluß; *10* Klemmelement; *11* Hakenanker; *12* Klemmelement; *13* äußeres Dehnfugenblech; *14* Sprosse; *15* Distanzstück; *16* Dichtungsband; *17* Deckschiene; *18* Blechböckchen; *19* Sprossenhalter

Detail 9.6.1

Dehnfugenausbildung zwischen einfacher kittloser Verglasung

1 einfache kittlose Verglasung (Drahtglas); *2* Sprosse; *3* Wandriegel; *4* Stützwinkel; *5* Blechböckchen; *6* inneres Dehnfugenblech; *7* äußeres Dehnfugenblech

Detail 9.6.2

Dehnfugenausbildung mit Schaumstoff zwischen doppelter kittloser Verglasung

1 doppelte kittlose Verglasung; *2* Sprosse; *3* Wandriegel; *4* Stützwinkel; *5* Distanzstück; *6* Deckschiene; *7* Schaumstoff; *8* äußeres Dehnfugenblech; *9* inneres Dehnfugenblech

Detail 10.1

Horizontale Eckausbildung mit Gasbetonplatten an der Längswand mit Anschluß doppelter kittloser Verglasung an Giebelwand

1 Gasbetonplatten; *2* doppelte kittlose Verglasung (Drahtglas); *3* Anlegeband aus Massivgummi oder Kunststoff-Kammerprofil; *4* Ankerbolzen; *5* Polyurethan-(PUR-)Weichschaumumhüllung; *6* Klemmplatte; *7* Fugendeckschiene; *8* Fugendichtung; *9* Eckplattenverankerung; *10* Windstütze; *11* Giebelwandriegel; *12* Dämmung; *13* Deckschiene; *14* Distanzelement; *15* seitliches Abdeckblech; *16* Stahlstütze

Detail 10.2

Horizontale Eckausbildung mit Gasbetonplatten an der Giebelwand und Eckelement an Längswand mit Anschluß doppelter kittloser Verglasung an Längswand

analoge Ausbildung wie Detail 10.1

Detail 10.3

Horizontale Eckausbildung mit einfacher kittloser Verglasung an Längs- und Giebelwand

1 Riegel; *2* einfache kittlose Verglasung (Drahtglas); *3* Sprosse; *4* Dichtungsband; *5* Sicherungsschraube; *6* Deckschiene; *7* Blechböckchen; *8* Eckblech

10. Hüll- und Ausbauelemente

10.5. Konstruktionsbeispiele

Außenwandverkleidungen

10.7

10.8

10.7
Beispiel – Außenwandverkleidung mit Trapezprofilplatten

(Foto: *Archiv VEB MLK*)

10.8
Beispiel – Außenwandverkleidung, von oben nach unten:
- Al-PUR-Al-Elemente
- $\lceil$-Glasprofile
- Sockel handwerklich mit sichtbarem
- Hartbrandziegel verblendet und verfugt

(Foto: *Archiv VEB MLK*)

10. Hüll- und Ausbauelemente

10.5. Konstruktionsbeispiele

Außenwandverkleidungen

10.9

10.10

10.9

Beispiel – Außenwandverkleidung, von oben nach unten:

Einfachfensterband mit Lüftungskippflügel
– Gasbetonplatten
– Einfachfensterband wie oben
– Gasbetonplatten auf Schwerbeton-Sockelplatten

(Foto: *Archiv VEB MLK*)

10.10

Beispiel – Außenwandverkleidung, von oben nach unten:

– umlaufende Einfachfensterbänder mit
– Lüftungsflügel
– Al-PUR-Al-Elemente
– Fensterbänder aus [-Glasprofilen und Einfachfenster auf Brüstungsplatten
– hochgezogene Fußbodenebene auf LKW-Ladeebene

Seite 215:

10.11
Beispiel – Schweres Shed mit doppelter kittloser Verglasung

a) unterer Abschluß
b) Glasstoß
c) oberer Abschluß
d) Dehnfuge (150 mm)
e) seitlicher Abschluß

1 Sprosse; *2* doppeltes Stützelement; *3* Stützwinkel; *4* Anlageprofil für Shedverglasung; *5* Schaumstoff; *6* doppelte kittlose Verglasung; *7* Distanzschiene; *8* Auflageband; *9* Deckschiene; *10* Dehnfugenblech; *11* Glashalter; *12* Distanzstück; *13* PVC-Schlauch; *14* seitlicher Zinkblechabschluß; *15* unterer Zinkblechabschluß; *16* obere Sprossenhalterung; *17* Distanzschiene

10. Hüll- und Ausbauelemente

10.5. Konstruktionsbeispiele

Shedverglasung

10.11

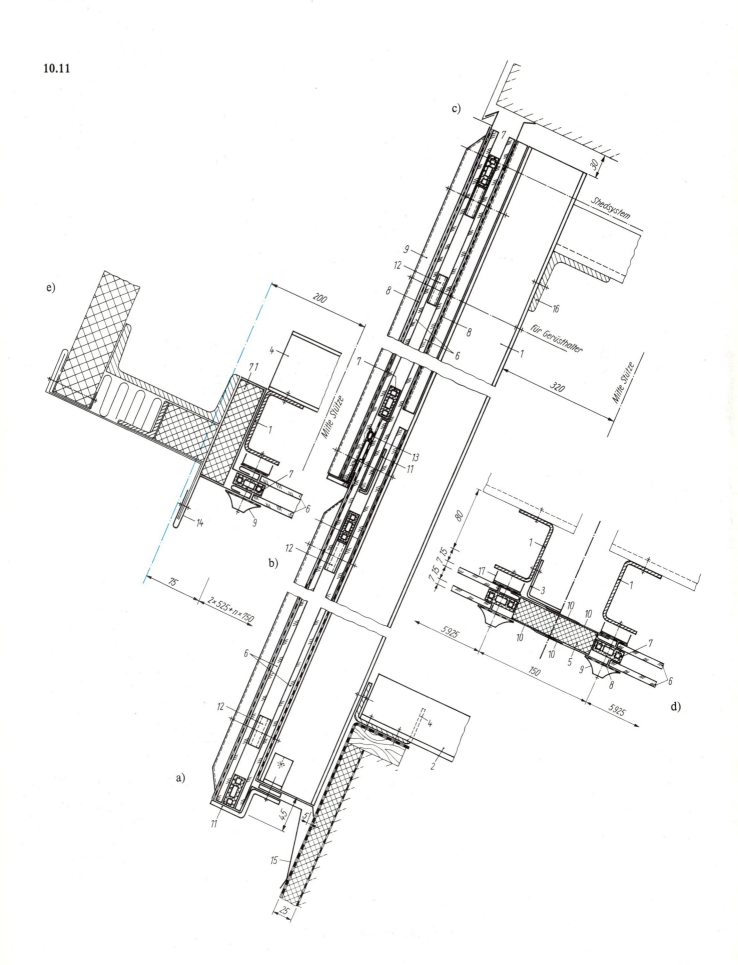

10. Hüll- und Ausbauelemente

10.5. Konstruktionsbeispiele

Fensterflügelöffnersysteme

10.12

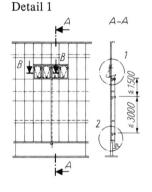

Detail 1

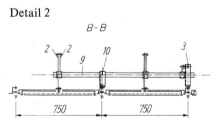

Detail 2

10.13

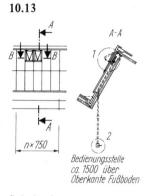

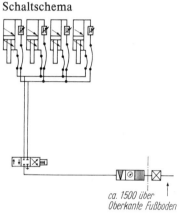

Detail 1

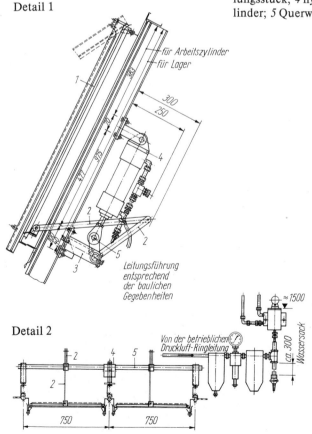

Detail 2

10.12

Beispiel – Senkrechte Verglasung
Betätigung mit Handkurbel-Flügelöffner E 815

Detail 1, Schnitt *A-A*
Detail 2, Schnitt *B-B*

Anmerkung
Anordnung der Abführungslager, Teil 3 in Abständen von 3,00 m
Bei allen Brüstungsarten und bei allen Brüstungshöhen ist die maßstäbliche Anordnung des Flügelöffners E 815 gleich.

1 Schwingflügel; *2* Druckarm; *3* Lager; *4* Abführung; *5* Hebel; *6* Vertikalgestänge; *7* Handkurbel; *8* Flügelöffner; *9* Querwelle; *10* Lager; *11* Verankerung; *12* Gasbetonbrüstung

10.13

Beispiel – Shedoberlicht
Betätigung mit pneumatischen Bauelementen

Detail 1, Schnitt *A-A*
Detail 2, Schnitt *B-B*
Schaltschema

1 Klappflügel; *2* Druckarm; *3* Kupplungsstück; *4* hydraulischer Arbeitszylinder; *5* Querwelle

10. Hüll- und Ausbauelemente

10.5. Konstruktionsbeispiele

Satteloberlicht

10.14 a)

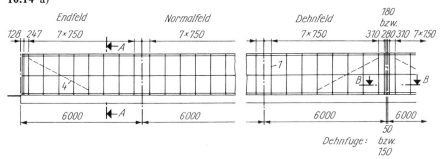

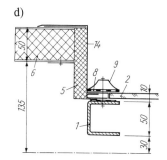

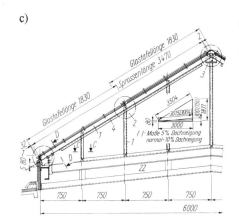

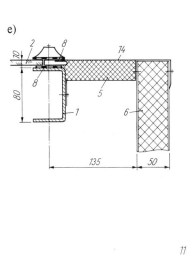

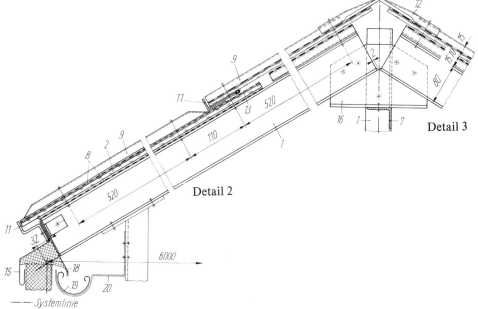

10.14

Beispiel – Satteloberlicht mit einfacher kittloser Verglasung

a) Ansichten im Schema
b) Dehnfugen – Schnitt B-B
c) Teilquerschnitt A-A
d) Schnitt C-C
e) Schnitt E-E

Detail 1 Traufe
Detail 2 Glasstoß
Detail 3 First

1 Sprosse; 2 einfache kittlose Verglasung; 3 Stützwinkel; 4 Winkelstrebe; 5 Schaumstoff; 6 Wandelement; 7 Firstwinkel; 8 Auflageband; 9 Deckschiene; 10 Dehnfugenblech; 11 Glashalter; 12 Firstblech; 13 PVC-Schlauch; 14 seitlicher Zinkblechabschluß; 15 unterer Zinkblechabschluß; 16 Knotenblech; 17 Distanzschiene; 18 unterer Zinkblechabschluß; 19 innere Rinnenentwässerung; 20 Rinneneisen; 21 Blech; 22 Auflagerkonstruktionselemente für Satteloberlicht

10. Hüll- und Ausbauelemente

10.6. Internationale Beispiele

Wandplatten aus Asbestzement, Profilbleche

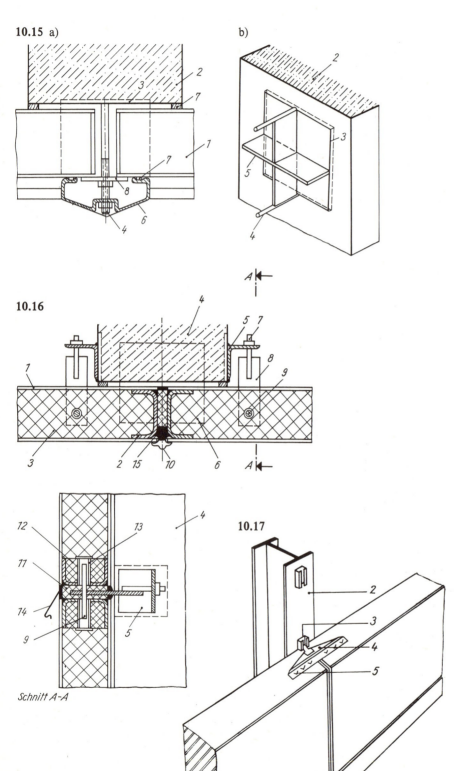

10.15

Axiale Eckenbefestigung – Asbestzement-PUR-Asbestzement-Wandplatten mit Stahlbetonstütze (UdSSR)

a) Horizontalschnitt
b) Isometrie der mit der Stahlbetonstütze verankerten Anschlagelemente

1 Asbestzementdeckschicht der Dämmplatten; *2* Stahlbetonstütze; *3* in die Stütze verankerte Stahlplatte; *4* angeschweißter Bolzen; *5* Kreuzstahlplattenanschlag; *6* angeklemmtes Deckprofil; *7* elastische Fugenleiste; *8* Klemmplatte

10.16

Befestigungsdetail Asbestzement-PUR-Asbestzement-Wandplatten an einer Stahlstütze (UdSSR)

1 Deckschicht aus Asbestzementtafeln; *2* Rahmen aus Asbestzementprofilen; *3* Plastschaumstoff mit Hohlräumen; *4* Stütze; *5* Befestigungswinkel; *6* Auflagerkonsole; *7* Schraubenbolzen; *8* Flachstahl; *9* Dorn; *10* Fugendeckleiste; *11* elastisches Schaumpolyurethan; *12* Füllung aus dichtem Plastschaumstoff; *13* Blechhülse; *14* Ablaufblech; *15* Dichtung

10.17

Anschluß von Gasbetonplatten über Nagelbleche und Ankerschienen an Stahlstützen nach Firma HOESCH (BRD)

Plattendicke
bei 6,00 m Spannweite in der Regel 17,5 cm

Wärmedämmung
$K = 0{,}92$ W/(m²K) bei einer Plattendicke von 17,5 cm und einer Festigkeitsklasse GB 3,3

1 Wandplatten; *2* Stahlstütze; *3* Ankerschiene, angeschweißt; *4* Nagelblech; *5* Winkelnagel, 140 mm; *6* Fugendichtungsmasse, plastoelastisch; *7* 1,5 cm Fugenhöhe für Mörtelausgleichsschicht und Abdichtung gegen aufsteigende Feuchtigkeit

10. Hüll- und Ausbauelemente

10.6. Internationale Beispiele

Trapez-Profildächer

10.18 a)

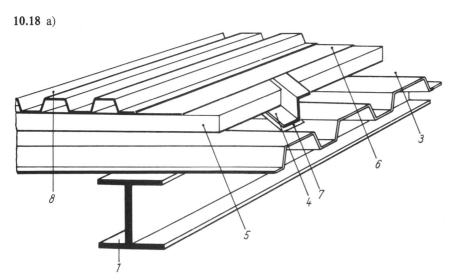

b)

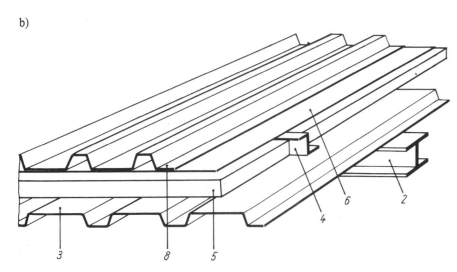

10.19 a)

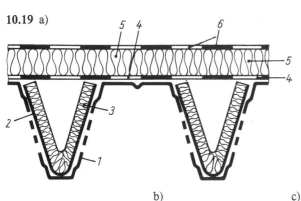

Akustik-Profil	Wärmedämmung $d \geq 4$ cm	Tonfrequenz in Hz						Ohne Kiesschüttung		Mit 5 cm Kiesschüttung	
		125	250	500	1000	2000	4000	R'_W	g	R'_W	g
		Schallabsorptionsgrad α_S						dB	kg/m²	dB	kg/m²
E 106 A	Polystyrol-Rollbahn PS 20	0,24	0,57	0,86	0,86	0,57	0,49	36	29	43	104
E 160 A	Polystyrol-Rollbahn PS 20	0,29	0,71	0,80	0,52	0,47	0,52	40	31	45	106
E 160 A	Mineralfaserplatte $\varrho = 110$ kg/m³	0,54	0,94	0,75	0,49	0,48	0,54	41	33	50	108

10.18

HOESCH-Trapezprofildächer mit Dachneigung 10 Prozent (BRD)

a) parallel zur Traufe, rechtwinklig zum oberen Trapezprofil. Dabei wird das untere Trapezprofil von Binder zu Binder verlegt.
b) in Richtung First-Traufe, parallel zum oberen Trapezprofil. Diese Variante wird auf Pfettendächern angewendet.

Für die Unterlüftung der Oberschale sind die Zu- und Abluftöffnungen sowie die Dachneigung von 10 % wichtig. Der für die Ober- und Unterschale erforderliche Korrosionsschutz ist den Zulassungen zu entnehmen. Je nach Ausführung des HOESCH-Trapezprofildachs als mehrschaliges Kaltdach werden bewertete Schalldämmaße R'_W von etwa 30 bis 50 dB erreicht. Das HOESCH-Trapezprofildach als mehrschaliges durchlüftetes Kaltdach hat fast keine brennbaren Bestandteile, da die Dachhaut ebenfalls nichtbrennbar ist. Eine Sonderausführung erreicht die Feuerwiderstandsklasse F 30 nach DIN 4102, Teil 2.

1 Binder-Oberfirst; *2* Pfette; *3* tragendes Trapezprofil; *4* Z-Profil als Abstandshalter; *5* Wärmedämmung; *6* Folie; *7* Dämmstreifen, wenn erforderlich; *8* Trapezprofil als Dachhaut

10.19

Durchlüftetes, wärmegedämmtes HOESCH-Akustikdach (BRD)

a) Querschnitt
b) Übersicht, Schallabsorption in der Halle (Diese Werte gelten für den Dachaufbau ohne oder mit Kiesschüttung.)
c) Übersicht, Schalldämmung nach außen (g = im Versuch gemessenes Dachgewicht ohne Schneelast. Ist bei anderem Dachaufbau das Dachgewicht größer, so ist erfahrungsgemäß das Schalldämm-Maß R'_W gleich oder größer als in der Tabelle angegeben.)

Profilspannweiten bei 1 mm Dicke:
– E 106 A Höhe 106 mm: bis 6,00 m
– E 160 A Höhe 158 mm: bis 8,00 m

1 HOESCH-Akustikprofil mit gelochten Stegen, Lochflächenanteil 17,7 %; *2* Rieselschutz; *3* Schallschluckmaterial; *4* Dampfsperre (nicht aufgeschweißt); *5* Wärmedämmung; *6* Dachhaut

10. Hüll- und Ausbauelemente

10.6. Internationale Beispiele

Wellblech- und Wellasbestplattenbefestigung

10.20

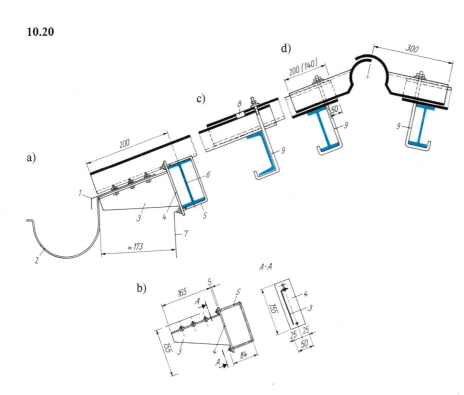

10.20
Wellblech- oder Wellasbestplattenbefestigung auf Stahlpfetten

a) Traufe mit vorgehängter Dachrinne
b) Rinnenhalterung
c) Stoßausbildung
d) First mit zwei Firstkappen

1 verzinktes Traufblech 0,7 mm; *2* Rinnenhalterung; *3* verzinktes abgekantetes Kragblech 3 mm; *4* Kopfplatte; *5* U-förmiges Rundeisen zur Verankerung der Kopfplatte Ø 6 mm; *6* Traufpfette; *7* Wandfläche außen; *8* Dichtungsmasse; *9* Befestigungshaken

10.21
Klemmverbindung von Wellplatten

a) auf Stahlpfetten
b) auf Holzpfetten

1 Wellplatten; *2* verzinkte Stahlblech-Klemmelemente

10.22
Varianten von Trapezprofilplatten mit Dachaufsätzen

a) Rohrentlüfter
b) Dachausstieg
c) Kastenentlüfter

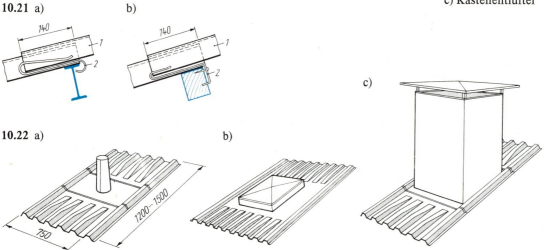

10. Hüll- und Ausbauelemente

10.6. Internationale Beispiele

Lichtkuppeln

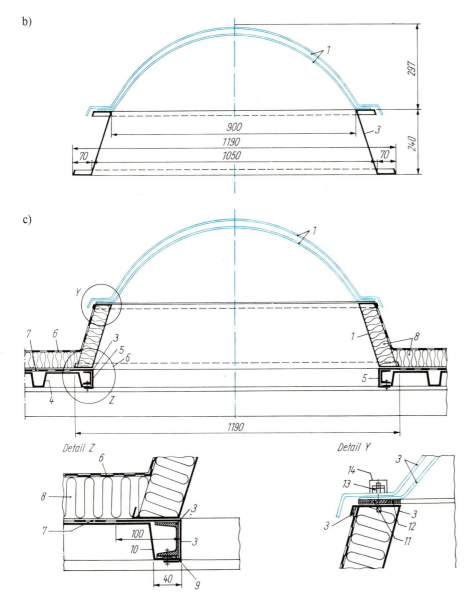

10.23

Quadratische Lichtkuppel
900 mm × 900 mm auf einem gedämmten Dach (Warmdach) (VR Polen)

a) Übersichten
b) Einbauelemente
c) Detailausbildung

1 doppelschalige Plexiglaskuppel; *2* abgekantetes, inneres verzinktes Aufsatzblech; *3* U-Profilrahmen; *4* Trapezprofil-Dachplatten; *5* unteres, abgekantetes Abschlußblech; *6* verklebte Dachpappen in 3 Lagen; *7* Dampfbremse; *8* Dämmplatte; *9* Auflagerplatte für *(3)*; *10* inneres verzinktes Abschlußblech; *11* Distanzunterlage; *12* imprägnierte Polyurethan-Unterlage; *13* Verschraubung; *14* Polyäthylen-Kappe; *15* Pfette

10. Hüll- und Ausbauelemente

10.6. Internationale Beispiele

Blechdachbahnenstehfalz

10.24
Ansicht

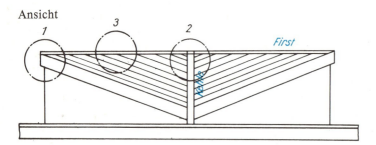

Grundriß

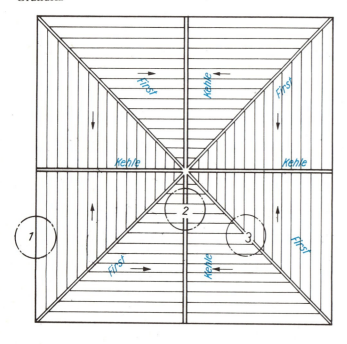

10.24

Beispiel – Titanzink-Bänder mit Doppelstehfalz auf vollflächiger Holzschalung (BRD)

Kennzeichen
1. Durchlüftung
2. Außenentwässerung
3. Faltdachform mit vier diagonal verlaufenden Firstlinien, getrennt durch vier vertiefte Kehlrinnen

Detail Ortgang (Attika):
1 Titanzink-Doppelstehfalzdeckung; *2* Titanzink-Haftstreifen; *3* Titanzink-Ortgangverkleidung; *4* Trennschicht; *5* Holzschalung; *6* Sparren; *7* Knagge; *8* Belüftung

Detail Traufpunkt (Kehle):
1 Titanzink-Doppelstehfalzdeckung; *2* Titanzink-Traufstreifen (Vorstoß); *3* Trennschicht; *4* Titanzink-Kastendachrinne; *5* Rinnenhalter, in Traufschalung eingelassen; *6* Holzschalung; *7* Sparren

Detail Firstpunkt:
1 Titanzink-Firstabdeckung; *2* Titanzink-Haftstreifen; *3* Titanzink-Doppelstehfalzdeckung; *4* Titanzink-Haften; *5* Trennschicht; *6* Holzschalung; *7* Sparren; *8* Entlüftung

Detail Ortgang

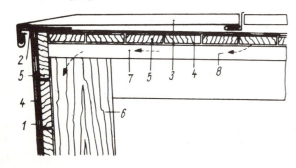

Detail Traufpunkt

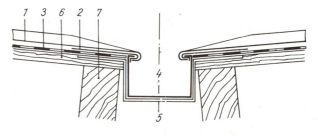

Detail Firstpunkt

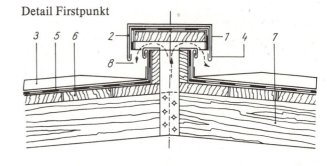

10. Hüll- und Ausbauelemente

10.6. Internationale Beispiele

Blechdachbahnenstehfalz, Aufkantung

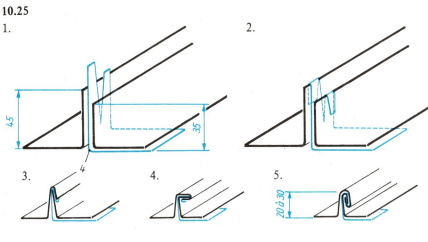

10.25

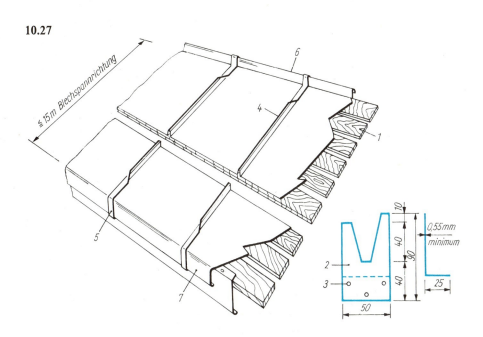

10.26

10.27

10.25
Montageablauf der Falzung (BRD)

1. Nach Aufnageln der Befestigungswinkel *(2)* werden die Bleche angelegt.
2. An der unterschiedlichen hohen Blechaufkantung werden die Zungen der Befestigungswinkel abgekantet.
3. Die überstehende Blechaufkantung wird abgebogen.
4. und 5. zeigen die weiteren Etappen der wasserdichten Falzung.

10.26
Ausführung: gefalztes Blechdach (BRD)

a) Befestigungswinkel
b) Isometrie

1 mit Fugen verlegte Bretterschalung; *2* Befestigungswinkel aus Blech; *3* Nagellöcher; *4* stehender Falz; *5* liegender Falz; *6* First; *7* Traufblech

10.27
Ausführung: aufgekantete Bleche an Holzleisten (Frankreich)

1 mit Fugen verlegte Bretterschalung; *2* konische Holzleiste; *3* Nagel; *4* Blechbahn; *5* Befestigungsbügel; *6* abgekantetes Überdeckungsblech; *7* Verlötung; *8* First; *9* Traufblech; *10* Leistenabstand, abhängig von Blechbahnbreite

10. Hüll- und Ausbauelemente

10.6. Internationale Beispiele

Dreischicht-Wandplatten

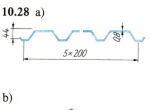

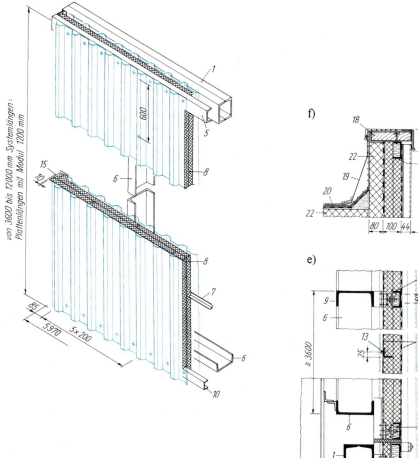

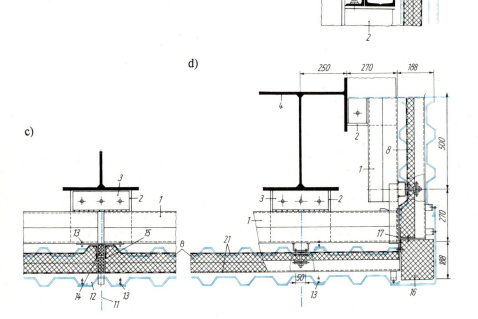

10.28
Dreischichtige Stahl-Mineralwolle-Stahl-Außenwandplatten für Warmbauten mit Stahltragwerk (UdSSR)

a) Trapezprofil-Stahlblech
b) Isometrie der Plattenkonstruktion
c) Detail Vertikalfuge
d) Detail Eckausbildung
e) Detail Horizontalfuge und Riegelanschluß
f) Detail Dachabschluß

1 Kastenriegel aus zwei U-Profilen; *2* Stützkonsole; *3* Winkelbefestigung mit *(1)* verschweißt; *4* geschweißte Eckstütze; *5* Befestigungselement aus U-Profil mit Mineralwolle gedämmt; *6* Zwischenstützen; *7* Aufstandswinkel für *8* Mineralwolleplatten; *9* Anschlagriegel zwischen den Stützen *6*; *10* äußeres Aufstandsprofil für *(8)*; *11* Stoßfugenachse; *12* Fugenverschlußstreifen aus gefaltetem Blech; *13* selbstschneidende Schraube; *14* Fugenverschluß mit Mineralwollematten und elastischem Fugenkitt auf Mastixbasis; *15* seitlicher Dämmplattenabschluß mit Glasgewebe; *16* Dämmplatte; *17* Fugendichtung; *18* imprägnierte Holzbohle; *19* verzinktes Abdeckblech; *20* 3 Lagen Dachpappe; *21* Feuchtigkeitssperrbahnen; *22* steife Dämmplatte

10. Hüll- und Ausbauelemente

10.6. Internationale Beispiele

Raumstabwerk-Montagesegment

10.29 a)

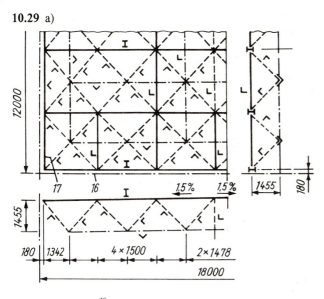

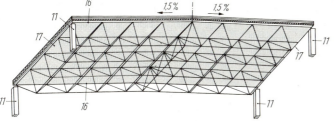

b)

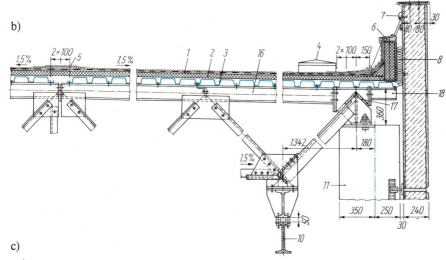

c)

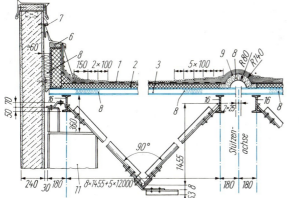

d)

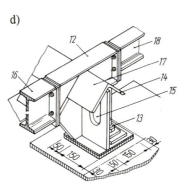

10.29

Raumstabwerk-Montagesegment aus offenen warmgewalzten Profilen (UdSSR)

Systemgrundmaße: 12,00 m × 18,00 m und 12,00 m × 24,00 m
Systemhöhe: 1,455 m
Belastung: etwa 4 kN/m²

a) Tragstruktur für Beispiel 12,00 m × 18,00 m und Segmentisometrie
b) Querschnitt mit Stützenauflager, Wandanschluß und Hängekranträger-Aufhängung
c) Längsschnitt mit Segment-Dehnungsfuge in Stützenauflagerachse
d) Auflager-Isometrie

1 Kieslage auf dreilagiger Dachpappensperrung; *2* 50 mm Schaumpolystyrolplatten auf Dampfsperrenbelag; *3* 60 mm verzinkte profilierte Stahlbleche; *4* Schutztrichter für Abwassereinlauf; *5* Dachpappenstoßausbildung mit Überlappung und verzinktem Stahlblech; *6* imprägnierte Bohle; *7* verzinkte Stahlblechabdeckungen; *8* Mineralwolle; *9* 5 zusätzliche abgestufte Dachpappenlagen auf zylinderförmigen Stahlblechschalen; *10* Träger für Einbahnhängekran; *11* Stahlstütze; *12* Anschlußkonsole aus I-Profil N 12; *13* Ankerschraube M 30; *14* Aussteifungswinkel 200 × 12; *15* Versteifungsblech 20 mm Dicke mit Langlochbohrung 60 mm × 120 mm für Montageanschlag der Segmente; *16* First, Segmentrand in Längsrichtung; *17* First am Segmentrand in Querrichtung; *18* Randverlängerungs-I-Profil

10. Hüll- und Ausbauelemente

10.6. Internationale Beispiele

Stahlhallen Typ MOSTOSTAL

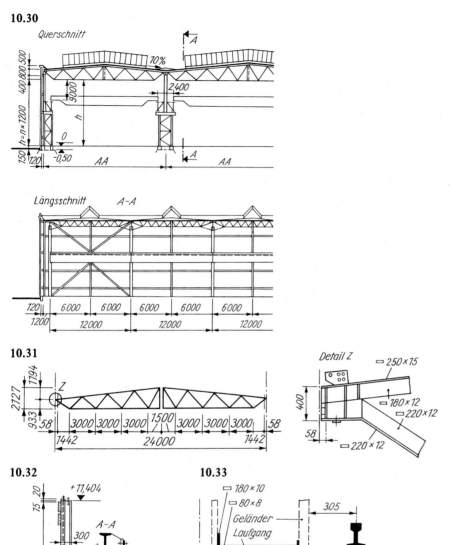

Bilder 10.30 bis 10.38

Beispiel – Details für leichte wärmegedämmte Stahlhallen des Systems »Mostostal« (VR Polen)

Entwurf: *P. Wroblewski, S. Pyrak, Z. Wilamowski*

10.30
Halle mit Brückenkranen und raumabschließender Konstruktion aus Profilblechtafeln

10.31
Dachbinder mit 24,00 m Spannweite

10.32
Außenstützen für Hallen mit einer Höhe von 10,80 m

10.33
Querschnitt eines Kranbahnträgers für einen Zwischenkran mit einer Hublast von 2 × 125 kN und einer Spannweite der Hallenschiffe von 18,00 m

10.34
Dacheindeckung

1 Teermasse; *2* Platten aus fester Mineralwolle; *3* Klebemasse; *4* verzinktes Trapezprofilblech; *5* Obergurt der Pfette

10.35
Außenwand aus mehrschichtigen Platten

1 Sandwichplatte; *2* Verbindungsmittel; *3* Wandstütze

10.36
Außenwand aus Profilblechen

1 Profilblechtafel; *2* Mineralwolleplatte; *3* PVC-Streifen 0,5 mm; *4* Z-Profilstück; *5* Riegel

10.37
Außenwand aus Vorhangplatten

1 Vorhangwandelement; *2* Riegel; *3* Verbindungsmittel

10.38
Außenwand aus Sandwichplatten mit Deckschichten aus Stahlblech und Styrol-Schaumkern

1 Dichtung; *2* Verbindungsmittel; *3* Riegel; *4* Sandwichplatte; *5* Stoßfugen-Abdeckleiste

AA: 12,00 + 18,00 + 24,00 + 30,00 m
BA: 12,00 m

10. Hüll- und Ausbauelemente

10.6. Internationale Beispiele

Stahlhallen Typ MOSTOSTAL

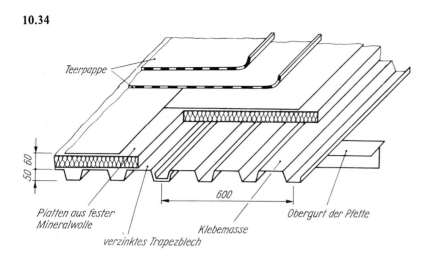

10.34

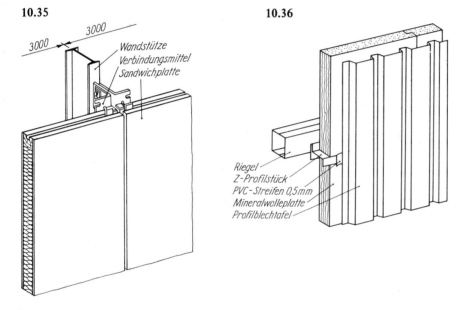

10.35 10.36

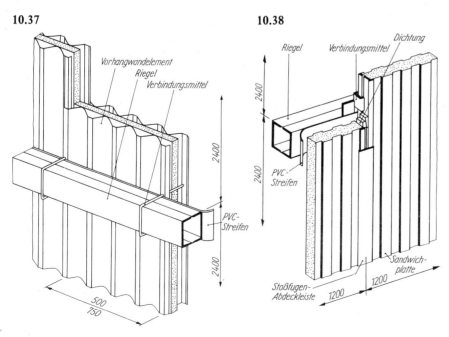

10.37 10.38

(zu Bild 10.38)
Dachtragwerk 500 N/m²
Pfetten + Verbände 150 N/m²
Schnee 700 N/m²
TGA-Last:
- Pfetten 110 N/m²
- Bindermitte Untergurt 10 kN
- 4 Deflektoren für Schwerkraftlüftung je Dachfeld 2 kN/Deflektor

Einsatz

relative Luftfeuchtigkeit in der Halle bei einer Lufttemperatur von 18 bis 22 °C ≤ 60 Prozent

Hüllelemente

Das Dach besteht aus verzinkten Wellblechtafeln, die mit eingeschlossenen Stiften oder Haken an der Pfette befestigt sind. Auf die Blechtafeln, die mit einem heißen Kleber eingestrichen wurden, wurden 60 mm dicke harte Mineralwolleplatten mit einer Rohdichte von 200 kg/m³ verlegt. Auf die so vorbereitete Unterlage wurden drei Lagen Dachpappe geklebt (Bild 10.34).

Die Außenwand wurde in fünf Materialvarianten projektiert:

1. aus mehrschichtigen Platten der Größen 1,20 m × 3,00 m und 1,20 m × 1,20 m mit Deckschichten aus ebenen Asbestzementtafeln und einem Styrolschaumkern (Bild 10.35)
2. aus korrosionsgeschützten Stahlblech-Falttafeln mit einer Dämmschicht aus 80 mm dicken Mineralwolleplatten, Rohdichte 170 kg/m³. Die dem Halleninnern zugewandte Plattenseite ist farbig. Die Blechplatte ist mit Nieten an Z-Profil-Stücken aus verzinktem Blech befestigt, und jedes zweite Z-Profil ist an den alle 2,40 m angeordneten Riegeln befestigt, die mit den Wandstützen verbunden sind (Bild 10.36).
3. aus Aluminiumtafeln mit Trapezprofil, die als Wärmedämmschicht 80 mm dicke Mineralwolleplatten mit einer Rohdichte von 170 kg/m³ haben. Die dem Halleninnern zugewandte Plattenseite ist farbig.
4. aus Vorhangwandplatten Typ »Montomet«, die aus Aluminiumblechtafeln mit einer Dämmschicht aus 50 mm dicker Mineralwolle oder 40 mm dickem Styrolschaum hergestellt werden (Bild 10.37)
5. aus Sandwichplatten mit Stahlblechdeckschichten und Polyurethanschaumkern (Bild 10.38)

10. Hüll- und Ausbauelemente

10.6. Internationale Beispiele

Mehrzweckhalle Typ COTTBUS

10.39

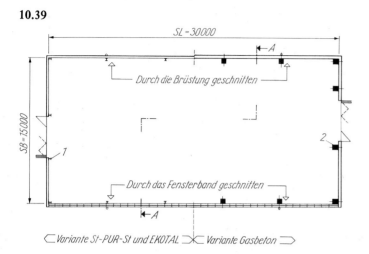

10.40

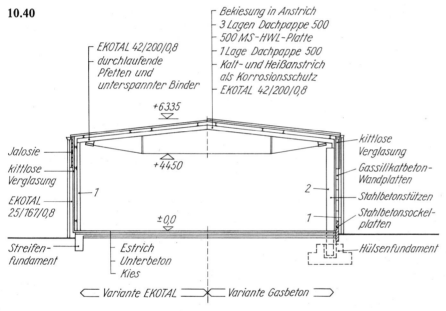

10.41 a) b)

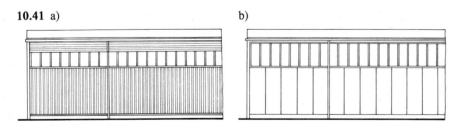

c)

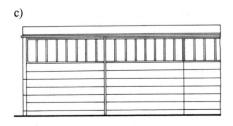

Bilder 10.39 bis 10.44

Mehrzweckhalle 15,00 m × 30,00 m, Typ Cottbus (DDR), Hüllelemente-Varianten

Entwicklung: *Horst Bark, Karlheinz Graf,* Ingenieurhochschule Cottbus; *Dietmar Grünberg,* VEB Metalleichtbaukombinat, Werk Ruhland

Unterspannter Binder, Achsabstand 6,00 m, Pfetten mit EKOTAL-Trapezprofilblech mit:
geringem Fertigungsaufwand
kurzen Montagezeiten

Systemlänge: 30,00 m
Systembreite: 15,00 m
lichte Höhe: 4,40 m

10.39

Grundriß mit zwei Hüllelemente-Varianten

1 Stahlstützen; *2* Stahlbetonfertigteilstützen

10.40

Querschnitt *A-A* mit zwei Varianten

10.41

Teilansichten der 3 Varianten

a) Variante EKOTAL-Kaltbau
b) Variante Stahl-PUR-Stahl-Warmbau
c) Variante Gassilikatbeton-Warmbau

10. Hüll- und Ausbauelemente

10.6. Internationale Beispiele

Mehrzweckhalle Typ COTTBUS

10.42 a) b)

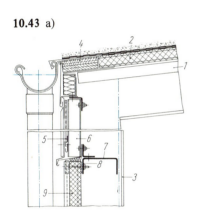
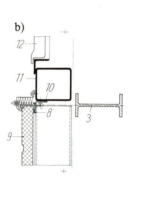

10.43 a) b)

10.44 a) b)

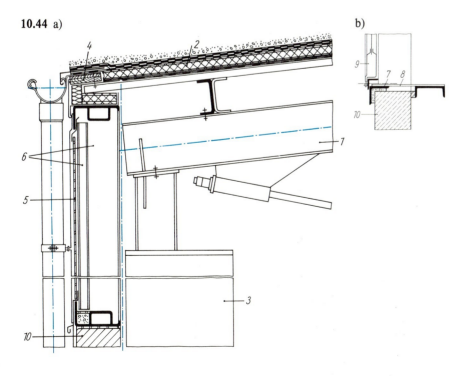

10.42

Variante Kaltbau mit EKOTAL-Trapezprofilblech

a) Detail: Traufe mit Anschluß Jalousie und kittloser Verglasung
b) Detail: Wand-/Toranschluß

1 lastaufnehmendes Dachtragwerk; *2* Kaltdach mit EKOTAL-Trapezprofilblech; *3* Stahlstütze; *4* Traufbohle; *5* Jalousie; *6* Jalousie- und Verglasungsanschlag; *7* kittlose Verglasung (einfach); *8* Querriegel; *9* PVC-Streifen; *10* EKOTAL-Trapezprofilblech-Wandplatten; *11* Torstütze; *12* Tor

10.43

Variante Warmbau mit Stahl-PUR-Stahl (St-PUR-St)

a) Detail: Traufe mit Anschluß kittloser Verglasung und Plattenanschluß
b) Detail: Wand/Tor

1 lastaufnehmendes Dachtragwerk; *2* Warmdachausbildung auf EKOTAL-Trapezprofilblech-Dachplatten; *3* Stütze; *4* Traufbohle; *5* kittlose Verglasung (einfach); *6* Anschlagelement; *7* Querriegel; *8* PVC-Streifen; *9* St-PUR-St-Wandplatte; *10* Anschlagwinkel; *11* Torkastenstütze; *12* Tor

10.44

Variante Warmbau mit Gasbeton

a) Detail: Traufe mit Anschluß kittloser Verglasung und Gasbetonplattenanschluß
b) Detail: Wand/Tor

1 unterspannter Binder; *2* Warmdachausbildung auf EKOTAL-Trapezprofilblech-Dachplatten; *3* Stütze; *4* Traufbohle; *5* kittlose Verglasung (einfach); *6* Anschlagelement; *7* Torrahmenelemente; *8* Stahlblech; *9* Tor; *10* Gasbetonwandplatten

10. Hüll- und Ausbauelemente

10.7. Türen, Tore, Fenster

Tafel 10.5 Ein- und Zweiflüglige Stahltüren
Typ VEKOPUR (VEB MLK)

Übersicht

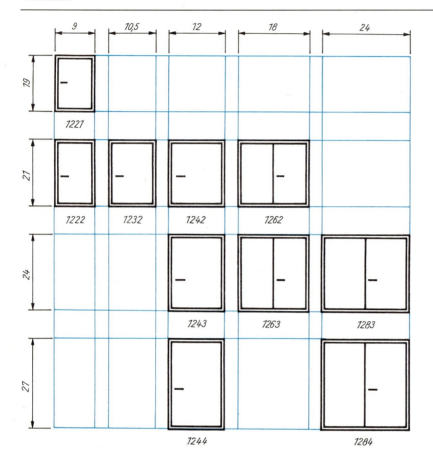

Bemerkungen

Charakteristik

Die VEKOPUR-Tür eignet sich vorteilhaft für den Einsatz im Industrie-, Wohnungs- und Gesellschaftsbau.
VEKOPUR ist eine Stahltür in Verbundbauweise. Die Deckschichten bestehen aus 0,8 mm dickem EKOTAL-Blech, der Kern aus SYSPUR-Hartschaum. Durch die gute Haftung des Polyurethans an EKOTAL-Blech entsteht eine belastbare Einheit von Stahlblechmantel und PUR-Hartschaum.

Die Tür erhält eine dreiseitige Sonderprofilzarge mit Befestigungsankern und Schwelle.

Die Normalausführung der Tür hat ein Einsteckschloß mit Buntbartschließung, beiderseitiger Drückergarnitur sowie 2 Schlüssel. Die Ausrüstung der Tür mit Wechselschloß und Aussparung für den nachträglichen Einbau eines Sicherheitszylinders sowie Türfeststeller, Wetterschenkel und Lüftungsschlitze ist möglich.

Bei Standardausführung erfolgt die Lieferung als Rechtstür. Auf vorherigen Wunsch ist bei einflügligen Türen auch Linksausführung möglich.

Bei zweiflügligen Türen erhält der Standflügel einen eingesetzten Treibriegel. Die Verbindung zwischen Türflügel und Zarge erfolgt durch zweiteilige Türbänder, wobei die unteren Bandlappen unlösbar mit den Zargenstielen verbunden sind. Die oberen Bandlappen am Türflügel können bei notwendigem Ersatz ausgetauscht werden.

Bei Bedarf können Fensteröffnungen im oberen Türdrittel vorgesehen werden.

Technische Parameter

Dicke des Türblattes: 40 mm
Masse des Türblattes: 17 kg/m²
Wärmedurchlaßwiderstand:
 $R = 1{,}83$ m²h grd/kcal
Schalldämmaß: $\bar{R} = 22$ db
Korrosionsschutz: verzinktes Trägermaterial, Plastisolbeschichtung, 200 μm Schichtdicke, Farbe hellgrau, ausbesserungsfähig

Zweiflüglig

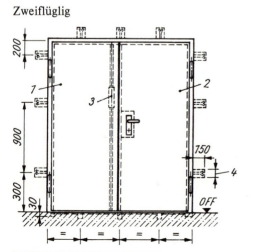

Einflüglig

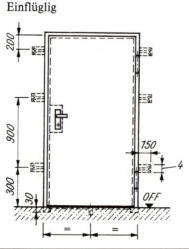

1 Standflügel
2 Schloßflügel
3 Treibriegelgriff
4 Ankerlochhöhe
 im Beton = 80 mm
 im Mauerwerk = 95 mm

10. Hüll- und Ausbauelemente

10.7. Türen, Tore, Fenster

Tafel 10.6 Tür- und Fensterangebot
(VEB MLK)

Übersicht

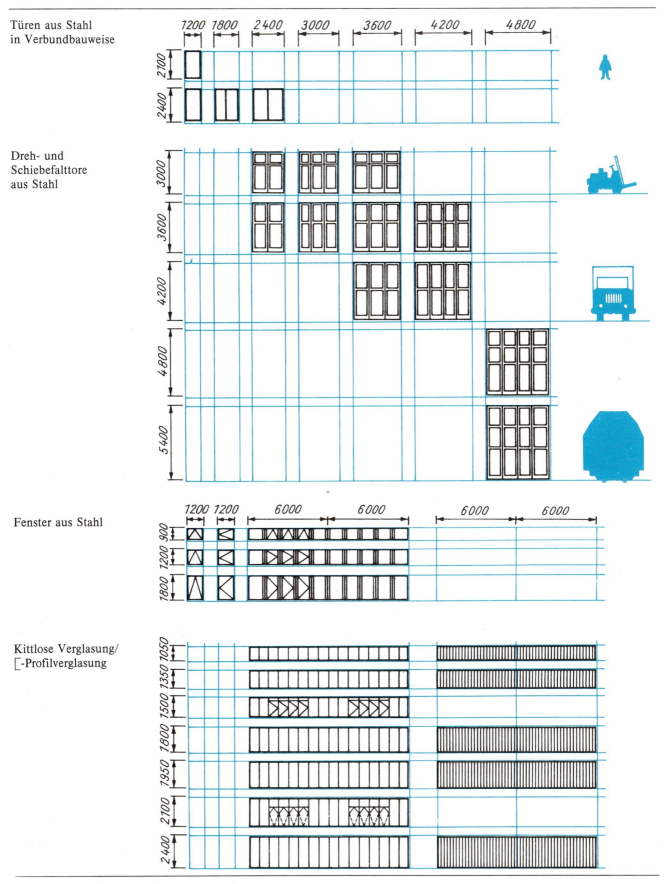

10. Hüll- und Ausbauelemente

10.7. Türen, Tore, Fenster

Tafel 10.7 Industriestahltore
(VEB MLK)

Übersicht

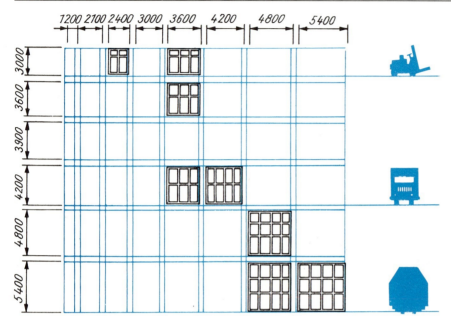

Bemerkungen

Charakteristik

Die ein- und mehrflügligen Industriestahltore werden bei Hallen, Garagen, Sondergebäuden u. a. eingesetzt. Bei 1 und 2 Flügeln erfolgt die Ausbildung als Drehtor, ab 3 Flügeln als Schiebefalttor.

Konstruktion

Hohlrahmenprofil aus Stahlblech; Verblendung durch Füllbleche; je nach Torhöhe 1 bis 2 Kämpferprofile; Befestigung der äußeren Flügel an den Zargenstielen und Kopplung von 2 bzw. 3 Flügeln zu einer Flügelgruppe durch dreiteilige Bänder;
Öffnungswinkel 90° und 180°
Arretierung mittels Fußfeststeller
Verschluß durch Treibriegel
Anordnung einer Entlastungsrolle bei 3- und 4flügligen Toren.

Sonderausführung

Verglasung des oberen Torfeldes
Anordnung einer Schlupftür bei Toren ab 3,60 m Höhe

Korrosionsschutz

Alle Sichtflächen mittels ofentrocknenden Anstrichsystems konserviert. Verbindungsmittel sind entsprechend mitgelieferter Anweisung nachzukonservieren.

Abmessung in mm	Masse in kg
2400/3000	293
3600/3000	432
3600/3600	514
3600/4200	573
4200/4200	682
4800/4800	903
4800/5400	930
5400/5400	1000

10. Hüll- und Ausbauelemente

10.7. Türen, Tore, Fenster

Hubtor

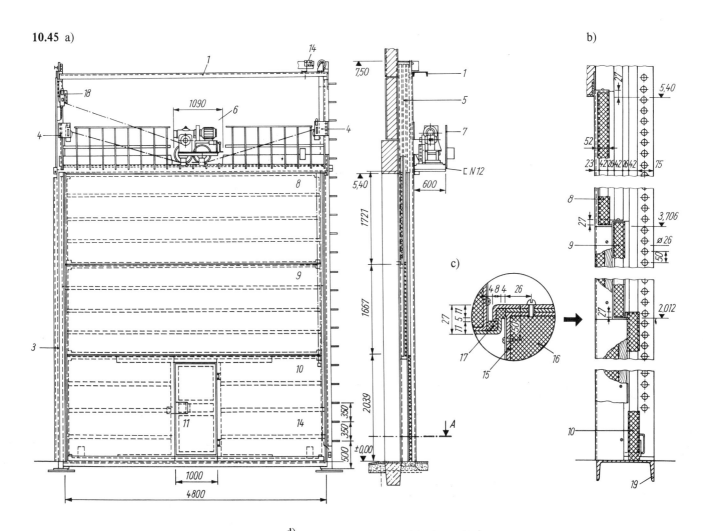

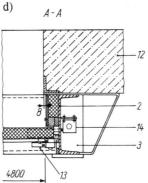

10.45
Hubtor mit drei Hubsektionen und automatischer Steuerung (UdSSR)
Systembreite/Systemhöhe = 4,80 m × 5,40 m

a) Innenansicht
b) Detail Längsschnitt
c) Detail Fugenausbildung zwischen den Hubsektionen
d) Detail innerer Wandanschlag, Schnitt A

1 oberer Torrahmen (U-Profil); *2* seitlicher Torrahmen (U-Profil); *3* Bereich des Gegengewichtes auf der linken Seite; *4* Führungsblöcke; *5* Hubsektionen in oberer Stellung; *6* Hubmechanismus; *7* Bühne mit Hubmechanismus; *8* bis *10* drei Hubsektionen; *11* Tür; *12* Stahlbetonstütze; *13* Verriegelung; *14* Endschalter; *15* verzinktes Stahlblech; *16* Dämmstoff 50 mm (Schaumpolystyrol); *17* frostbeständiger Schaumgummi; *18* oberer Block der Gegengewichte; *19* Bodenprofil

10. Hüll- und Ausbauelemente

10.7. Türen, Tore, Fenster

Rolltor

10.46 a)

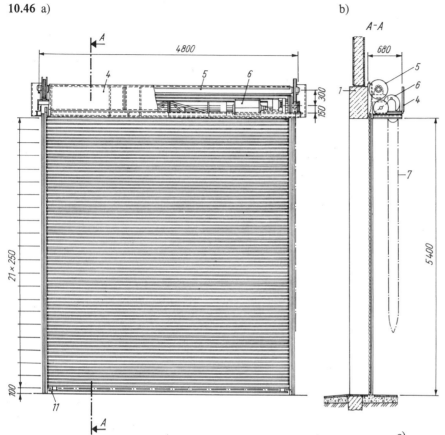

10.46
Stahlblech-Rolltor für Kaltbauten (UdSSR)
automatische Steuerung
Systembreite/Systemhöhe = 4,80 m/ 5,40 m

a) Innenansicht
b) Längsschnitt A-A
c) Detail Längsschnitt
d) Detail der Verbindung der Rollglieder
e) Detail Rolltoranschlag Innenansicht im Bodenbereich
f) Detail Anschlag C-C

1 Torsturz; *2* Stahlwinkelanschlag; *3* Rollband; *4* Gehäuseblende; *5* Rollgliedertrommel; *6* Elektromotor; *7* Handantrieb; *8* Führungsschiene; *9* Halterung; *10* frostbeständige Gummidichtung; *11* Blockierungsmechanismus reagiert auf Berührung der Gummidichtung durch Rollbandabschluß; *12* Verschraubung; *13* Boden, U-Profil

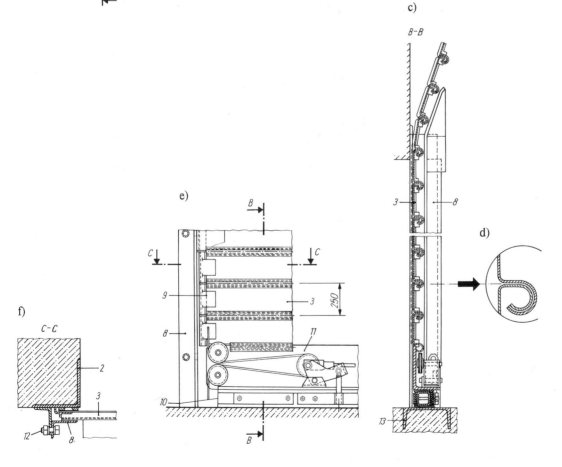

10. Hüll- und Ausbauelemente

10.8. Treppen, Steigleitern, Geländer

Übersichten, Tafel 10.8

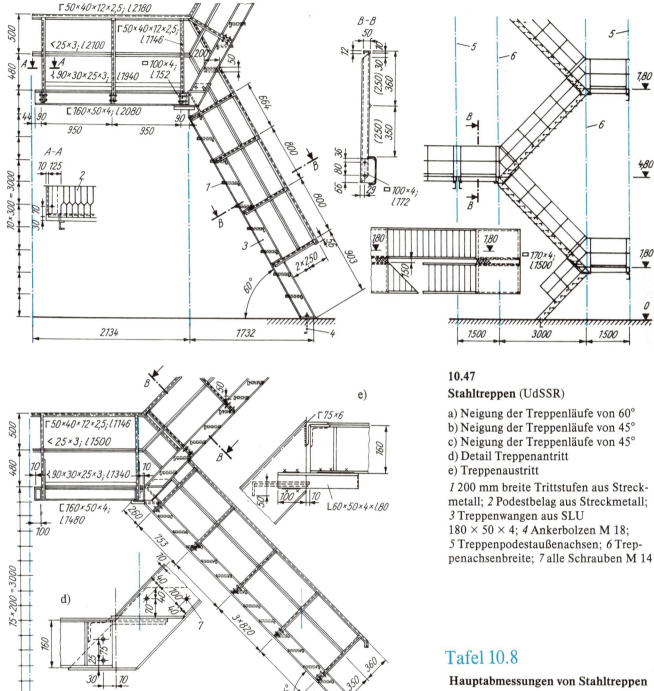

10.47
Stahltreppen (UdSSR)

a) Neigung der Treppenläufe von 60°
b) Neigung der Treppenläufe von 45°
c) Neigung der Treppenläufe von 45°
d) Detail Treppenantritt
e) Treppenaustritt

1 200 mm breite Trittstufen aus Streckmetall; *2* Podestbelag aus Streckmetall; *3* Treppenwangen aus SLU 180 × 50 × 4; *4* Ankerbolzen M 18; *5* Treppenpodestaußenachsen; *6* Treppenachsenbreite; *7* alle Schrauben M 14

Tafel 10.8

Hauptabmessungen von Stahltreppen

Neigung	45°	60°	90°
Breite in mm	600 800 1000	600 800	600
Höhe in mm	600 bis 4200	600 bis 6000	2400 600 bis 6000
Stufenbreite in mm	200	300	300

10. Hüll- und Ausbauelemente

10.8. Treppen, Steigleitern, Geländer

Übersichten, Tafel 10.9

10.48

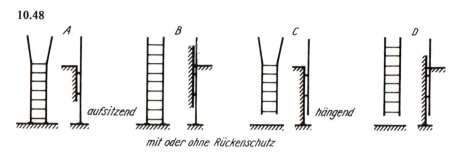

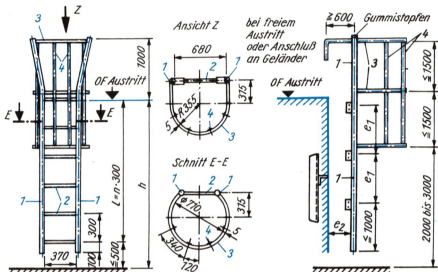

dargestellt ist Form C mit Rückenschutz

10.48 Übersicht Steigleitern

Grundsätze:

Bei Steigleitern der Form A und C, die vor einer Austrittsfläche enden, die nicht durch Geländer eingefaßt ist, z. B. bei Dächern, ist ein abgebogenes Handlaufrohr anzuordnen.
Bei Steigleitern mit seitlichem Austritt der Form B und D sind die Holme bis zur Geländerhöhe und die Sprossen über die gesamte Holmhöhe weiterzuführen.
Das lichte Maß zwischen den Holmen beträgt 370 mm.
Korrosionsschutz nach TGL 13510/08
Die Forderung einer feuerverzinkungsgerechten Ausführung ist berücksichtigt.
Vorzugsweise sind die Steigleitern mit angeschweißtem Rückenschutz auszuführen.
Die Steigleitern sind allgemein senkrecht anzuordnen, eine Abweichung zur Senkrechten bis 10° ist zulässig.
Die Sprossen sind parallel zur Wand des Bauwerkes anzuordnen.
Steigleitern, die höher als 5 m sind, müssen ab 3 m Höhe und bei Absturzgefahr auf tiefer als der Antritt gelegene Flächen ab 1,80 bis 2,00 m Höhe einen Rückenschutz haben.
Bei Steigleitern mit seitlichem Austritt, z. B. bei Zwischenpodesten, darf der Rückenschutz nur bis Höhe der Austrittsfläche geführt werden, wenn diese selbst durch Geländer geschützt sind.
Muß der Rückenschutz bei frei auslaufenden Leitern mit seitlichem Austritt bis OF Holm geführt werden, so ist der obere Bügel an der Seite des Austritts zu unterbrechen und seine Funktion durch konstruktive Maßnahmen wieder herzustellen (Sonderausführung).
Größte Steigleiterlänge $h = 10$ m. Bei Leiteraufstiegen $h > 10$ m müssen in Abständen von höchstens 10 m Zwischenpodeste angeordnet werden. Die Bodenöffnungen in den Zwischenpodesten sind gegeneinander versetzt anzuordnen.

Tafel 10.9

Maßübersicht für Steigleitern

e_1 in mm Abstützung Maximum	e_2 in mm Minimum	Maximum	1 Holm Rohr TGL 14514/01	2 Sprosse Rohr TGL 14514/01	3 Rückenschutzbügel in mm Rundstahl TGL 7970	Flachstahl TGL 7973	4 Rückenschutzleiste in mm Anzahl	Flachstahl TGL 7973
6000 8000	160	300	1¼" 2"	½"	⌀16	50/5	4	30/5

10. Hüll- und Ausbauelemente

10.8. Treppen, Steigleitern, Geländer

Übersichten

10.49

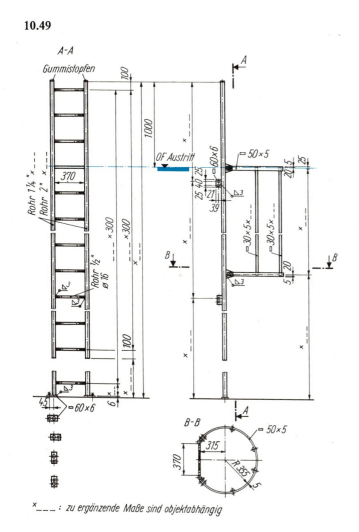

10.50

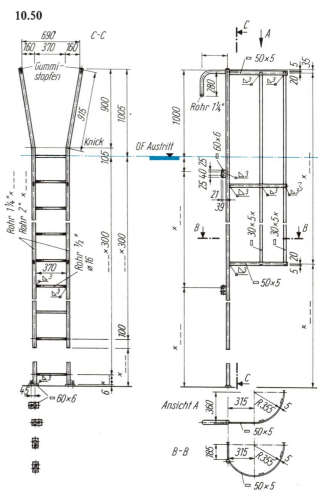

10.49
Beispiel Steigleiter mit seitlichem Austritt – geschraubt

10.50
Beispiel Steigleiter mit mittigem Austritt – geschweißt

10. Hüll- und Ausbauelemente

10.8. Treppen, Steigleitern, Geländer

Übersichten

10.51

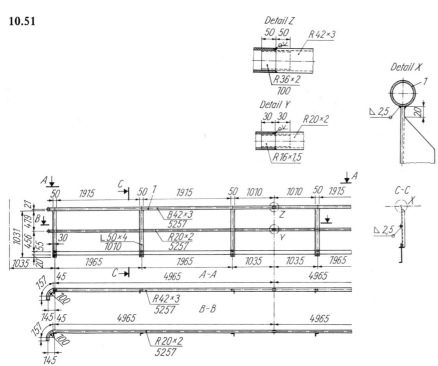

10.51

Geländerkonstruktion nach POLSKI-NORM (VR Polen)

1 Geländerrohr

10.52

Treppenträgerausbildung nach POLSKINORM (VR Polen)

a) geknickter I-Profilstahl-Träger
b) Fertigung aus U 180
   1 Ausklinkung; *2* Zuglasche, verschweißt
c) und d) oberes Widerlager
e) und f) Fußwiderlager
g) und h) eingeschweißte Auftrittsbleche aus 3,5- bis 5-m-Riffelblech

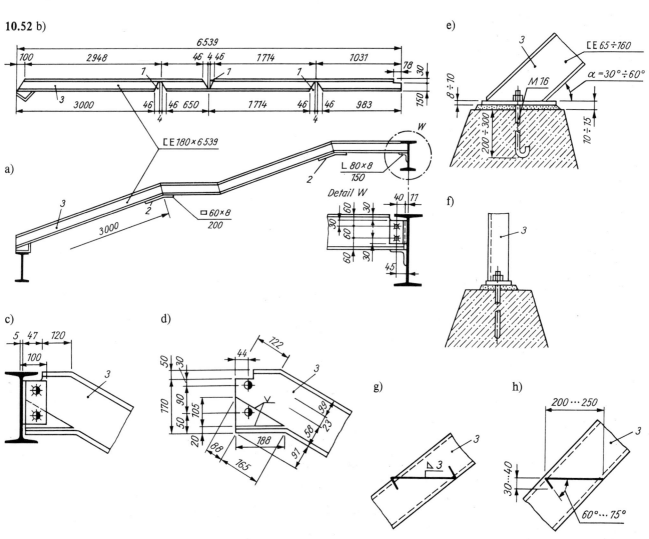

11
Industriehallen mit Kranbetrieb

11. Industriehallen mit Kranbetrieb

11.1. Einleitung

Allgemeine Grundlagen

Im vorliegenden Abschnitt soll die Gestaltung einiger ausgewählter Industriehallen mit mittlerem und schwerem Kranbetrieb in Anlehnung an die bisher behandelten Trag- und Stabilisierungselemente vorgestellt werden. Dabei sind entwurfstechnische Kriterien als Betreiberprinzipien (funktionelle und nutzertechnologische Grundsätze) und als Gestaltungsprinzipien (architektonische und formale Grundsätze) einerseits sowie statisch-konstruktive Kriterien als Berechnungsprinzipien (statische und konstruktive Grundsätze) und als Herstellungsprinzipien (baustoffliche und bautechnologische Grundsätze) andererseits unter Beachtung wirtschaftlicher Kriterien in die Konzeption einzubeziehen. Ziel ist es, insbesondere an Hand von Beispielen das Zusammenwirken aller Tragelemente einer Halle darzustellen und speziell dafür wichtige Details anzugeben.

Beispielauswahl

Die entwurfstechnischen Kriterien wurden bereits erläutert.
Für das Bauwesen der DDR sind dazu Aussagen allgemeiner Art im Katalog »Richtlinien für Projektierung und Konstruktion im Stahlhochbau« des VEB Metalleichtbaukombinat formuliert bzw. spezielle Festlegungen im Rahmen des Katalogwerkes Bauwesen getroffen.
Dachtragwerke lassen sich, ausgehend von den entwurfstechnischen Anforderungen und der Belastung, beim Vorliegen entsprechender Bedarfsgrößen gut serienmäßig vorfertigen, wozu international viele Beispiele bekannt sind und auch vom VEB Metalleichtbaukombinat beispielhafte Lösungen erarbeitet wurden (s. Abschn. 6.).

Projektierungskriterien

Ergänzungselemente zur Komplettierung von Hallen in Form von Laufstegen, Treppen, Geländern, Sicherheitsschranken, Notabstiegen, Dachaufstiegen u. ä. werden bevorzugt als genormte Teile angeboten, aus denen sich durch einfache Auswahl die gewünschte Komplettierung zusammenstellen läßt (s. Abschn. 10.).

Ergänzungselemente

Typisch für den Stahlbau ist auch der Einsatz anderer Baustoffe, insbesondere von Beton. Die Beispielauswahl berücksichtigt folgende Varianten:
- Bild 11.1 Beispiel Misch- und Verbundbau
- Bild 11.2 Stahldachtragwerk und Dachdeckung nach getypten Elementen und individueller Unterkonstruktion entsprechend den nutzertechnologischen Anforderungen
- Bild 11.3 Typenhalle
- Bild 11.4 analog Bild 11.2
- Bild 11.5 und 11.6 individuelles Tragwerk
- Bild 11.7 Verwendung getypter Tragwerkelemente

Baustoffauswahl

11. Industriehallen mit Kranbetrieb

11.2. Einschiffige Hallen

Ausführungsbeispiele

11.1

11.1

Einblick in eine Halle mit Zweiträgerbrückenkranen

Unterschiedliche Kranbahn-Vollwandträger bei 6,00 m und 12,00 m Stützenabstand
Stahlfachwerk mit aufgeschweißten Dachkassettenplatten (Verbundbauweise)
(Foto: *VEB MLK Archiv*)

11. Industriehallen mit Kranbetrieb

11.2. Einschiffige Hallen

Getypte Halle

11.2 a)

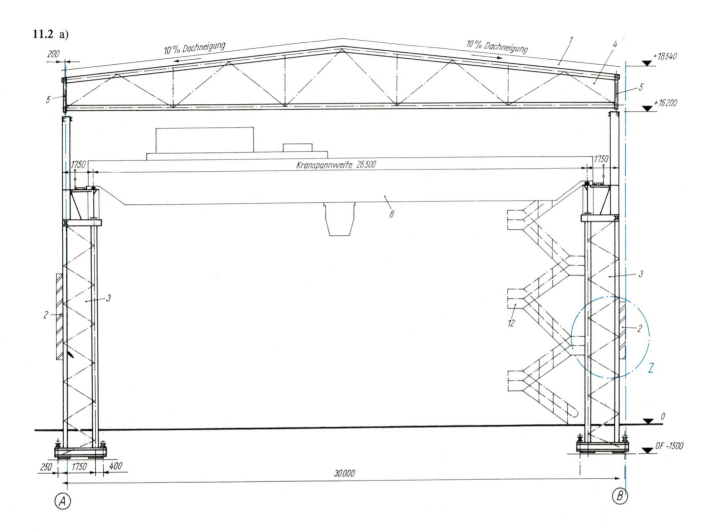

b)

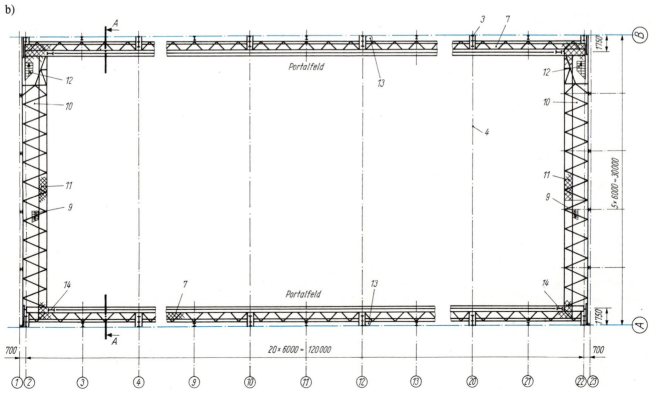

11. Industriehallen mit Kranbetrieb

11.2. Einschiffige Hallen

Bauwerksanalyse

Detail Z

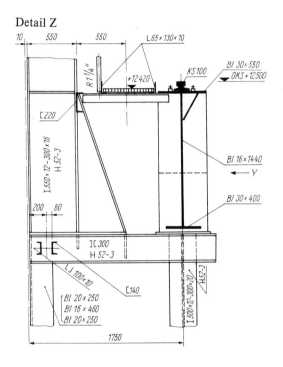

Ansicht Y

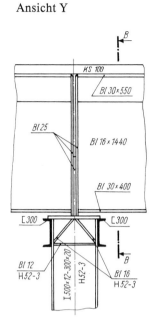

11.2

Getypte, wärmegedämmte Halle
Angebotsprojekt: VEB MLK

a) Querschnitt A-A
b) Grundriß

1 Dachdeckung aus 400-mm-Dachkassettenplatten mit 100-mm-PUR-Bit-Dämmelementen, entspannt durch Diffusionseinsätze; Dachhaut aus Textilbelag und Bitumendachpappe; *2* Wandausbildung mit 200-mm-Gasbetonelementen und hinterlüfteter Fassade aus EKOTAL-Trapezprofilblech; *3* Gitter-Randstütze, vgl. Bild 8.50, äußerer unterer Stiel U-Profil aus Bl 20 × 250 - Bl 16 × 460 - Bl 20 × 250, oberer Teil I 550 × 12 - 300 × 16, innerer Stiel I 500 × 12 - 300 × 20, Verband 2 × L 100 × 10; *4* Fachwerkbinder für pfettenloses Verbunddach untergurtgelagert; *5* Fachwerk-Randunterzug; *6* Kranbahnträger; *7* Horizontalverband (Bremsverband) mit Laufsteg; *8* Zweiträgerbrückenkran; *9* Treppe zum Laufsteg des Giebelwandverbandes; *10* Giebelwindverband; *11* Laufsteg; *12* Treppe zum Laufsteg des Horizontalverbandes; *13* Notausstieg; *14* Prellbock

Bauwerkanalyse

Systemabmessungen
- Systembreite: 30,00 m
- Systemlänge: 120,00 m
- Systemhöhe: 18,54 m
- Achsabstand: 12,00 m (Gitterstützen), 6,00 m (Giebelstützen und Längswandstützen zwischen den Gitterstützen)

Kranbahnausrüstung
- Zweiträgerbrückenkrane *(8)* mit je 800 kN Hublast

Dachtragwerk
- gelenkig untergurtgelagerte ebene Fachwerkbinder *(4)*
- pfettenloses Stahlbeton-Verbunddach als vorgefertigte Dachkassettenplatten, auf Obergurt gelagert

Wandtragwerk
- 16,20 m hohe Gitterstützen *(3)*, in der Höhe von 10,27 m abgestuft. Innenstiel aus einem I-Profil und Außenstiel aus zu Blechen zusammengeschweißtem [-Profil mit einfachen Befestigungsmöglichkeiten für Wandplatten aus Gasbeton. Fachwerk-Diagonalstäbe bestehen aus Winkelprofil.
- Im Bereich der äußeren Stielverlängerung wird das [-Profil infolge der aufzunehmenden Verbundlast durch ein I-Profil ersetzt.
- Zwischenstützen aus I-Profil sind mit 6,00 m Abstand zur Befestigung der Wandverkleidung zwischen den Gitterstützen angeordnet.
- Giebelwindstützen mit Achsabstand 6,00 m sind vorgesetzt.

Stabilisierung
- Die Gitterstützen sind in Hallenquerrichtung unten eingespannt, in Hallenlängsrichtung sind sie gelenkig gelagert. Ein zusammenwirkendes Stützen-Binder-System resultiert aus der oberen Koppelung der Stützen mit dem pfettenlosen Verbunddach *(1)*.
- Parallel-Fachwerkrandunterzug *(5)* im Bereich der Randlagerung der Dachbinder; steift die Stützenköpfe untereinander aus
- Je ein Portal in Hallenlängswandmitte dient zur Aufnahme der Koppelkräfte. Die Portallage in Hallenlängswandmitte verhindert Zwängungsspannungen infolge Temperaturdehnungen.
- Die Längswandzwischenstützen sind unten gelenkig gelagert und an die Nebenträger des Horizontalverbandes *(7)* des Kranbahnträgers *(6)* angependelt.
- Die Giebelstützen sind ebenfalls unten gelenkig gelagert und an die Giebelwindverbände *(11)* oben angependelt. Diese dienen gleichzeitig als Reparaturpodeste für die Krane.

Kranauflager
- Auflager nach Detail Y in 10,27 m Höhe auf den Innenstiel der Gitterstützen
- Schlingerkräfte der Kranbahn *(6)* werden über einen Schrägstab in eine Kopftraverse eingeleitet, die sich unmittelbar unter dem Kranbahnträgerauflager befindet.

Wandhülle
- wärmegedämmt aus 200-mm-Gasbetonwandplatten mit äußerer hinterlüfteter EKOTAL-Stahltrapezprofilverkleidung *(2)*
- auf einer Längsseite oberes und unteres Fensterband aus doppelter kittloser Verglasung mit Lüftungsflügeln in einfacher kittloser Verglasung ausgeführt

Dacheindeckung
- wärmegedämmt mit 100-mm-PUR-Bit-Dämmplatten, 500er Bitumendachpappe und Textilbelag auf 400 mm dicken Stahlbeton-Dachkassettenplatten verlegt *(1)*

11. Industriehallen mit Kranbetrieb

11.2. Einschiffige Hallen

Getypte Halle

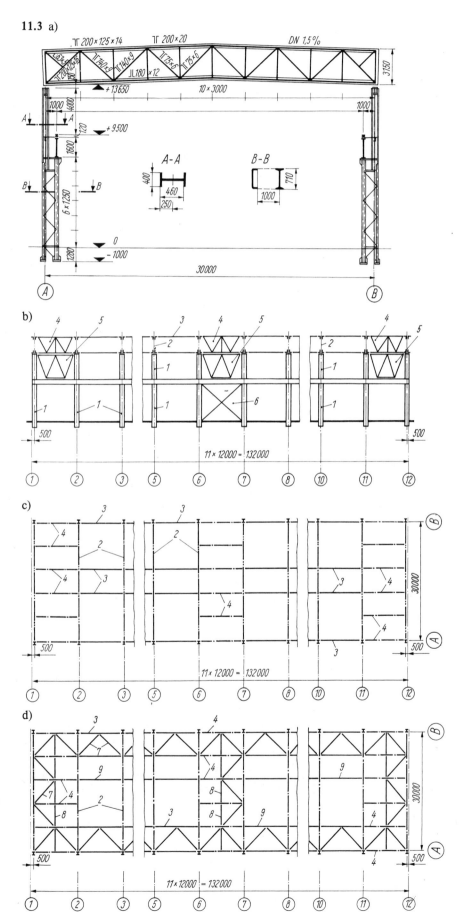

11.3
Getypte, wärmegedämmte Halle
Sowjetisches Angebotsprojekt [11.1]

a) Querschnitt
b) Längswandstabilisierung
c) Obergurtebene   d) Untergurtebene
1 Gitterstützen mit Kranbahn; *2* Fachwerkbinder; *3* Stabilisierungsstäbe; *4* Verbände im Binderbereich; *5* Verbände zwischen Höhe des Binderuntergurtes und Höhe der Kranbahn; *6* Kranbahnportal; *7* Verbandsstäbe (diagonal); *8* Verbandsstäbe (quer); *9* Verbandsstäbe (längs)

Bauwerkanalyse

Systemabmessungen
- Systembreite ≥ 30,00 m
- Systemlänge: 132,00 m
- Systemhöhe: 13,65 m
- Achsabstand: 12,00 m (Gitterstützen), 6,00 m (Giebelstützen und Längswandstützen zwischen den Gitterstützen)

Kranausrüstung
- Brückenkran > 500 kN Hublast

Dachtragwerk
- analog Bild 11.2

Wandtragwerk
- analog Bild 11.2

Stabilisierung
- Stabilisierung in Hallenquerrichtung durch Stützen-Binder-Systeme mit eingespannten Gitterstützen *(1)* und gelenkig gelagerten Fachwerkbindern *(2)*
- Stabilisierung in Hallenlängsrichtung durch Portale *(6)*, Verbände *(4)*, *(5)* und Stäbe *(3)*, *(7…9)*
- Zur Vermeidung von Zwängungsspannungen infolge Temperaturdehnung sind die Längswandportale in Wandmitte angeordnet.

Kranauflager
- analog Bild 11.2

Wandhülle
- Stahlbetonplatten oder Leichtbauelemente, ausgebildet als Mehrschichtelemente (Sandwich- oder Stützkernelemente)

Dacheindeckung
- Vorwiegend kommen 12,00 m weitgespannte Stahlbetonkassettenplatten (Verbundbau) oder mit Pfettenauflagerung Stahltrapezprofilelemente mit/ohne Wärmedämmung zum Einsatz. Die Profilsteghöhe beträgt 120 mm; die Blechdicke in Abhängigkeit von Spannweite und Belastung liegt zwischen 0,8 und 1,5 mm.

11. Industriehallen mit Kranbetrieb

11.3. Zweischiffige Hallen

Konstruktionsbeispiele

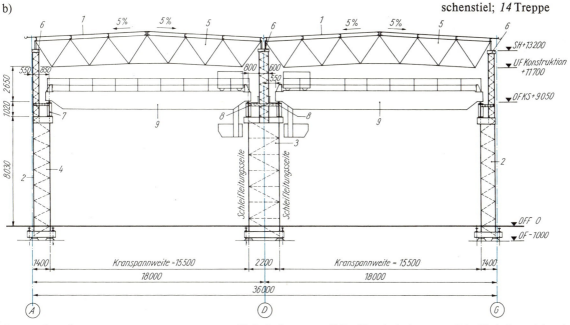

11.4
Getypte, wärmegedämmte Halle
Angebotsprojekt: VEB MLK

a) Grundriß; b) Querschnitt A-A

1 Dachdeckung Bitumendämmdach auf profilierte Bleche aus Aluminium (HETTAL-Trapez-Profilband); *2* Wandausbildung Al-PUR-Al-Elemente und kittlose Verglasung; *3* Gitter-Mittelstütze mit Fußeinspannung; *4* Gitter-Randstütze mit Fußeinspannung; *5* Stabnetzfaltwerk-Segment, Laststufe 1,7 kN/m^2; *6* Koppelstäbe; *7* Kranbahnträger; *8* Horizontalverband (Bremsverband) mit Laufsteg; *9* Brückenkran 320/80 kN, kabinengesteuert; *10* Giebelwandverband; *11* Giebelwandstiel; *12* Giebeleckstiel; *13* Längswandzwischenstiel; *14* Treppe

Bauwerkanalyse

Systemabmessungen
- Systembreite: 2 × 18,00 m = 36,00 m
- Systemlänge: 108,05 m
- Systemhöhe: 13,20 m
- Achsabstand: 12,00 m (Gitterstützen), 6,00 m (vorgesetzte Giebelstützen und Längswandzwischenstützen)

Kranbahnausrüstung
- 2 Brückenkrane von 320/80 kN Hublast je Schiff *(9)*

Dachtragwerk
- Montagesegment aus Stabnetzfaltwerk TYP BERLIN *(5)* mit Systemgrundabmessung 12,00 m × 18,00 m

Wandtragwerk
- 13,20 m hohe Gitterstützen *(4)*, in der Höhe von 8,03 m abgestuft
- Riegel zur Aufnahme der Wandelemente

- Giebelstützen aus I-Profil mit Achsabstand 6,00 m sind vorgesetzt.

Stabilisierung
- Die Gitterstützen sind in Hallenquerrichtung unten eingespannt, in Hallenlängsrichtung unten gelenkig gelagert.
- In Hallenquerrichtung sind die Stützenköpfe der Gitterstützen durch Koppelstangen *(6)* miteinander verbunden, es entsteht ein mehrfach-statisch unbestimmtes System.
- In Hallenlängsrichtung erfolgt die Kopplung durch Stabnetzfalten *(5)*.
- Die Koppelkräfte werden in die Portal-Endfelder eingeleitet.
- Dehnfuge zwischen den Achsen 9.1 und 9.2
- Aus der Lage der Portale und der Dehnfuge treten in Längsrichtung keine Spannungen aus Temperaturausdehnung auf.

- Die Giebelwandriegel werden in Höhe des Kranbahnträgers *(7)* durch einen Giebelwindverband abgefangen.

Kranauflager
- Auflager in 8,03 m Höhe auf den Innenstiel der Gitterstütze *(3* und *4)*
- Der Laufsteg *(8)* und die Schleifleitung des Kranbahnträgers *(7)* wurden an der Mittelstütze *(3)* vorgesehen.

Wandhülle
- Als Hüllelemente kommen Al-PUR-Al-Elemente *(2)* und Fensterbänder aus kittloser Verglasung zur Anwendung.

Dacheindeckung
- wärmegedämmt mit Bitumendämmdach auf HETTAL-Trapez-Profilband *(1)*, Profilbandauflager auf U-Pfetten

11. Industriehallen mit Kranbetrieb

11.3. Zweischiffige Hallen

Konstruktionsbeispiele

11.5 a)

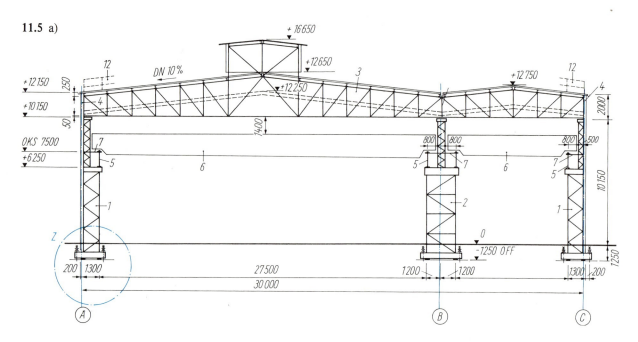

Detail Z

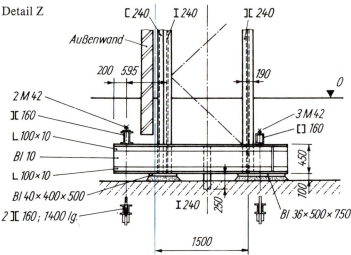

11.5
Individuelles Projekt einer Halle
Projekt: VEB MLK

a) Querschnitt A-A
b) Längsschnitt B-B
c) Grundriß

1 Gitter-Randstütze mit Fußeinspannung; *2* Gitter-Mittelstütze mit Fußeinspannung; *3* Pfostenfachwerkbinder, untergurtgelagert mit Dachaufbau; *4* Fachwerk-Randunterzug; *5* Kranbahnträger; *6* Brückenkran 200/50 kN Hublast; *7* Horizontalverband (Bremsverband) mit Laufsteg; *8* Windstiel, I-Profilstahl; *9* Bandbrücke; *10* Treppe; *11* Aufstieg zum Dach; *12* umlaufendes Geländer

Bauwerkanalyse

Systemabmessungen
- Systembreite: 30,00 m + 12,00 m = 42,00 m
- Systemlänge: 48,00 m
- Systemhöhe: 10,15 m
- Achsabstand: 12,00 m (Gitterstützen), 6,00 m (Giebelstützen und Längswandstützen zwischen den Gitterstützen),

Kranbahnausrüstung
- 2 Brückenkrane mit je 200/50 kN Hublast im 30,00-m-Schiff
- 1 Brückenkran mit 200/50 kN Hublast im 12-m-Schiff

Dachtragwerk
- gelenkig untergurtgelagerte Fachwerkbinder mit parallelen Zwischenbindern, verbunden mit Parallel-Fachwerkrandunterzügen

Wandtragwerk
- Die 10,15 m hohen Gitterstützen *(1)* sind in 6,25 m Höhe abgestuft.
- Die Stützenverlängerung ist ebenfalls als Fachwerk ausgebildet.
- Zwischenstützen *(8)* an den Längswänden und Giebelstützen *(8)* in 6,00 m Abstand

Stabilisierung
- in Hallenquerrichtung durch Stützen-Binder-Systeme mit eingespannten Gitterstützen *(1)* gekoppelt mit Pfostenfachwerk
- Die Stützenfüße sind in Hallenquerrichtung eingespannt - in Hallenlängsrichtung gelenkig gelagert. Die Fußtraversen Detail Z übertragen die Einspannkräfte über Hammerkopfschrauben in die Fundamente.

- Bei 12,00 m Stützenabstand sind Parallel-Randunterzüge *(4)* gespannt, sie dienen zur Aufnahme der im 6,00-m-Abstand zusätzlich angeordneten Fachwerkbinder *(3)*.
- In Hallenlängsrichtung wirken diese Randfachwerke *(4)* gleichzeitig als Koppelelemente, die ihre Kräfte in Längswandportale einleiten. Ihre Lage ist in Hallenmitte - Vorteil: Zwängungsspannungen aus Temperaturdehnungen werden vermieden.

Kranauflager
- analog Bild 11.2

Wandhülle
- wärmegedämmt, analog Bild 11.4

Dacheindeckung
- wärmegedämmt, analog Bild 11.4

11. Industriehallen mit Kranbetrieb

11.3. Zweischiffige Hallen

Konstruktionsbeispiele

11.5. b)

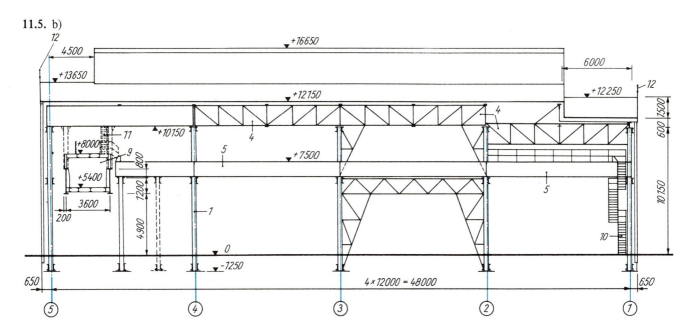

c)

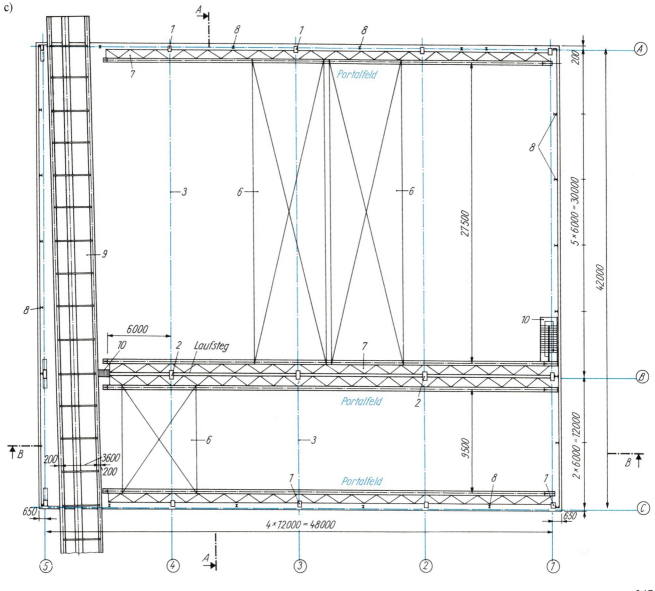

247

11. Industriehallen mit Kranbetrieb

11.3. Zweischiffige Hallen

Konstruktionsbeispiele

11.6

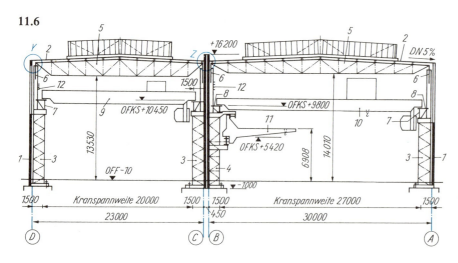

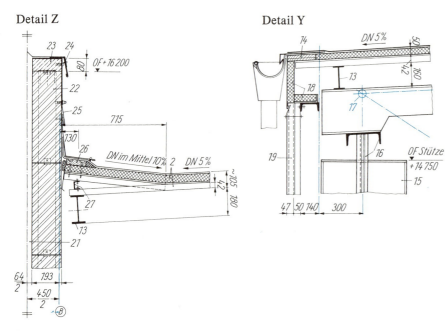

11.6
Individuelles Projekt einer gedämmten Halle
Projekt: VEB MLK

1 Wandausbildung 200-mm-Gasbetonplatten mit kittloser Verglasung; *2* Dachdeckung Schiefersplitt, 1 Lage Textildachbelag, 2 Lagen 500er Bitumendachpappe, 50-mm-PUR-Bit-Dämmplatten, 1 Lage 500er Bitumendachpappe als Dampfsperre, EKOTAL-Trapezprofilblech 42/200/1 mm als Tragschale; *3* Gitter-Randstütze mit Fußeinspannung; *4* Gitter-Randstütze mit Fußeinspannung für Konsolkran; *5* Pfostenfachwerkbinder mit Dachaufbau in doppelter kittloser Verglasung; *6* Randunterzug; *7* Kranbahnträger; *8* Laufsteg; *9* Zweiträgerbrückenkran 500/125 kN und 125/40 kN Hublast; *10* Zweiträgerbrückenkrane 500/125 kN und 200 kN Hublast mit Drehlaufkatze; *11* Konsolkran mit 50 kN Hublast und 8 m Auslegerlänge; *12* Schleifleitung; *13* Pfette IPE-Profilstahl; *14* Traufbohle in Holz, 200 mm × 24 mm imprägniert, zweiteilig vernagelt mit Entlüftungskanälen, 10 mm × 20 mm in der oberen Bohle, Abstand 1 m; *15* Oberteil der Gitterstütze; *16* Randunterzug, Obergurt U-Profilstahl; *17* Obergurtknotenpunkt des Pfostenfachwerkes (*5*), Schnittpunkt der Profilschwerachse; *18* Dämmplatten; *19* kittlose Verglasung; *20* Riegel; *21* Dehnfuge; *22* Gasbetonwandplatten; *23* Abdeckung aus Beton; *24* Abdeckblech und *25* Überhangblech aus EKOTAL-Blech zugeschnitten, Stoßüberdeckung 100 mm; *26* Holzbohle 140 mm × 35 mm, imprägniert; *27* Auflager SL ⌈ 80 × 40 × 3 für die schrägliegende Tragschale aus EKOTAL-Trapezprofilblech

Bauwerkanalyse

Systemabmessungen
- Systembreite: 23,00 m + Systemsprung 0,45 m + 30,00 m
- Systemlänge: 98,40 m
- Systemhöhe: 14,40 m
- Achsabstand: 13,20 m (Gitterstützen), 6,60 m (Zwischenstützen)

Kranausrüstung
- im 23,00-m-Schiff: 500/125 kN 125/40 kN Zweiträger-Brückenkrane (*9*)
- im 30,00-m-Schiff: 500/125 kN Zweiträger-Brückenkran (*10*) + 50 kN Konsolkran (*11*)

Dachtragwerk
- ebene Fachwerkbinder (*5*) mit 6,60 m Achsabstand, gelenkige Obergurtlagerung mit Satteldachoberlichter

Wandtragwerk
- Aus brandschutztechnischen Gründen wurden beide Hallenschiffe in Hallenlängsrichtung durch eine Dehnfuge mit beiderseitiger Brandschutzwand getrennt.
- Gitterstützen (*3, 4*) bis in Höhe 8,42 m, Stützenverlängerung als Vollwandprofil
- Giebelstützen sind 6,50 m vor der letzten Gitterstütze vorgestellt.

Stabilisierung
- in Hallenquerrichtung durch Stützen-Binder-System mit eingespannten Gitterstützen (*3, 4*), gekoppelt mit ebenen Fachwerkbindern
- Parallel-Randunterzüge (*6*) dienen zur Aufnahme der Zwischenfachwerkbinder und gleichzeitig in Hallenlängsrichtung als Koppelglieder, sie leiten die Längskräfte in K-Portale ein.

- Je Längswand wurde ein K-Portal vorgesehen. Ihre Wirkung entspricht Bild 11.2

Kranauflager
- analog Bild 11.2

Wandhülle
- wärmegedämmte Teilverkleidung der Giebel und der Längswände mit Gasbetonplatten (*1*), mit einem Riegelsystem verankert
- Fensterbänder mit kittloser Verglasung

Dacheindeckung
- Warmdachausbildung (*2*) nach Detail Z

11. Industriehallen mit Kranbetrieb

11.4. Dreischiffige Hallen

Konstruktionsbeispiele

11.7 a)

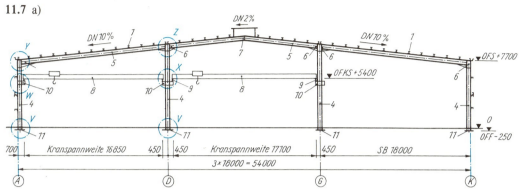

b)

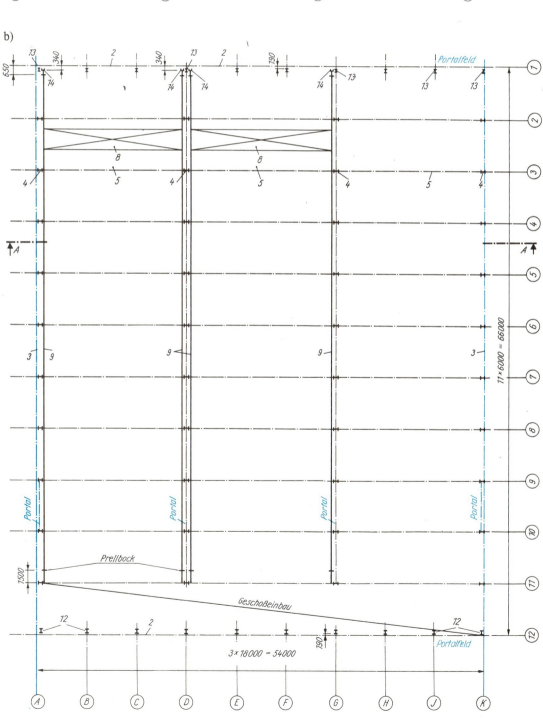

11. Industriehallen mit Kranbetrieb

11.4. Dreischiffige Hallen

Konstruktionsbeispiele

11.7 c)

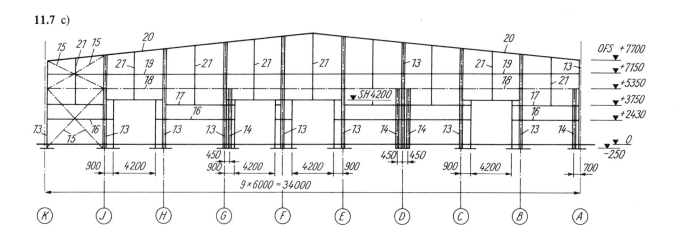

d)

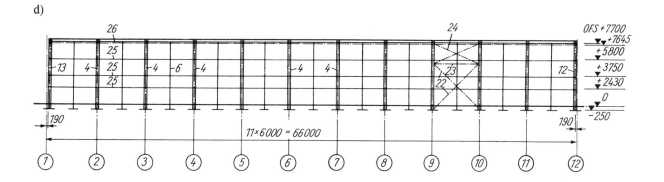

11.7
Individuelles Projekt einer gedämmten Halle
Projekt: VEB MLK

a) Querschnitt A-A
b) Grundriß
c) Giebelwand Reihe 1
d) Längswand Achse A
e) Details

1 Dachdeckung EKOTAL-Trapezprofilblech als Dachscheibe auf U-Profil-Pfetten (Stahlleichtprofile) und selbsttragende MIWO-Dämmplatten auf Pfettenuntergurt aufgelagert; *2* Wandverkleidung Giebel: zwischen −250 mm und +2,43 m Brüstung aus Mauerwerk von +2,43 m bis +3,75 m kittlose Verglasung, von +3,75 m bis +5,80 m St-PUR-St, in der Reihe 12 von +5,80 m bis +7,15 m kittlose Verglasung und bis zum First St-PUR-St, in der Reihe 1 von +3,75 m bis zum First St-PUR-St; *3* Wandverkleidung in Achse A und K: zwischen −250 mm und +2,43 m Brüstung aus Mauerwerk, von +2,43 m bis +3,75 m kittlose Verglasung und von +3,75 m bis +7,645 m (Traufe) St-PUR-St; *4* Rahmenstiel I 500 × 6 − 250 × 10 − 3; *5* Rahmenriegel I 450 × 6 − 230 × 8 − 3; *6* Rahmenecke, vgl. Bild 7.5 und 7.13; *7* biegesteifer Stirnplattenstoß gleichzeitig Montagestoß, vgl. Bild 7.6; *8* Kran; *9* Kranträger IPE 270 + 2L 50 × 5 + 4 kt 50; *10* Krankonsole IPE 200; *11* Fußgelenk; *12* Giebelstützen IPE 330 der Reihe 12; *13* Giebelstützen IPE 300 der Reihen 1 und 12; *14* Giebelstützen IPE 220 der Reihe 1; *15* Verbandstäbe der Giebel-Portale L 50 × 5; *16* Riegel SL ∟190 × 50 × 3; *17* Riegel [140 + L 50 × 100 × 8; *18* Riegel 2 L 60 × 6 (übereck gestellt); *19* Riegel [140; *20* Riegel [140 + [160; *21* Stiel L 40 × 4 im Bereich St-PUR-St; *22* Verbandstäbe der Längswand-Portale, 2 L 60 × 6 (übereck gestellt); *23* Verbandsstäbe 2 SL [125 × 60 × 5; *24* Verbandsstab L 60 × 6; *25* Stahlleichtprofil verschiedener Formen und Abmessungen; *26* Dachrinnenprofil

11. Industriehallen mit Kranbetrieb

11.4. Dreischiffige Hallen

Details

11.7 e)

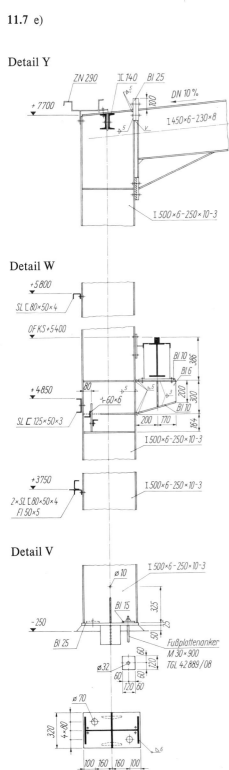
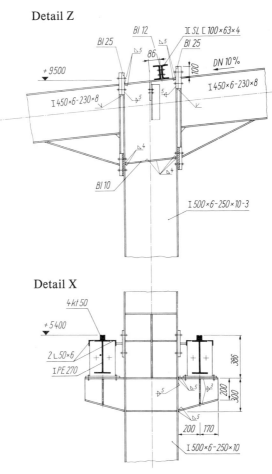

Detail Y
Einfache Rahmenecke der Randstütze

Detail Z
Anschluß der Rahmenriegel an die Mittelstütze (Doppelte Rahmenecke)

Detail W
Auflager des Kranbahnträgers an der Randstütze

Detail X
Auflager der Kranbahnträger an der Mittelstütze

Detail V
Stützenfußgelenk

Bauwerkanalyse

Systemabmessungen
- Systembreite: $3 \times 18{,}00$ m $= 54{,}00$ m
- Systemlänge: 66,00 m
- Systemhöhe: Traufe = 7,70 m, First = 10,40 m
- Achsabstand: 6,00 m

Kranbahnausrüstung
- ein Rand- und das Mittelfeld mit je einem Einträger-Brückenkran von 50 kN Hublast (8)

Rahmentragwerk
- Rahmenriegel mit 10% Dachneigung (5)
- Rahmenriegel (5) und Rahmenstiele (4) mit I-Profilen; Rahmenecken mit Vouten und Verschraubung (6) (Bolzenrahmenecken)
- Kranlasteinleitung über Konsolen (10) in die Rahmenstiele

Stabilisierung
- in Quer- und Längsrichtung gelenkig gelagerte Rahmenstiele (4)
- Stabilisierung in Hallenlängswandrichtung durch ein Portal

- Um Material einzusparen, entfallen in den Giebelachsen 1 und 12 die Rahmen. Wirkende V- und H-Kräfte werden durch die Giebelstützen und Riegel (16) aufgenommen und in das Giebelwandportal eingeleitet (15).
- Durch die Dachscheibenausbildung werden die infolge Dachschubs wirkenden Kräfte über die Pfetten direkt in die Rahmenriegel eingeleitet.

Wandhülle
- wärmegedämmt aus Ziegelmauerwerk (2) in Verbindung mit Fensterbändern aus kittloser Verglasung und St-PUR-St-Elementen

Dacheindeckung
- wärmegedämmtes Dach mit selbsttragenden MIWO-Dämmplatten (1) auf Pfetten oder Dachscheibenausbildung mit EKOTAL-Stahltrapezprofilblech (1), befestigt auf den ⌐-Pfetten mit Gewindeschneideschrauben

12
Rotationssymmetrische Hallentragwerke

12. Rotationssymmetrische Hallentragwerke

12.1. Stabnetzwerktonnen

Grundlagen, Beispiel

12.1

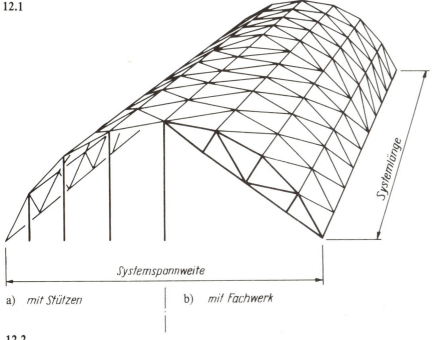

a) mit Stützen   b) mit Fachwerk

12.2

12.3

Anwendungsbereiche

Stabnetzwerktonnen mit einlagigen Stabkonstruktionen auf einer Zylindermantelfläche werden für Industrie-, Lager- und Gesellschaftsbauten wirtschaftlich eingesetzt.

Vorzugsabmessungen

Zur Orientierung können folgende geometrische Abmessungen dienen:

Freie Spannweiten in m	Krümmungsradien R in m
bis 20,00	10,00
20,00 bis 30,00	14,00 bis 16,00

12.1
Beispiel: Einlagiges Stabnetzwerk auf einer Zylindermantelfläche

Giebelversteifung
a) mit Stützen
b) mit Fachwerk

Bild 12.2 und 12.3
M-Shed-Stabnetzwerktonnen
über den Docks von *India & Millwall* in London (Großbritannien)

Spannweite 30,00 m
Stichhöhe 5,50 m

(Fotos: *F. Fonteyn,* London)

12.2
Vogelperspektive der Docks. Die Streifen in der Dachhaut in Querrichtung sind Belichtungsstreifen.

12.3
Innenansicht des Stabnetztragwerkes aus vorgefertigten geschweißten Parallel-Fachwerken aus Kastenprofilen. In Bilddiagonale der Dreigurt-Fachwerkrinnenträger

12. Rotationssymmetrische Hallentragwerke

12.2. Kuppeltragwerke

Grundlagen

Bei Drehung von Kurven (Erzeugende) um eine Drehachse entstehen in Abhängigkeit von der Kurvenform doppelt gekrümmte (antiklastisch gekrümmte) Flächenformen, wie z. B.:
- Gerade ≙ Kegel *(1)*
- Kreis ≙ Kugel *(2)*
- Parabel ≙ Paraboloid *(3)*

Definition

Die Überdachung der Rundform ist mit Tragstrukturen von unterschiedlichem Tragverhalten und unterschiedlichen Tragqualitäten möglich.

Kreisgrundriß

Rippen-Kuppel   Stabwerk-Kuppel

Tragstrukturen

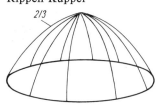

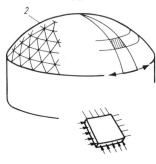

Fachwerkkegel

Bei nutzertechnologischen Forderungen nach:
- Weiträumigkeit
- keine besonderen Forderungen an natürliche Belichtung

Weitgespannte Industrie- und Gesellschaftsbauten, wie z. B.:
- Kino- und Konzertsäle
- Mehrzweckhallen
- Sportbauten
- Markthallen
- Lagerbauten
- Reparaturwerkstätten
- Produktionsbauten

Nutzertechnologischer Einsatz

Kuppelraum schränkt die Anwendungsbereiche ein:
- für gerade Produktionstechnologie ungeeignet, nur für annähernd stern- oder kreisförmige Produktionstechnologien geeignet
- keine Erweiterungsmöglichkeit im Sinne einer Segmentreihung, Produktionsfläche ist konstant.
- beschränkter Einsatz von Hebezeugen mit nur geringer Tragkraft möglich
- Die gesamte Nutzfläche kann nur als ein Brandabschnitt genutzt werden.
- Beeinträchtigungen durch Emissionen innerhalb der Abteilungen sind unzulässig.

Quantitative Einschätzung

Der Wechsel der Anschlußwinkel an den Knoten führt zur Vergrößerung des Elementesortimentes.
teilweise komplizierter Plattenzuschnitt der Hüllelemente (Bild 12.18)

- Gleichgewicht nach dem Prinzip der Axialsymmetrie
- Ausgleich der Horizontalkräfte innerhalb einer geschlossenen Tragstruktur
- resultierend aus den wichtigsten Belastungsarten nur Normalkraftbeanspruchung, kaum Biegemomente
- Lastabtragung im Membranspannungszustand und durch Normalkraftbeanspruchung

Tragverhalten

Aus der Normalkraftbeanspruchung resultieren:
- Minimierung der Eigenmasse
- volle Ausnutzung der Tragglied-Querschnitte.

Raumabschluß kann lastabtragenden Tragwerkelementen zugeordnet werden.

Tragqualität

Durch geeignete Wahl von Tragwerk und Montage ist ein fast völliger Wegfall von Rüst- und Schalarbeiten möglich (Bild 12.5, 12.9 und 12.25).

12. Rotationssymmetrische Hallentragwerke

12.2. Kuppeltragwerke

Tafel 12.1 Ausgewählte Stabstrukturen für Kuppeln

Struktur	Charakteristik	

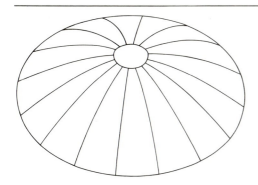

Rippen-Kuppeln

Entwicklung
Rippen-Kuppeln aus radial gerichteten gebogenen Rippen reichen bis in die Urzeit zurück.
Ursprünglich wurden leichte biegsame Stangen in die Erde eingelassen und oben zusammengebunden.

Anwendung
Rippen-Kuppeln lassen sich relativ einfach industriell vorfertigen und mit Hilfe leichter Stützgerüste auf der Baustelle montieren (Bild 12.9), [12.2].

Bildbeispiel **12.4, 12.6**

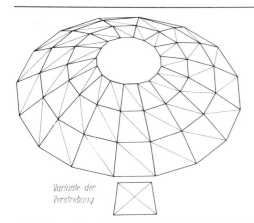

Variante der Verstrebung

Schwedler-**Kuppeln**

Entwicklung
1874 baute *J. Schwedler* in Wien eine Stabwerkkuppel mit 60 m Durchmesser, die aus trapezförmigen Feldern mit einem Diagonalstab je Feld zusammengesetzt ist [12.1].
Die erste *Schwedler*-Kuppel wurde über einen Gasbehälter in Berlin errichtet [12.2].

Anwendung
In *Charlotte/North Carolina* (USA) wurde 1955 eine *Schwedler*-Kuppel mit 101 m Durchmesser und 18 m Scheitelhöhe errichtet.

In der Gegenwart werden wieder häufiger *Schwedler*-Kuppeln gebaut.

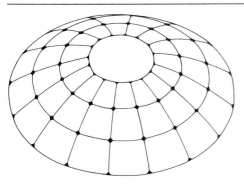

Rahmen-Kuppeln

Anwendung
Die Grundform hat die gleiche Struktur wie eine *Schwedler*-Kuppel ohne Diagonalen.
Rahmen-Kuppeln sind masseintensiv und eignen sich nicht zur Vorfertigung wegen der Kompliziertheit der konstruktiven Ausbildung [12.2].

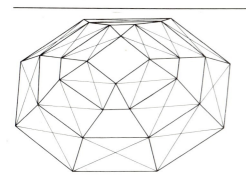

Zimmermann-**Kuppeln**

Entwicklung
1889 veröffentlichte *Zimmermann* grundlegende theoretische Arbeiten über die Berechnung von Raumstabwerken und entwickelte eine Stabwerkkuppel aus rechteckigen und dreieckigen Feldern für den Sitzungssaal des Berliner Reichstagsgebäudes.

Ausführung
Vor 1914 wurden *Zimmermann*-Kuppeln sehr oft in Deutschland ausgeführt [12.1].

12. Rotationssymmetrische Hallentragwerke

12.2. Kuppeltragwerke

Tafel 12.1 Ausgewählte Stabstrukturen für Kuppeln

Struktur	Charakteristik	
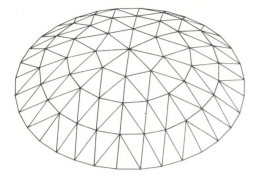 *Kiewitt*-Kuppeln 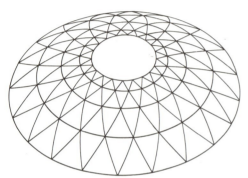 Dreiläufige Rostkuppeln	**Lamellen-Kuppeln** *Kennzeichen* Das Kennzeichen der Lamellen-Kuppeln ist eine rautenförmige Stabstruktur. Durch jeden Knotenpunkt läuft eine Lamelleneinheit. Lamellen-Kuppeln können relativ hohe Einzellasten aufnehmen. Die Spannungsverteilung ist sehr gleichmäßig. Dabei werden die Lamellen vor allem direkt belastet, somit können die Dimensionierung und die Eigenmasse niedrig gehalten werden.	*Ausführung* Lamellen-Kuppeln wurden für große Spannweiten in Japan, Frankreich, Italien, den USA, der Bundesrepublik Deutschland und der UdSSR ausgeführt [12.2]. Lamellen-Kuppeln werden mit unterschiedlichen Stabstrukturen realisiert: Lamellen-Kuppeln aus Sektoren mit der Bezeichnung *Kiewitt*-Kuppeln (benannt nach dem Erfinder), die durch Scharen von Lamellen in Richtung der den Sektor begrenzenden Haupttrippen und durch Ringstäbe unterteilt sind. Dreiläufige Rostkuppeln werden aus kreisgekrümmten Stäben, sich schneidenden Rippen und konzentrischen Ringen gebildet [12.3]. Bildbeispiel **12.12** bis **12.16**
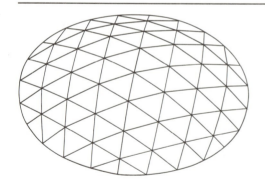	**Raumfachwerk-Kuppeln** *Entwicklung* Der Japaner *Matsushita* baute Ende der 50er Jahre eine Vielzahl interessanter Raumfachwerk-Kuppeln auf der Grundlage dreiläufiger Stäbe in der Ober- und Untergurt-Kuppelfläche. Geometrie und Anschlußtechnik ermöglichen industrielle Vorfertigung [12.3]. Bildbeispiel Tafel 12.5 c), d)	
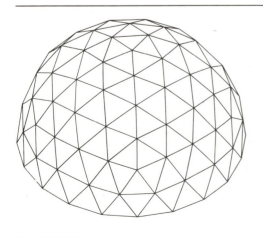	**Geodätische Kuppeln** *Entwicklung* Der US-Amerikaner *R. B. Fuller* entwickelte um 1950 die geodätischen Kuppeln, bei denen die Fachwerkstäbe auf Großkreisen der Kugel liegen: Es entsteht ein Dreiecksnetz durch Unterteilung der sphärischen Dreiecke, die durch Zentralprojektion eines Ikosaeders auf einer Kugel entstehen.	*Ausführung* Erste Ausführungen von geodätischen Kuppeln in den USA gab es unter Verwendung von Stahl- oder Aluminiumprofilen oder -rohren und sehr leichter Eindeckung aus Plasten oder plastbeschichteten Geweben. *Fuller*- oder geodätische Kuppeln haben eine international breite Anwendung gefunden [12.1]. Bildbeispiel **12.19** bis **12.30**

12. Rotationssymmetrische Hallentragwerke

12.2. Kuppeltragwerke

Ausführungsbeispiele, Tafel 12.2

12.4

Bild 12.4 und 12.5, Tafel 12.2
Markthalle in Argenteuil (Frankreich)
Projekt: Büro des Stadtarchitekten in Zusammenarbeit mit *St. du Chateau*
(Fotos: *Chambre Syndicale des Fabricants de Tubes d'Acier*)

12.4
Ansicht

12.5
Schalenmontage

12.5

Tafel 12.2

Tragstruktur- und Tragwerkanalyse
[12.8; 12.9]

Tragstruktur/Geometrie

Tragstruktur
Doppelt gekrümmte Schalenelemente auf Bogenrippen-Wellenkuppel

Geometrie
Durchmesser 30 m

Tragwerk

Wellenkuppel
Selbsttragende 6 bis 7 mm dicke Paraboloidschalensegmente auf 30 gebogenen Stahlrohrrippen

Basiswiderlager
Randlagerung am Fuß auf abgestützten Stahlbetonzugring
Unterbau: eingespannte Stützen

Scheitelwiderlager
Stahlrohrdruckring
GFK: glasfaserverstärkter Kunststoff

Verbindung
Kraftschlüssige Verschraubung der GFK-Elemente im Kehlenstoß

Montage
mit Raupenkran

Eigenmasse
Tragwerkmasse gesamt:
  12 t = 17 kg/m²

12. Rotationssymmetrische Hallentragwerke

12.2. Kuppeltragwerke

Ausführungsbeispiele

12.6

Bild 12.6 bis 12.11 und Tafel 12.3
Nationale Wirtschaftsausstellung in Bukarest (SR Rumänien)

Entwurf: *ARCOM,* Bukarest
(Fotos und Zeichnungen: *Archiv ARCOM*)

12.6
Ansicht

12.7
Übersichten

a) Querschnitt
b) Draufsicht auf ein Dreigurt-Fachwerkrippenpaar

1 Dreigurtfachwerke aus Rohrprofilen; *2* Gelenkfuß; *3* Zugringelemente auf I-Profil, kraftschlüssig mit Gelenkfußanschluß, verschraubt; *4* unterer umlaufender Dreigurtfachwerkträger; *5* über den Belichtungskranz horizontal umlaufender aussteifender Dreigurtfachwerkträger; *6* Pfetten; *7* Lichtkranz; *8* Druckring in Scheitel; *9* Belüftungshaube; *10* horizontal aussteifender Dachplattenkranz der vorgelagerten Galeriegeschosse

12.7

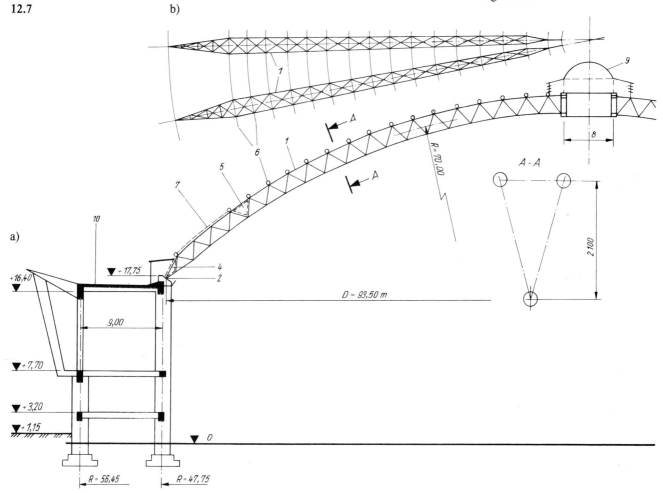

12. Rotationssymmetrische Hallentragwerke

12.2. Kuppeltragwerke

Ausführungsbeispiele, Tafel 12.3

12.8

12.9

12.10

12.11

12.8
Einblick in die Kalotten-Tragstruktur der radial gerichteten Dreigurtfachwerke mit aussteifenden K-Fachwerkverbänden

12.9
Montage des Kuppeltragwerkes mit zentralem abgespanntem Montagemast

12.10
Randausbildung des Widerlagerbereiches

12.11
Detailausbildung des Gelenkfußes der Dreigurtfachwerke

Tafel 12.3
Tragstruktur- und Tragwerkanalyse
[ARCOM]

Tragstruktur/Geometrie	Tragwerk		
Tragstruktur 16 radial gerichtete dreigurtige Fachwerk-Bogenrippen Bogensystemhöhe 2,10 m *Geometrie* Krümmungsradius 70 m Durchmesser 93,50 m Scheitelhöhe 17,50 m	*Stahltragwerk* Gurte aus gekrümmten Rohren mit Ø 146/14 bis 152/18 mm Diagonalstäbe aus Rohren mit Ø 70/6 bis 89/8 mm Pfetten und K-Windverbände aus Stahlrohren, im Bereich der Oberlichter: Holzpfetten Dachhaut: Aluminiumplatten *Widerlager* An der Basis sind die Bogenrippen gelenkig mit dem zugbeanspruchten Stahlbetonring verbunden. Am Scheitel stoßen die Bogenrippen gegen einen druckbeanspruchten Fachwerk-Kastenring mit Ringdurchmesser 5,65 m. Kastenringquerschnitt 600 mm × 2600 mm	*Eigenmasse + Belastung* Kuppeleigenmasse: 120 kg/m² Oberfläche Hängeplattform: 200 kg/m² Nutzlast: insgesamt 4 Einzellasten zu je 50 kN, je Bogen nur eine Einzellast *Varianten der Schneebelastung* symmetrisch und unsymmetrisch mit 1 kN/m² und 2 kN/m² bei Schneesackbildung 4 kN/m² und 8 kN/m² *Windbelastung* Druck und Sog auf je eine Kuppelhälfte: Druck: 0,35 kN/m² Sog: 0,18 kN/m² gleichmäßiger Sog auf Gesamtkuppelfläche: 1 kN/m² Sog zur Berechnung der aufgesetzten Lüftungshaube: 2,3 kN/m² Temperaturdifferenz: ±35 °C seismische Kräfte gemäß Norm P-13-63	*Experimentelle Spannungsanalyse* zur Nachprüfung der Berechnungshypothesen sowie der Werkstoffqualität am Modell 1:25 an der Technischen Hochschule in Timiso und am Modell 1:10 am Forschungsinstitut für Bauwesen INCERC Bukarest *Ziele* Werkstoffprüfung Bestimmung der Fertigungstechnologie der Schweißverbindungen Festlegung der Größen der Montagesegmente Bestimmung der Eigenspannungen Nachprüfung des räumlichen Tragverhaltens des gesamten Tragwerkes

12. Rotationssymmetrische Hallentragwerke

12.2. Kuppeltragwerke

Ausführungsbeispiele

12.12

12.13

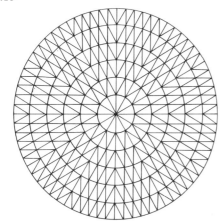

12.14   **12.15**

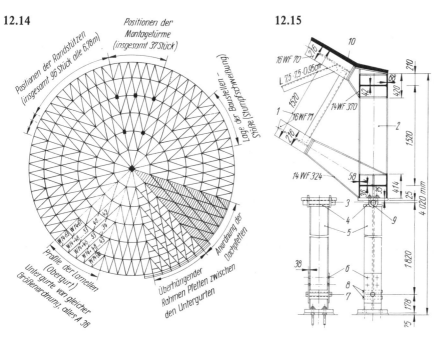

Bild 12.12 bis 12.16 und Tafel 12.4
»Astrodome«: **Harris County Domed Stadium,** Houston, Texas (USA)
Projekt: *Roof Structures, Inc.,* St. Louis, Mo.
Ausführung: *American Bridge Division, U. S. Steel Corp.* Pittsburgh, Pa. (USA)
Architektonische Entwürfe: *Lloyd & Morgan* sowie *Morris, Crain & Anderson*, Houston, Texas (USA)
Beratende Architekten: *Praeger, Kavenaugh* und *Waterbury*, New York (USA)

12.12
Rohbauansicht

12.13
Dachstruktur mit dem Schema der Hauptrippen
Kreisdurchmesser an der Basis
195,58 m

12.14
Zum Vergleich: ähnliche Dachstruktur des »Superdomes« in New Orleans, Louisiana (USA), nach [12.4]

Kreisdurchmesser an der Basis
207,26 m
Gesamthöhe der Lamellenrippen
1,52 m
Mehrzwecknutzung für Versammlungen und Sport bis 103 402 Plätze

12.15
Zugringquerschnitt mit Pendelstütze

1 Gesamthöhe der Lamellen-Hauptradialrippen; *2* Systemhöhe des äußeren Zugbandes; *3* Gelenklager: Walze ⌀ 50 mm mit Säulenkopfplatte; *4* verschweißt; *5* Pendelstütze; *6* hochfeste Schrauben; *7* Walze ⌀ 50 mm mit Basisplatte; *8* verschweißt; *9* [-förmige Sicherungsbügel; *10* Dachplatte

12. Rotationssymmetrische Hallentragwerke

12.2. Kuppeltragwerke

Ausführungsbeispiele, Tafel 12.4

12.16

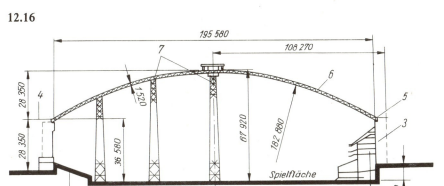

12.16 Schemaquerschnitt

1 stationäre Tribünen; *2* stationäre Tribünen im Haupttribünenteil; *3* Außenfassade; *4* obere Kante Zugband; *5* Zugband; *6* zweilagige Lamellen-Fachwerkträger; *7* Montagetürme

Tafel 12.4

Tragstruktur- und Tragwerkanalyse [12.5]

Tragstruktur/Geometrie	Tragwerk		
Tragstruktur Hauptradialrippen und Meridianringe nach Bild 12.13 teilen die Tragstruktur in zwölf 30°-Sektoren. In jedem Sektor liegen am Zugring 5 weitere Lastabtragungspunkte, die mit fünf Knoten der Hauptrippen verbunden sind. Horizontal wird die Kuppelfläche durch 5 Meridianringe in ein Netz gegliedert. Netzoberfläche besteht aus insgesamt 432 Dreiecken. *Geometrie* Basisdurchmesser 195,58 m Krümmungsradius der Kugelkalotte 182,88 m Mehrzwecknutzung für Versammlungen und Sport 60 000 bis 76 000 Sitzplätze bebaute Grundfläche der Halle einschließlich Nebenanlagen 3,85 ha Parkplatzkapazität 30 000 Pkw und 300 Busse	*Lamellenkuppel* Haupt- und Nebenträger bestehen aus gekrümmten Parallelfachwerken, einer Trägerhöhe von 1,52 m, gleichmäßige Verteilung der Fachwerk-Eigenmasse ohne Zugring 60 kg/m² 12 Hauptfachwerkrippen sowie Nebenträger; Ober- und Untergurt aus Breitflanschträgern mit waagerechtem Steg. Eigenmasse: Obergurt 103 kg/lfm, Untergurt 85 bis 103 kg/lfm. Diagonalen aus ∟-Stahl. Montagelängen 16,7 m, je 2 wurden zusammengeschweißt und montiert. Meridianfachwerkträger haben 9,10 m Knotenabstand. Hauptknoten sind hochfest verschraubt. *Zugring an Kuppelbasis* Zugring als geschweißter Fachwerkträger nach Bild 12.16 ausgebildet Gesamtlänge 614,44 m, unterteilt in 72 Montagesegmente von etwa 8,53 m Länge *Lastabtragung* 72 Pendelstützen	*Berechnungsgrundlagen* Entwurfsberechnung wurde in drei Schritten durchgeführt: 1. überschlägliche Berechnung bei Annahme einer Schale 2. weitere überschlägliche Berechnung auf Grundlage dreidimensionaler Flächenfachwerke 3. statische Berechnung und Dimensionierung der Tragwerkelemente mit Elektronenrechner Nutzlast: 73 kp ≙ 0,73 kN/m² horizontale Windbelastung: 210 km/h als Ergebnis von Windkanaluntersuchungen (48 Versuchskombinationen) Eigenmasse: 146 kg/m² Modellversuche für statische Lastfälle am Modell im Maßstab 1:80 mit Hilfe von 150 Spannungsdehnungsmessern *Montage* Gesamtstahlmasse 8200 t davon: Lamellenkuppel 1950 t Zugring 680 t 37 Montagetürme 450 t 4 Montagekrane 37 Montagetürme mit kopflastigen Spindelpressen - 1 in der Mitte - 24 im Abstand, ⅓ des äußeren Umfanges - 12 im Abstand, ⅔ des äußeren Umfanges	*Montagegrobablauf* 1. Montage der radialen Hauptfachwerkträger danach 2. Montage der Nebenfachwerkträger in jedem Sektor 3. Montage des gegenüberliegenden Sektors Montagezeit: 145 Tage 9 Arbeitskräfte/10 Arbeitstage/Sektor, reduziert am Ende auf 5½ Arbeitstage *Kuppelabdeckung* 4960 lichtdurchlässige, zweilagige Acryl-Kunstharzplatten gewährleisten 50% Lichteinfall. Dachplatten aus 75 mm dicken Holzfaserzementplatten, chemisch imprägniert; mit Glasfasermaterial übersprüht und verklebt, Neoprenaußendichtung *Außenwände* vorgefertigte Stahlbetonfiligrandielen, zwischen den 33,50 m hohen Stützen aufgehängt Funktion: Schattenspender für ⅔ der Wandhöhe + architektonische Wandgliederung *Innenwände* Innenwände mit schalldämmendem Sprühputz

12. Rotationssymmetrische Hallentragwerke

12.2. Kuppeltragwerke

Tafel 12.5 Einfluß der Spannweiten auf Strukturbildung der Segmente für geodätische Kuppeln [12.10]

Aufsicht	Schnitt	Isometrie	Erläuterungen

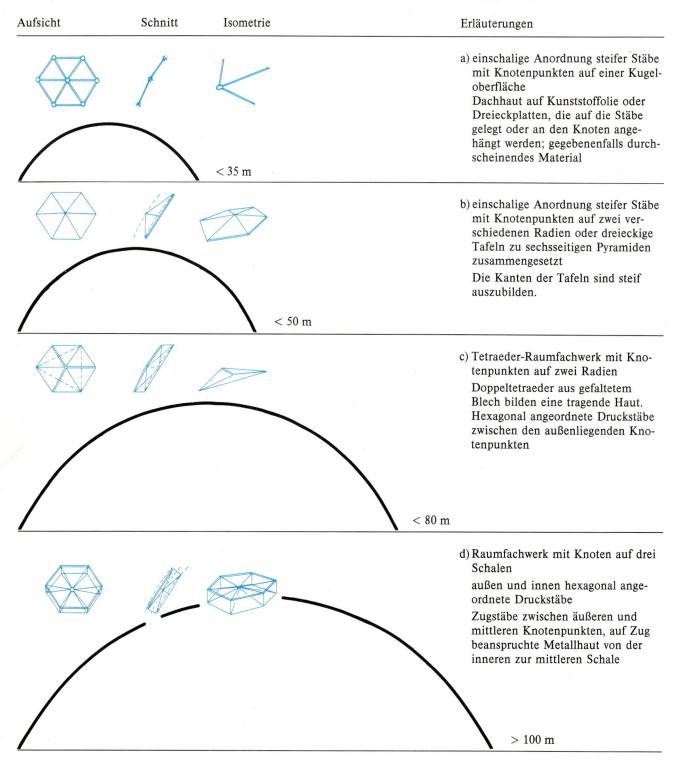

a) einschalige Anordnung steifer Stäbe mit Knotenpunkten auf einer Kugeloberfläche
Dachhaut auf Kunststoffolie oder Dreieckplatten, die auf die Stäbe gelegt oder an den Knoten angehängt werden; gegebenenfalls durchscheinendes Material

b) einschalige Anordnung steifer Stäbe mit Knotenpunkten auf zwei verschiedenen Radien oder dreieckige Tafeln zu sechsseitigen Pyramiden zusammengesetzt
Die Kanten der Tafeln sind steif auszubilden.

c) Tetraeder-Raumfachwerk mit Knotenpunkten auf zwei Radien
Doppeltetraeder aus gefaltetem Blech bilden eine tragende Haut. Hexagonal angeordnete Druckstäbe zwischen den außenliegenden Knotenpunkten

d) Raumfachwerk mit Knoten auf drei Schalen
außen und innen hexagonal angeordnete Druckstäbe
Zugstäbe zwischen äußeren und mittleren Knotenpunkten, auf Zug beanspruchte Metallhaut von der inneren zur mittleren Schale

12. Rotationssymmetrische Hallentragwerke

12.2. Kuppeltragwerke

Ausführungsbeispiele

12.17 a) b)

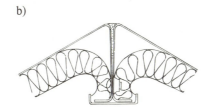

c)

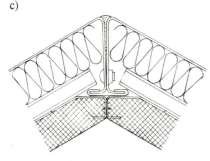

12.17
Varianten der inneren Hüllenverkleidung

a) Brand- und Wärmeschutz durch 30 bis 40 mm dick aufgespritzten Asbestputz (0,17) oder Zellulosefiber (0,13)

b) verbesserter Brand-, Wärme- und Schallschutz durch Glaswollmatten mit Alu-Folie auf der Sichtseite (0,10)

c) sehr gute Brand-, Wärme- und Schallschutzeigenschaften durch zweischalige Ausführung: Sichtfläche Innenraum: Akustikplatten, Plattenunterseite: Wärmedämmatten (0,50)

12.18
Beispiele der Detailausbildung geodätischer Kuppeln nach *TEMCOR GEODESIC SYSTEMS*, Torrance, Cal. (USA)

Schnitt *A-A*: in der Ebene einer Querstrebe
Schnitt *B-B*: Verbindungselement *(14)* mit angenieteten Blechtafeln *(1)*

(Fortsetzung Seite 264)

12.18

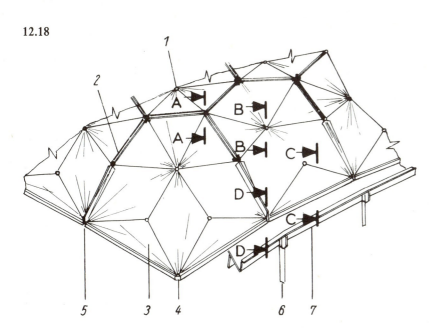

Schnitt *A-A*   Schnitt *B-B*

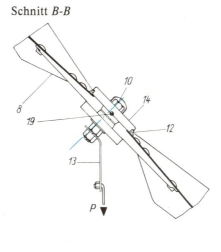

12. Rotationssymmetrische Hallentragwerke

12.2. Kuppeltragwerke

Ausführungsbeispiele

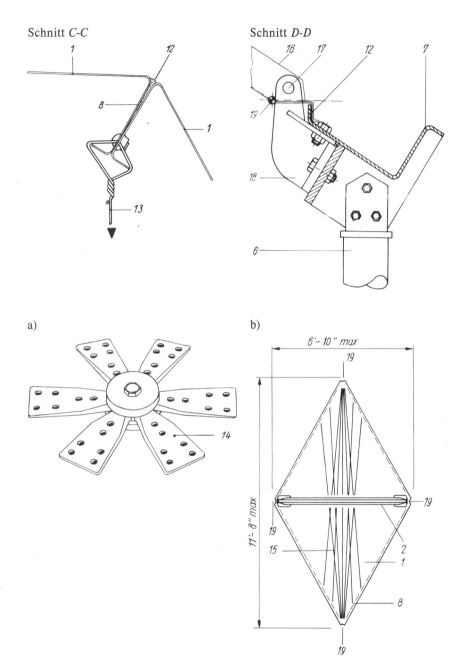

12.18

Schnitt *C-C*: Plattenverbindung an den U-förmig abgekanteten Rändern durch Spezialniete *(11)*. Hänger für geringe Belastungen (z. B. Sprinkleranlagen). Wärmedurchlaß (0,95)

Schnitt *D-D*:

a) sternförmige, sechsarmige Verbindungselemente für 6 Blechtafeln, die an einem Knotenpunkt zusammenstoßen. Verbindungselemente *(14)* = Aluminiumgußstücke

b) rhombenförmige Aluminium-Blechtafeln *(1)* in der Längsdiagonale versteift durch Faltung *(15)*, in der kurzen Querdiagonale versteift durch Querstrebe *(2)*

1 rhombenförmiges Flächenelement aus 2,3 mm dicken Alu-Blechen; *2* Diagonalstreben aus stranggepreßtem Alu-Rohr 100/5 mm; *3* Randplatte; *4* Eckknoten; *5* Randknoten; *6* Pendelstütze; *7* winkelförmiges Randblech = Zugring- + Wasserrinnenfunktion; *8* U-förmig abgekantete Ränder; *9* Knotengußstück mit abnehmbarem Deckel; *10* Knotenschraube mit Muttern; *11* Spezialnieten mit gerillten Schaftenden und Schließkopfkragen; *12* witterungsbeständige Fugenabdichtmasse; *13* Hängerelement zum Befestigen von Beleuchtungskörpern und Lautsprechern. Zulässige Belastung je Knoten 3,4 kN; *14* mehrteiliges Verbindungselement aus Alu-Guß; *15* Mehrfachfaltung in Richtung der Längsdiagonale des Flächenelementes *(1)* dient zur Aussteifung bei Lastableitung; *16* Stützelement; *17* Bolzen; *18* Stahlschuh am Randauflager; *19* Systempunkte

12. Rotationssymmetrische Hallentragwerke

12.2. Kuppeltragwerke

Ausführungsbeispiele

12.19

12.20

12.19

Segmentmontage nach Bild d): Baton Rouge-Kuppel, errichtet 1951. Siehe Bild 12.21

Geodätische Kuppeln in Beton. Rouge, La., und Wood River, Ill. (USA)

Durchmesser: 116 m ≙ 380 ft
Scheitelhöhe: 37 m ≙ 120 ft
bebaute Grundfläche:
10 563 m² ≙ 113 354 sq.ft
innere Kunstlicht-Beleuchtung mit 5000 lx

12.20

Segmentmontage nach Bild c): Wood River-Kuppel, errichtet 1960. Siehe Bild 12.23

(Fotos: 12.19, 12.20 *Union Tank Car Co.*)

12. Rotationssymmetrische Hallentragwerke

12.2. Kuppeltragwerke

Ausführungsbeispiele

12.21

12.22

Bild 12.21 und 12.22
Tankwagen-Reparaturwerk
der *Union Tank Car Co.* in Baton Rouge, La. (USA), erbaut 1960

Projekt: *Battey & Childs,* Chicago, Ill. (USA)

12.21
Gesamtansicht der geodätischen Kuppel mit vorgelagerter halbzylinderförmiger Lackiererei

(Fotos: *Union Tank Car Co.*)

12.22
Mobilkranmontage: Einblick in den Innenraum während der Montage der 9 m breiten Segmente. Bis zum Kraftschluß werden die Segmente unterstützt.

12. Rotationssymmetrische Hallentragwerke

12.2. Kuppeltragwerke

Ausführungsbeispiele

12.23

12.24

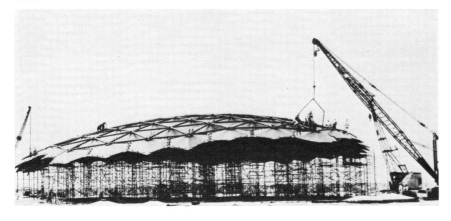

Bild 12.23 bis 12.25
Tankwagen-Reparaturwerk der *Union Tank Car Co.* in Wood River, Ill. (USA), erbaut 1960

Projekt: *Battey & Childs,* Chicago, Ill. (USA)

(Fotos: *Union Tank Car Co.*)

1000 Stahlblechplatten, nur auf Zug beansprucht
2000 Druckstäbe aus Stahlrohr mit Außendurchmesser 150 mm
Eigenmasse: 560 t $\triangleq$ 53 kg/m²

Vereinfachung des Tragwerkes und bewußte Einbeziehung der Kuppelhülle in die Endmontage gegenüber der Kuppel in Baton Rouge

12.23

Kuppelansicht nach Abschluß des Montagehubes. In Bildmitte die vorgelagerte Lackiererei, links daneben ist noch ein Teil der Nylon-Membrane (Pneukissen) erkennbar.

12.24

Teilmontage des zentralen Kuppelbereiches auf einer Rüstung

12.25

Hubschema

1 Luftdruckerzeugerstation; *2* Luftkanal und Zugang; *3* Membrane (Pneu- oder Luftkissen); *4* Teil der Nylon-Membrane, die mit Vergrößerung des inneren Luftdruckes angehoben wird; *5* Halterung der Membrane; *6* Öffnungen in der Membrane; *7* kraftschlüssiger und luftdichter sowie demontierbarer Membranenanschluß an das Tragwerk; *8* äußere Montage-Segmentzone; *9* Segmentansatz; *10* Betonfundamentring; *11* Ventilator zur Regulierung des Luftdruckes

12.25

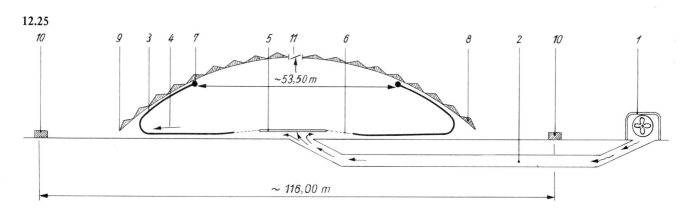

12. Rotationssymmetrische Hallentragwerke

12.2. Kuppeltragwerke

Ausführungsbeispiele

12.26

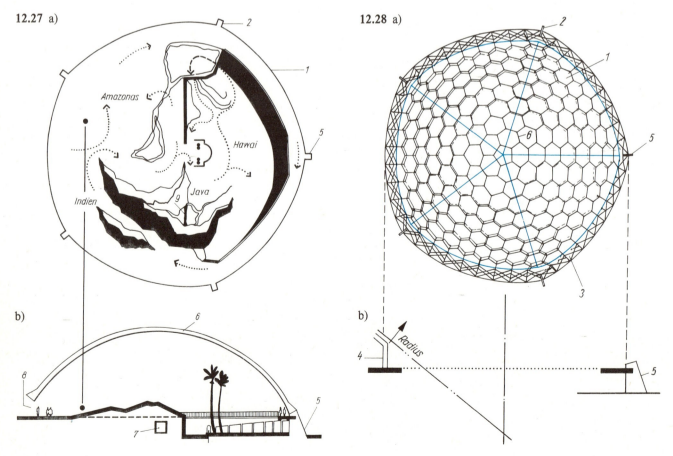

12.27 a) b)

12.28 a) b)

12. Rotationssymmetrische Hallentragwerke

12.2. Kuppeltragwerke

Ausführungsbeispiele, Tafel 12.6

12.29

12.30

Bild 12.26 bis 12.30 und Tafel 12.6
Climatron in St. Louis, Mo. (USA), erbaut 1960
Projekt: *F. W. Went, E. J. Mackey* und *J. D. Murpley*
Tragwerkberechnung: *R. B. Fuller*
(Fotos: *H. H. Schneider*, Munster, Indiana/USA)

12.26
Ansicht Haupteingang

12.27
Schemata
a) Grundrißgestaltung mit der Flora einiger Zonen der Erde
b) Schnitt

12.28
Tragstruktur
a) Aufsicht Pentagon-Grundriß
b) Widerlager

1 Ikosaederteilung; *2* Pentagon-Widerlager; *3* versteifte Randzonen; *4* Abstützung der Randzone; *5* tiefer liegendes Widerlager; *6* zweilagige geodätische Kuppel; *7* Klimakontrollgang; *8* Haupteingang; *9* Wasserfall, siehe Bild 12.29

12.29
Innenansicht

12.30
Transparenter Kuppelausschnitt

1 Dreieckstabzüge der Sprossenhalterung der Plexiglasscheiben (nicht mittragend); *2* elastische Scheiben-Dichtungsbänder; *3* innerer Stabzug; *4* äußerer Stabzug; *5* Verspannung bzw. Stabilisierung der senkrecht übereinanderliegenden Stabzüge *3* + *4*

Tragstruktur/Geometrie	Tragwerk
Tragstruktur zweilagige Hexagon-Oktaeder-Fachwerkstruktur auf Ikosaedergrundlage	*Stabwerk* Stäbe aus Alu-Rohren; Eigenmasse 50 Tonnen ($\varnothing$ 127 + $\varnothing$ 101 mm) und geschmiedete Knoten
Geometrie Systemdurchmesser des Pentagongrundrisses und 53 m Systemscheitelhöhe etwa 21 m überbaute Grundfläche etwa 2 220 m² (Pantheon in Rom etwa 1 500 m²) Krümmungsradius 29,20 m	*Eigenmasse* Alu-Rohre + Knoten + 5 mm dicke Plexiglasscheiben in Rahmen $\triangleq$ 14,7 kg/m² Kuppelfläche
	Belastungsermittlung genaue Lastannahmen durch Windkanal-Untersuchungen

Tafel 12.6

Tragstruktur- und Tragwerkanalyse
[12.8; 12.9]

Anhang

Vorschriften

TGL (Technische Normen, Gütevorschriften und Lieferbedingungen), DDR
ETV Metallbau - Auszug -
Stand: 6/1982

TGL/Ausgabe/Titel:

9310/01   06.76   Gitterroste und Gitterroststufen für Industrieanlagen; Ermittlung der Tragfähigkeit
9310/02   06.76   -; Technische Lieferbedingungen; Arbeitsschutz, Prüfung
9310/03   11.78   -; Einbau
9310/04   06.76   -; Lagesicherungselemente
10685/01 bis 1304.82   Bautechnischer Brandschutz
10215   09.79   ESKD; Zeichnungen für Metallkonstruktionen
12371/01   11.64   Lochanordnung für IE- und UE-Profile
12371/02   04.62   Lochanordnung für ungleichschenklige Winkelstähle nach TGL 9554
12371/03   04.62   Lochanordnung für gleichschenklige Winkelstähle nach TGL 9555
13450/01   09.75   Stahlbau; Stahltragwerke im Hochbau, Berechnung nach zulässigen Spannungen, bauliche Durchbildung
13450/02   03.75   -; -; Berechnung nach dem Traglastverfahren
13450/03   09.78   -; -; Berechnung von Dachpfetten und Wandriegeln
13451   02.64   Stahlbau; Altstahl für Stahltragwerke im Hochbau; Aufbereitung, Verwendung
13454   12.80   ESKD; Sinnbilder für Niete, Schrauben und Lochdurchmesser bei Metallkonstruktionen
13459   09.79   Stahlbau; Anreißmaße (Wurzelmaße) für Profilstähle
13467   09.79   Stahlbau; Lochabstände für ungleichschenklige Winkelstähle nach TGL 0-1029 und ST RGW 255-76
13468   09.79   Stahlbau; Lochabstände für gleichschenklige Winkelstähle nach TGL 0-1028 und ST RGW 104-74
13471   11.69   Stahlbau; Stahltragwerke für Kranbahnen; Berechnung nach zulässigen Spannungen
13471   11.69   -; 1. Änderungsblatt
13474   05.76   Stahlbau; Stählerne Stapelregale; Berechnung, bauliche Durchbildung
13493   06.70   Leichtmetallbau; Leichtmetalltragwerke; Herstellung und Abnahme, vorläufige Richtlinie
13500/01   04.82   Stahlbau; Stahltragwerke; Berechnung, bauliche Durchbildung
13500/02   04.82   -; Erläuterungen, Berechnungsmöglichkeiten
13501   09.64 (E 0580)   Stahlbau; Stahlrohrtragwerke; bauliche Durchbildung
13502   05.77   Stahlbau; Hochfeste Schraubverbindungen; Berechnung, bauliche Durchbildung
13503/01   04.82   Stahlbau; Stabilität von Stahltragwerken, Grundlagen
13503/02   04.82   -; -; Erläuterungen, Berechnungsmöglichkeiten
13504   08.73   Stahlbau; Stahltragwerke; Experimentelle Ermittlung der Tragfähigkeit
13505/01   12.72   Stahlbau; Dünnwandige Tragwerke; Berechnung nach zulässigen Spannungen und bauliche Durchbildung
13510/01   09.75   Stahlbau; Ausführung von Stahltragwerken; Allgemeine Forderungen, technische Unterlagen, Werkstoffe
13510/02   09.75   -; -; Bearbeitung der Einzelteile und Zusammenbau
13510/03   09.75   -; -; Niet- und Schraubverbindungen
13510/04   09.75   -; -; Schweißverbindungen
13510/05   09.75   -; -; Lagerung und Transport
13510/06   09.75   -; -; Montage
13510/07   09.75   -; -; Grenzabweichung für Maße ohne Toleranzangabe; Zulässige Form- und Lageabweichungen
13510/08   09.75   -; -; Korrosionsschutz
13510/09   09.75   -; -; Prüfung und Kontrolle
18730/01   12.81   Korrosionsschutz; Oberflächenvorbehandlung; mechanische Verfahren
18730/02   04.77   -; -; Ausgangszustände, Säuberungsgrade, Beurteilung
18730/03   04.77   -; -; Stufung und Bestimmung der Rauheit
18733/01   07.72   Korrosionsschutz; Feuermetallschutzschichten; Zinkschutzschichten; Technische Forderungen, Prüfung (zeitbegrenzt)
21179/02   03.74   Gärtnerische Produktionsstätten aus Plaste; Stahl-Plast-Gewächshaus Baukastenreihe G 300
22881/14   12.75   Fenster für Gebäude; Einfachfenster aus Stahl
22881/15   12.75   -; Verbundfenster aus Stahl mit zwei Glasebenen
22881/16   12.75   -; Thermoscheibenfenster aus Stahl mit zwei Glasebenen
22881/25   10.81   Fenster für Bauwerke; Stahldachfenster
22890/01   04.73   Drehtüren aus Stahl für Bauwerke; Sortiment, Einbau
22890/02   04.73   -; Technische Lieferbedingungen, Prüfung
22891/01   11.79   Brandschutztüren aus Stahl für Gebäude; Feuerwiderstand fw = 1,5
24889/02   07.74   Verankerungen von Maschinen, Apparaten und Konstruktionen; Verankerung mit Steinschrauben
24889/03   01.73   -; Verankerung mit Bohranker
24889/05   01.74   -; Verankerung mit Ankerbarren
24889/06   09.73 (E 01/80)   -; Verankerungselemente, Ankerbarren
24889/07   09.73 (E 01/80)   -; -; Hammerschrauben
24889/08   11.76   -; -; Verankerung mit Fußplattenanker
25908   02.70   Stahlhochbau, Signieren von Bauteilen
26061   01.72 (E 01/80)   Gewächshäuser; Begriffe; Bautechnische Grundsätze, Lastannahmen
26088/01   10.72   I-Träger, geschweißt, doppeltsymmetrisch; Abmessungen, statische Werte
26088/02   10.72   -; doppeltsymmetrisch, Auswahlreihe
26088/03   10.71   -; Vorzugsreihe für Biegeträger, einfach symmetrisch
26663   07.73   Treppen aus U-Stahlwangen mit Gitterroststufen für Industriebauten; Projektierung, Konstruktion
26664   09.73 (E 11.79)   Geländer aus Stahl; Konstruktion, technische Lieferbedingungen
27341   11.76   Stahlbau; Maste aus Stahl; Flachmaste für Industriebahnen
27367/01   05.75   Kittlose Verglasung; Begriffe, Arten, Bezeichnung, zusätzliche Bestellangaben
27367/02   05.75 (E 05.79)   -; Technische Forderungen
27367/03   05.75   -; Sprossenlänge, -abstände, Gewindestiftabstände, Neigungswinkel
27367/04   05.75   -; Lüftungseinrichtungen
27367/05   05.75   -; Kennzeichnung, Verpackung, Transport, Lagerung
27367/06   05.75   -; Montage
27367/07   05.75   -; Prüfung, Kontrolle
27950   09.73 (E 07.80)   Steigleitern aus Stahl für Bauwerke; Konstruktionen, Technische Lieferbedingungen
29900/01   07.77   Baugerüste; Rohrkupplungsgerüstelemente; Gerüstrohre aus Stahl
29900/02   07.77   -; -; Gerüstkupplungen aus Temperguß; Gerüstfüße aus Stahl
29992/01   06.77   Einsatz von Mineralwolle im Metalleichtbau; Bewehrte Mineralwolleplatten zwischen Pfetten und Dachdeckung
31103   08.81   ESKD; Schablonen und Skizzen für Metallkonstruktionen
31322   12.74   Stahlbau; Wirtschaftlicher Einsatz von Baustählen; Stahlmarkenauswahl
31352/01   10.77   Raumstabwerk aus Stahl »Typ Weimar«; Lösbare Knotenverbindung
31352/02   10.77   -; Knotenelemente
31352/03   10.77   -; Rohrköpfe
31352/04   10.77   -; Unterlegscheiben, Schraubenbolzen und Sechskantschrauben
31352/05   10.77   -; Schlüsselmuffen und Gewindestifte
31352/06   10.77   -; Kontrollstifte
32457/01   01.77   Hochregallager; Begriffe, geometrische Forderungen
32457/02   01.77   -; Stahlkonstruktion für Regalhäuser mit Nennstapelhöhe 12 m
32457/03   02.79   -; Stahlkonstruktion für Palettenregale Form A mit einer Nennstapelhöhe ab 10 m
32458   10.76   Gewächshäuser und Verbindungsgänge in Stahl-Glas-Ausführung
34099   04.78   Stahlbau; Konenverankerung für vorgespannte Drahtseile
35043/01   11.79   Türen, Tore, Luken, Klappen und Zargen aus Stahl für Gebäude; Begriffe, Formen
35043/02   11.79   -; Technische Bedingungen, Prüfungen
35046   10.79   Baugerüste, Baugerüstelemente aus Stahl; Allgemeine Forderungen, Prüfung
35048   12.80   Stahlbau; Projektunterlagen für Stahltragwerke
35070   03.81   Stahlbau; Abspann- und Beleuchtungsmaste, 8 bis 20 m
35071   03.81   Stahlbau; Nachspannmaste
37049   05.80   Kaltbiegen von flachgewalztem Stahl auf Abkantpressen und Biegemaschinen

21-8328 10.63 Scheiben mit Lochdurchmesser über 50 mm
21-12005 10.64 Zusammengesetzte Walzprofile; Beanspruchung auf zweiachsige Biegung, Bemessungstafeln
21-12202 08.62 Längen an Gehrungen und Biegungen; Berechnungsgrundlagen
21-12500 10.64 Leichtmetallbau; Leichtmetalltragwerke; Berechnung und bauliche Durchbildung, vorläufige Richtlinie
21-12501 10.64 -; -; Berechnung und bauliche Durchbildung; Stabilitätsfälle, Vorschriften und Richtlinien
21-17001 11.62 Stahlbaukonstruktionen; Bindebleche
21-17002 11.62 -; Binde-Rundstahl
21-19003 07.62 Stahlbaukonstruktionen; Anschlüsse für I-Stahl; Tragwinkel, Tragbleche
21-380334 09.65 Fenster aus Stahl; Senkmutter mit Ansatz
21-380341 09.63 -; Fensterbänder
21-380347 09.63 -; Zungenverschluß; Zubehör, Einzelteile
21-380350 09.63 -; Fensterschnäpper und Schnäppereinschluß
21-380358 09.65 -; Fangscheren; Hauptabmessungen, Anschlußmaße
21-380366 09.63 -; Leistenecke
21-380367 07.65 -; Glashalter
21-381702 02.64 Bandbrücken geschlossen für lichte Breite 3100 bis 6100 mm; Typen, Hauptabmessungen, Kennwerte
21-382862 04.65 Türen aus Stahl; Stahltürprofile Reihe E 40; kaltgeformt
21-382866 08.66 Tore aus Stahl; Stahltorprofile Reihe H 70; kaltgeformt
21-382892 04.66 Stahldrehtore, Stahlschiebefalttore; Konstruktionsarten, Hauptabmessungen, Einsetzarten
21-382902 08.63 Stahlhochbau; Laufstege bis 10 m Stützweite; Hauptabmessungen, Bemessung
200-0599/01 07.64 Stahlgittermaste für Freileitungen bis 20 kV 50 Hz und Fahrleitungen; Mastschäfte
200-0599/02 07.64 Stahlgittermaste für Freileitungen bis 20 kV 50 Hz und Fahrleitungen; Querträger
0-4118 01.63 Fördergerüste für Bergbau; Lastannahmen und Berechnungsgrundlagen
ST RGW 366-76 12.76 Einheitliches System für Konstruktionsdokumentation des RGW; Ausführung von Zeichnungen für Metallkonstruktionen

Katalogwerk Bauwesen, Bauakademie der DDR
Kataloge des Zuordnungsbereiches »M« (Erzeugnisse des Metallbaus) - Auszug -

Katalog/Titel:

M 7301 PWV Kranbahnträger für Zweiträgerbrückenkrane, Achsabstand 6000 mm
M 7302 PWV Kranbahnträger für Einträgerbrückenkrane, Achsabstand 6000 mm und 12 000 mm
M 7303 PWC Bunker aus Stahl für Schüttgüter
M 7304 PEG Gitterroste aus Stahl für Industrieanlagen
M 7735 PET Dreh- und Schiebefalttore aus Stahl
M 7401 PET Luken und Klappen aus Stahl
M 7403 PET Elastik-Pendeltüren aus Stahl
M 7704 PET Türen aus Stahl in Verbundbauweise
M 7405 PET Schiebetüren aus Stahl
M 7407 PET Hubschwingtore aus Stahl
M 7408 PET Garagenschwingtore aus Stahl
M 7410 PET Wärmegedämmte Dreh- und Schiebefalttore aus Stahl
M 7411 PET Schalldämmende Türen und Tore aus Stahl
M 7713 PEA Fassadenelemente, 1200 und 1800 mm Systembreite
M 7414 PEF Verbundfenster aus Stahl mit zwei Glasebenen
M 7415 PEF Thermoscheibenfenster aus Stahl mit zwei Glasebenen
M 7416 PEF Einbauflügel aus Stahl für Betonfenster
M 7601 PEF Einfachfenster aus Stahl
M 7704 PET Türen aus Stahl in Verbundbauweise
M 7706 PET Einwandige einseitig glatte Drehtüren aus Stahl
M 7719 PEF Fensterrahmenelemente aus Stahl für Außenwände aus Gasbeton
M 7720 PET Tür- und Torgewände aus Stahl für Gasbeton-Außenwände
M 7735 PET Dreh- und Schiebefalttore aus Stahl
M 7812 PEG Gitterroste und Gitterroststufen für Industrieanlagen
M 7816 PEF Einbauflügel aus Stahl für Betonfenster
M 7823 PWV Kranbahnträger für Einträgerbrückenkrane 6000 mm
M 7824 PWV Kranbahnträger für Zweiträgerbrückenkrane 6000 mm
M 7825 PWV Kranbahnträger für Einträgerbrückenkrane 12 000 mm
M 7826 PWV Kranbahnträger für Zweiträgerbrückenkrane 12 000 mm
M 7837 PEF Dachfenster aus Stahl
M 7838 PEJ Jalousien- und Vogelschutzgitter aus Stahl für Lüftungszwecke
M 7840 MRA Querrahmen-Steckgerüst »QSG 300«
M 7917 GWA Außenwände »Leichte Außenwände« MLK-Vorhangwand KV III
M 8009 PET Schutzraumtüren und -klappen aus Stahl
M 8018 PEF Tragende Fensterelemente mit Thermoverglasung für Gasbetonaußenwände
M 8034 PET Brandschutztüren aus Stahl
M 8042 PET Brandschutzklappen aus Stahl

Werkstandards des VEB Metalleichtbaukombinat, DDR, mit dem Symbol MLK-S - Auszug - Stand 12/1981

MLK-S/Ausgabe/Titel:

0101 02.74 Metalleichtbau; Blitzschutz und Erdung
0102 06.77 Kranarbeiten unter Windeinflüssen
1001/03 06/75 Stahlbautechnische Projekte; Korrosionsschutz
1301/01 08.78 Stahlbau; Tragfähigkeit von Schrauben; Festigkeitsklasse 4.6, 5.6 und aus KT 45-2
1301/02 04.79 -; -; Festigkeitsklasse 8.8, 10.9 und 12.9
1302 10.74 (E 04.80) Stahltragwerke bei hohen Temperaturen: Berechnung, bauliche Durchbildung
1402 09.72 I-Träger, geschweißt, doppeltsymmetrisch; Auswahlreihe
1403 10.74 Kastenprofile aus Blech
1404/01 05.74 Trägeranschlüsse, gelenkig, mit Anschlußblech
1404/02 02.76 Trägeranschlüsse, gelenkig, an Stützen
1404/03 12.79 Trägeranschlüsse, gelenkig, mit Anschlußwinkel
1406 10.74 Stützen- und Riegelstöße; Biegesteife Laschenstöße
1407 10.74 Gelenkige Stützenfüße
1411 05.74 Treppen aus U-Stahlwangen mit Gitterroststufen für Industriebauten
1412 01.74 Geländer aus Stahl
1413 01.74 Steigleitern aus Stahl
1415 03.75 Blechabdeckungen, -stufen
1417 10.74 Sicherheitsschranken, selbstschließend
1408 Eingespannte Stützenfüße
1501/01 05.72 Stahlbau; Zeichnungs-Vordrucke; Formate A0 bis A2
1503 12.73 Stahlbau; Zeichnungssystem; Ausführungsunterlagen
1503/02 08.76 Zeichnungssystem; Ausführungsunterlagen für Feinstahlbau
3301 01.77 Korrosionsschutz im Stahlbau; Verbindungsmittel von Schraubverbindungen
3302/01 10.80 -; Korrosionsträge Baustähle; Einsatzbedingungen
3302/02 02.79 -; Zerstörungsfreie Bestimmung der metallischen Dicke und des Dickenverlustes
4301/01 03.80 Anschlagösen aus Stahl, angeschweißt
4401 09.78 Stahlbau; Kennzeichnung der Anschlagpunkte und das Anschlagen von Bauteilen
6901 12.79 Außenwände von Gebäuden; Fassadenelemente, Rahmenelemente aus Stahl
7001 06.77 Türen für Gebäude; Drehtüren aus Stahl in Verbundweise
7701 02.74 Stahlgittermaste; Anschlüsse für Füllstäbe; Konstruktionsblatt
7702 12.73 Maste aus Stahl; Gittermaste für Flutlichtbeleuchtungsanlagen; Sortiment, Hauptkennwerte
7703 12.73 Türme aus Stahl; Gittertürme für Funkanlagen; Sortiment, Hauptkennwerte

DIN (Deutsche Industrienorm), Bundesrepublik Deutschland
DIN-Katalog, DIN Deutsches Institut für Normung e. V. - Auszug - Stand: 12/1981

Bemerkungen:

T: »Teil« steht synonym für »Blatt«
Bbl.: Beiblatt zur Norm
ISO: Deutsche Norm, in die eine internationale Norm der ISO unverändert übernommen wurde
(Eu): Europäische Norm, deren Deutsche Fassung den Status einer Deutschen Norm erhalten hat
(ES): Spanisch
(Fr): Frankreich

DIN/Ausgabe/Titel:

Bauingenieurwesen DK 624
1055 T1 bis T6, T45 Lastannahmen für Bauten
1080 T1 bis T4 Begriffe, Formelzeichen und Einheiten im Bauingenieurwesen; Grundlagen
4112 9.80 Fliegende Bauten; Richtlinien für Bemessung und Ausführung

271

4114 T1 bis T2   Stahlbau; Stabilitätsfälle (Knickung, Kippung, Beulung); Berechnungsgrundlagen, Vorschriften
4119   7.57   Bauten in deutschen Erdbebengebieten; Richtlinien für Bemessung und Ausführung

Ingenieurhochbau DK 624.9
1050   6.68   Stahl im Hochbau; Berechnung und bauliche Durchbildung (Eu)
4113 T1 und T2   5.80   Aluminiumkonstruktionen unter vorwiegend ruhender Belastung; Berechnung und bauliche Durchbildung
4134   7.80   Tragluftbauten; Berechnung, Ausführung und Betrieb

Stahlbau
4100   12.68   Geschweißte Stahlbauten mit vorwiegend ruhender Belastung; Berechnung und bauliche Durchbildung (Eu)
4115   8.50   Stahlleichtbau und Stahlrohrbau im Hochbau; Richtlinien für die Zulassung, Ausführung, Bemessung (Eu, Fr)
4132   02.80   Kranbahnen; Stahltragwerke, Grundsätze für die Berechnung bauliche Durchbildung und Ausführung
8565   3.77   Korrosionsschutz von Stahlbauten durch thermisches Spritzen von Zink und Aluminium; Allgemeine Grundsätze (Eu)
18800 T1 02.77   Stahlbauten; Berechnung und Konstruktion, Bauteile mit vorwiegend ruhender Belastung; Stabilitätsfälle
55928 T1 bis T9   Korrosionsschutz Stahltragwerke; Grundsätze für die Berechnung, bauliche Durchbildung und Ausbildung

Winkel-Profile
1022   10.63   Stabstahl; Warmgewalzter gleichschenkliger, scharfkantiger Winkelstahl (LS-Stahl), Maße, Gewichte, zulässige Abweichungen (Eu)
1028   10.76   Stabstahl; wie vor, rundkantiger Winkelstahl, Maße, Gewichte, zulässige Abweichungen, statische Werte (Eu)
1029   7.78   Stabstahl; Warmgewalzter, ungleichschenkliger, rundkantiger Winkelstahl; wie vor (Eu)
59370   7.78   Blanker, gleichschenkliger, scharfkantiger Winkelstahl; wie vor (Eu)

T-, I-, U- und Z-Profile
1024   10.63   Stabstahl; Warmgewalzter, rundkantiger T-Stahl, Maße, Gewichte, zulässige Abweichungen, statische Werte (Eu)
1025 T1 bis T5   Formstahl; Warmgewalzte I-Träger, schmale I-Träger, I-Reihe; IPB- und IB-Reihe; Breite I-Träger, leichte Ausführung; Verstärkte Ausführung, IPBV-Reihe; Mittelbreite I-Träger; wie vor (Eu)
1026   10.63   Stabstahl, Formstahl; Warmgewalzter, rundkantiger U-Stahl; wie vor (Eu)
1027   10.63   Stabstahl; Warmgewalzter, rundkantiger Z-Stahl; wie vor (Eu)
59051   10.63   Stabstahl; Warmgewalzter, scharfkantiger T-Stahl mit parallelen Flansch- und Stegbreiten (TPS-Stahl); wie vor (Eu, ES)

Stahlfenster - Profile
4444   6.60   Stahlfenster-Profile, gewalzt, Reihe B 48; Maße und statische Werte

Wände, Verbände, Dächer DK 69.022/.024
16725   5.76   Kunststoff-Dachbahnen; Überwachung
16730   5.76   wie vor; Dachbahnen aus PVC weich; nicht bitumenbeständig, trägerlos; Anforderungen, Prüfung
16731   5.76   wie vor; Dachbahnen aus Polyisobutylen (PIB); wie vor
16732 T1 und T2   5.76   wie vor; Dachbahnen aus Äthylencopolymerisat-Bitumen (ECB), einseitig kaschiert und nicht kaschiert; Anforderung, Prüfung
16733 T1 und T2   12.76   wie vor; Dachbahnen aus chlorsulfoniertem Polyäthylen (CSM), bitumenbeständig; wie vor
18202 T1 und T5   Meßtoleranzen im Hochbau
18223 T1   12.57   Tür- und Toröffnungen für den Industriebau; Rohbau-Richtmaße
18516 T1 und T2   1.76   Außenwandbekleidungen; Bekleidung, Unterkonstruktion und Befestigung, Anforderungen
18530   12.74   Massive Deckenkonstruktionen für Dächer; Richtlinien für Planung und Ausführung

Decken, Fußböden, Treppen, Schächte DK 69.025/.027
24530   5.78   Treppen aus Stahl; Konstruktionsrichtlinien
24531   3.70   Trittstufen zu Stahltreppen
24531   5.78   Trittstufen aus Gitterrost für Treppen aus Stahl
24532   5.78   Senkrechte ortsfeste Leitern aus Stahl

Türen DK 69.028.1
18082 T1 und T2   12.78   Feuerschutzabschlüsse; Stahltüren
18230   Baulicher Brandschutz im Industriebau
18240 T1 bis T4   12.62   Stahltüren für den Industriebau

Fenster, Fensterläden DK 69.028.2/.3
18055   12.80   Fenster; Fugendurchlässigkeit, Schlagregensicherheit und mechanische Beanspruchung; Anforderungen und Prüfung
18056   6.66   Fensterwände; Bemessung und Ausführung
18059 T1   4.61   Stahlfenster; Ausführung, Flügelarten
18073   8.79   Rollabschlüsse, Jalousien, Rollos und Markisen im Bauwesen

Anordnung und Lage der Bauwerke DK 69.03
18032 T1   7.75   Sporthallen; Hallen für Turnen und Spiele; Richtlinien für Planung und Bau
18202 T4, Bbl 1   6.74   Meßtoleranzen im Hochbau; Abmaße für Bauwerksabmessungen
18228 T1 bis T3   Gesundheitstechnische Anlagen in Industriebauten

Anlage und Bauweise von Bauwerken DK 69.05
4172   7.55   Meßordnung im Hochbau (Eu, ES)
4421   2.80   Traggerüste; Berechnung, Konstruktion und Ausführung
4422   3.77   Fahrbare Arbeitsbühnen (Fahrgerüste); Berechnung, Konstruktion, Ausführung, Gebrauchsanweisung
18225   2.79   Industriebau; Verkehrswege in Industriebauten

Schutz von Bauwerken gegen Feuer, Witterungseinflüsse usw. DK 699.8
4102 T1 bis T8   Brandverhalten von Baustoffen und Bauteilen (Eu)
4108 T1 bis T5   Wärmeschutz im Hochbau (Eu)
4109 T1 bis T6   Schallschutz im Hochbau (Eu)
4117   11.60   Abdichtung von Bauwerken gegen Bodenfeuchtigkeit; Richtlinien für die Ausführung (Eu)
4122   3.78   Abdichtung von Bauwerken gegen nichtdrückendes Oberflächenwasser und Sickerwasser mit bituminösen Stoffen, Metallbändern und Kunststoff-Folien; Richtlinien
4123   5.72   Gebäudesicherung im Bereich von Ausschachtungen, Gründungen und Unterfangungen
4149 T1   12.76   Bauten in deutschen Erdbebengebieten; Lastannahmen, Bemessungen und Ausführung üblicher Hochbauten
18195 T1 bis T10   Bauwerksabdichtungen
18230 T1 und T2   8.78   Baulicher Brandschutz im Industriebau
48803   1.80   Montagemaße für Blitzschutzanlagen

Architektur DK 72
277 T1 und T2   Grundflächen und Rauminhalte von Hochbauten
11535 T1   7.74   Gewächshäuser; Grundsätze für Berechnung und Ausführung
11536   7.74   Gewächshaus in Stahlkonstruktion, feuerverzinkt, 12 m Nennbreite
18032 T1 bis T6   Sporthallen
18036 T1   5.80   Eissportanlagen; Hallen für den Eissport, Grundlagen für Planung und Bau
18038   7.80   Sporthallen; Squash-Hallen, Grundlagen für Planung und Bau
18225 Bbl 1   2.79   Industriebau; Verkehrswege in Industriebauten, Vorschriften

Darstellung, Sinnbilder
6   3.68   Darstellungen in Zeichnungen; Ansichten, Schnitte, besondere Darstellungen (Eu)
15 T1 und T2   Linien in Zeichnungen (Eu, ES)
27   3.67   Darstellung von Gewinden, Schrauben und Muttern (Eu, ES)
30 T1 bis T4   12.70   Zeichnungen; Vereinfachte Darstellungen (Eu)
30 T5 bis T8   Vereinfachte Angaben in technischen Unterlagen
201   2.53   Zeichnungen; Schraffuren und Farben zur Kennzeichnung von Werkstoffen (Eu, ES)
406 T1 bis T4   Maßeintragung in Zeichnungen (Eu)
407 T1   7.59   Sinnbilder für Niete, Schrauben und Lochdurchmesser bei Stahlkonstruktionen
1034   1.67   Zeichnungen für Stahl- und Leichtmetallbau; Darstellung, Meßeintragung (Eu)
1912 T5 und T6   2.79   Zeichnerische Darstellung, Schweißen, Löten; Grundsätze für Schweiß- und Lötverbindungen, Symbole; Grundsätze für die Bemaßung
6774 T1   7.79   Technische Zeichnungen; Ausführungsregeln, vervielfältigungsgerechte Ausführung
6774 T1 Bbl 1   6.79   wie vor; Ausführungsregeln, Stichwortverzeichnis

6774 T1 02   7.76   wie vor; Ausführungsrichtlinien, Symbole für Form- und Lagetoleranzen
6790 T1   12.80   Wortangaben in technischen Zeichnungen; Einzelangaben
ISO 128   8.77   Technische Zeichnungen; Grundregeln für die Darstellung (Eu, Fr)
ISO 5261   12.77   Technische Zeichnungen für Metallbau (Eu, Fr)

Sowjetische Baunormen und Vorschriften, UdSSR - Auszug - Stand 12/1981

Norm/Ausgabe/Titel:

SNiP II-2-80   18. 02. 80 Nr. 196   Brandschutznormen für die Projektierung von Gebäuden und baulichen Anlagen
SNiP II-5 (Entwurf)   Baukonstruktionen und Gründungen; Projektierungsgrundsätze
SNiP II-6-74   08. 02. 74 Nr. 16   Lasten und Einwirkungen
SNiP II/7 (Entwurf)   Bauen in Erdbebengebieten
SNiP II-8-78   24. 07. 78 Nr. 137   Gebäude und bauliche Anlage in Bergbaugebieten
SNiP II-9-78   25. 04. 78 Nr. 64   Ingenieurmäßige Erkundungen für das Bauen; Grundsätze
SNiP II-15-74   18. 10. 74 Nr. 214   Gründungen für Gebäude und bauliche Anlagen
SNiP II-21-75   24. 11. 75 Nr. 196   Beton- und Stahlbetonkonstruktionen
SNiP II-23-81   14. 08. 81 Nr. 144   Stahlkonstruktionen
SNiP II-24-74   22. 07. 74 Nr. 154   Aluminiumkonstruktionen
SNiP II-26-76   31. 12. 76 Nr. 226   Dächer
SNiP II-28-73   17. 04. 75 Nr. 57   Korrosionsschutz für Baukonstruktionen
SNiP III-18-75   20. 10. 75 Nr. 181   Metallkonstruktionen
SNiP III-20-74   18. 07. 74 Nr. 151   Dachdeckung, Feuchtigkeitsschutz, Dampfsperre und Wärmedämmung
SNiP III-21-73   20. 12. 73 Nr. 262   Außendeckenschichten für Baukonstruktionen
SNiP III-23-76   08. 09. 76 Nr. 146   Korrosionsschutz für Baukonstruktionen und bauliche Anlagen

Norm GOST/Schl.-Nr./Titel

4.253-80   21 80 54   SPKP; Bauwesen; Stahlkonstruktionen; TWK
5272-68   28 80 54   Metallkorrosion; DEFJ
14350-80   02 15   Gebogene Leichtprofile; DEFJ
1133-71   02 15   Runder und quadratischer Schmiedestahl; Sortiment
5157-53   02 15   Walzstahl; Profile für verschiedene Zwecke; Sortiment
23118-78   21 25   Metallbaukonstruktionen; ALLG
23119-78   21 25   Geschweißte Stahlbinder mit Doppelwinkeln für Industriebauten; TL
24434-80   21 80 54   Sandwichplatten mit Schaumplastwärmedämmung, für Gebäudewände und -decken; Schaumplaste; Bestimmung des Schrumpfens

Kurzzeichen

TWK - Technisch-ökonomische Kennziffern, Kennwerte, Hauptkennwerte, Parameter, Hauptparameter
DEFJ - Definition, Terminologie, Begriffe, Grundbegriffe
ALLG - Allgemeine technische Bedingungen, Allgemeine technische Forderungen, Grundlegende Vorschriften
TL - Technische Bedingungen, Technische Forderungen, Liefer- und Abnahmevorschriften
SPKP - Kennziffernsystem der Erzeugnisqualität

Literaturverzeichnis

[1.1] *Henn, O.; Lindner, W.:* Bauten der Technik. Berlin 1927
[1.2] *Kreidt, H.:* Die baulichen Anlagen der Berliner Industrie. Berlin (West): Technische Universität, Fakultät für Architektur, Diss., 1968
[1.3] *Rothe; Mirus; Christoph; Schmitz; Schlunk:* Die Umgestaltung der Leipziger Bahnanlagen durch die Preußische und die Sächsische Staatseisenbahnverwaltung. Zeitschrift für Bauwesen (1922) 1–3, S. 134–156
[1.4] *Scharnow, C.:* Die neue Luftschiffhalle in Friedrichshafen. Der Stahlbau. Berlin (1930) 6, S. 61–68
[1.5] *Bernhard, K.:* Die neue Halle der Turbinenfabrik der Allgemeinen Elektrizitäts-Gesellschaft in Berlin. Zentralblatt der Bauverwaltung. Berlin (1910) 5 (Januar), S. 25–28
[1.6] *Hammacher, R.:* Stahl im Hochbau in: Hütte, Bd. III. 27. Aufl. Berlin: Verlag von W. Ernst u. Sohn 1951, S. 484–524
[1.7] Stahlbauten in Berlin. Dokumentation. Deutscher Stahlbau-Verband (DSTV), Institut für Internationale Architektur
[2.1] *Büttner, O.; Stenker, H.:* Metalleichtbauten Bd. 1. Ebene Raumstabwerke. Berlin: VEB Verlag für Bauwesen 1971
[2.2] *Kostjukovskij, M. G.; Calalichin, M. S.; Zamaraev, A. V.:* Ėkonomija proizvodstvennoj ploščadi pri ukrupnenii setki kolonn odnoėtažnych zdanij (Die Einsparung an Produktionsfläche bei Vergrößerung des Stützenrasters eingeschossiger Gebäude). Promyšlennoe stroitel'stvo, Moskva 43 (1966) 1, S. 12–15
[2.3] *Büttner, O.; Stenker, H.:* Rasteruntersuchungen ausgesuchter Industriezweige. Analyse im Auftrag des VEB Metalleichtbaukombinat, Leipzig, 1976
[2.4] *Guhl, P.:* Zur Prognose der funktionellen Entwicklung eingeschossiger Industriegebäude. Bauplanung-Bautechnik 22 (1968) 10, S. 469–472
[2.5] *Mosch; Kossatz:* Betriebseinrichtungen. Bd. 2. Berlin: VEB Verlag Technik 1970
[5.1] La tôle d'acier galvanisée en continu et prélaquée (Stahlblech, durchlaufverzinkt und farbbeschichtet) L'acier pour construire, S. 3 Sondernummer (Periodische Veröffentlichung, herausgeben von *Guy-Laurent Lucas*, Architecte D. L. P. G., Architecte conseil de l'OTUA)
[5.2] *Eisengräber:* Probleme des Korrosionsschutzes. Information. VEB Korrosionsschutz Eisleben
[5.3] Zink als Korrosionsschutz. Zinkberatung e. V. Düsseldorf 1978
[5.4] *Rückriem, W.:* Ökonomische Probleme des Korrosionsschutzes, nach: *Teubner, W.; Lolies, J.; Klube, G.:* Zum Einfluß von Dächern und Außenwänden auf die Funktionstüchtigkeit von Gebäuden aus Metalleichtkonstruktionen. Symposium Dresden 1975 - IAPC »Nutzungsgerechtes Bauen in Stahl- und Stahlverbundbau«, S. 1–7
[5.5] *Lisowski, B.; Walczykiewicz, R.:* Korrosionsschutzgerechtes Konstruieren (1977), unveröffentlicht
[5.6] *Glas, D.:* Korrosionsschutzgerechtes Konstruieren (1977), unveröffentlicht
[5.7] Stahlhochbau. Richtlinien für Projektierung und Konstruktion. Feuerverzinkungsgerechtes Projektieren, Konstruieren, Fertigen im Stahl-, Metalleicht- und Feinstahlbau. Richtlinie D 1 Leipzig: VEB Metalleichtbaukombinat, Forschungsinstitut 1975
[5.8] Verzinkungsgerecht Konstruieren. Feuerverzinken - Der »Jahrzehnte-Korrosionsschutz« Hagen (BRD); Beratung Feuerverzinken, Nr. 6, S. 14–15
[5.9] *Winterfeld, R.:* Konstruieren mit Stahlleichtprofilen. Leipzig; Deutscher Verlag für Grundstoffindustrie 1974
[6.1] Eingeschossige Mehrzweckgebäude, Baukastensystem Metalleichtbau/Mischbau, AA 12 000 mm; AA 6 000 mm. VEB Metalleichtbaukombinat, Projektierungsbetrieb Plauen. Informationskatalog, 2. Überarbeitung, Ausgabe 2/1976
[6.2] *George, K.:* Methodische Hinweise zur Nutzeffektsermittlung für neue Erzeugnisse. Forschungsbericht Abt. Soz. Betriebswirtschaft, Ingenieurhochschule Cottbus, Jan. 1982
[6.3] *Grünberg, D.; Thomas, S.:* Beitrag zur Entwicklung von materialsparenden, fertigungs- und montagegerechten Dachkonstruktionen in Metalleichtbauweise. Cottbus: Ingenieurhochschule, Diss. A, 1980
[6.4] TGL 22896/02 Ausg. 6. 75. Asbestmenterzeugnisse, Welltafeln und Formteile
[6.5] TGL 22896/03 Ausg. 5. 79. Asbestmenterzeugnisse, Dachdeckung und Wandverkleidung mit Welltafeln
[6.6] TGL 24290 Ausg. 2. 80. Profilierte Bleche aus Aluminium
[6.7] TGL 35107 Ausg. 1. 80. Profilierte Bleche aus Aluminium. Bedingungen für den Einsatz als Dachdeckung, Wandbekleidung und Tragschicht
[6.8] TGL 28371 Ausg. 6. 75. Stahltrapezprofilbleche, verzinkt und mit organischen Schutzschichten, kalt geformt
[6.9] Einsatz von Ekotal-Trapezprofilblechen als Dach- und Wandelemente. Vorschrift der Staatlichen Bauaufsicht Nr. 10/76. Schriftenreihe Serie Bauaufsicht 1976, S. 101–124
[6.10] TGL 22972/13 Ausg. 12. 75. Stützkernelemente für Bauwerke, Deckschichten aus Aluminiumband, Kernschicht aus Polyurethan-Hartschaumstoff
[6.11] Leichte Mehrschichtelemente, Warmdächer (WD) Polyurethan-Hartschaum mit Aluminiumdeckschichten (Al-PUR-Al). VEB Holzbauwerke Bernsdorf, 1973
[6.12] TGL 22972/17 Ausg. 4. 80. Stützkernelemente für Bauwerke, Deckschichten aus Bandstahl, Kernschicht aus Polyurethan-Hartschaumstoff

[6.13] Stützkernelemente für Bauwerke mit Deckschichten aus Bandstahl, verzinkt, mit organischen Schutzschichten und einer Kernschicht aus Polyurethan-Hartschaumstoff - Herstellung und Anwendung (St-PUR-St-Stützkernelement). Vorschrift der Staatlichen Bauaufsicht Nr. 95/83. VEB Holz- und Leichtbauelemente Leipzig

[6.14] TGL 22980/01 Ausg. 11. 76. Dachelemente mit Tragschicht aus Stahltrapezprofil, Dämmschicht aus Polyurethan-Hartschaumstoff, Deckschicht aus bituminösen Bahnen

[6.15] Dachkassettenplatten, Sl 6000 mm, Katalog B 7711 PED VEB Betonleichtbaukombinat

[6.16] Dachkassettenplatten, Sl 12000 mm, Katalog B 7410 PED VEB Betonleichtbaukombinat

[6.17] Dachplatten aus Gasbeton, Zulassung Nr. 53/79 der Staatlichen Bauaufsicht

[6.18] TGL 21856/01 Ausg. 2. 71. Dachdekenelemente; Dachdeckenplatte aus Stahlbeton eben, Systemlänge 6000 mm

[6.19] TGL 21856/02 Ausg. 11. 79. Dachdekenelemente, Dachkassettenplatten aus Spannbeton, eben, Systemlänge 12000 mm

[6.20] Richtlinie für die Bemessung von Wabenträgern. WTZ Bautechnische Projektierung Berlin, Berlin 1970

[6.21] Stahlhochbau - Richtlinien für Projektierung und Konstruktion, Blatt 16, Wabenträger. VEB Metalleichtbaukombinat, Forschungsinstitut, Leipzig

[6.22] *Hänig, C.-H.:* Der Wabenträger. Bauplanung-Bautechnik, Berlin 21 (1967) 9, S. 437–440

[6.23] MLK-S 1409 Stahlhochbau, Richtlinien für Projektierung und Konstruktion, R-Träger. VEB Metalleichtbaukombinat, Forschungsinstitut, Leipzig

[6.24] TGL 13450/03 Ausg. 9. 78. Stahlbau, Stahltragwerke im Hochbau, Berechnung von Dachpfetten und Wandriegeln

[6.25] Informationskatalog »Eingeschossige Mehrzweckgebäude« Baukastensystem Metalleichtbau/Mischbau, Ausgabe 2/1976. VEB MLK, Projektierungsbetrieb Plauen

[6.26] *Burkhardt, G.:* Beitrag zur wirtschaftlichen Systemwahl statisch bestimmter und statisch unbestimmter Fachwerke unter ruhender Belastung. Dresden: Technische Universität, Diss. A, 1967

[6.27] *Kurt, F.:* Stahlbau, Bd. I, Berechnung und Bemessung der Elemente von Stahlkonstruktionen. Berlin: VEB Verlag Technik, 1974

[6.28] *Chisamov, R.-I.:* Novyje oblegčennyje bloki nokrytij odnoetažnych promyšlennych sdanij (Neue leichte Dachsegmente eingeschossiger Industriegebäude) Promyšlennoe stroitel'stvo, Moskva 1981, 3, S. 30–31

[6.29] *Krzyśpiak, T.:* Konstrukcje stalowe hal (Stahlkonstruktionen der Hallen). Warszawa: Arkady 1976.

[6.30] *Belenja, Je. I.:* Predvaritel'no naprjažennye metalličeskije nesuščije konstrukcii (Vorgespannte Metallkonstruktionen). Moskva: Gosstroiizdat 1963

[6.31] *Hampe, E.:* Vorgespannte Konstruktionen. Bd. 2. Berlin: VEB Verlag für Bauwesen 1965

[6.32] *Ferjenčik, C.; Tocháček, C.:* Vorgespannte Stahlhochbaukonstruktionen in der Tschechoslowakei. Acier-Stahl-Steel 32 (1967) 10, S. 427–458

[6.33] *Jankowiak, W.; Murkowski, W.; Stenker, H.:* Materialökonomie bei vorgespannten Stahlfachwerken. Bauplanung-Bautechnik, Berlin 30 (1976) 11, S. 540–543

[6.34] *Füg, D.* in: Beiträge der 11. Informationstagung Metallbau. Kammer der Technik, Bezirksverband Erfurt 1982

[6.35] *Kowal, Z.:* Wybrane działy z konstrukcji metalowych. Część I i II (Ausgewählte Kapitel aus dem Bereich der Metallkonstruktionen, Teil 1 und 2). Wrocław: Wydawnictwo Politechniki Wrocławskiej 1974

[6.36] *Bogucki, W.:* Budownictwo stalowe (Stahlbauten). Warszawa: Arkady 1976

[6.37] *Mel'nikov, N. P.:* Spravočnik projektirovščika - metalličiskije konstrukcii (Handbuch des Projektanten - Metallkonstruktionen). Moskva: Gosstroiizdat 1980

[6.38] *Augustyn, J.; Śledziewski, E.:* Awarie konstrukcji stalowych (Havarien von Stahlkonstruktionen). Warszawa: Arkady 1976

[6.39] *Büttner, O.; Stenker, H.:* Metalleichtbauten, Bd. 1. Ebene Raumstabwerke. Berlin: VEB Verlag für Bauwesen 1971

[6.40] *Osetinskij, Ju. W.; Shuravljov, A. A.; Stenker, H.; Michael, A.:* Anwendung und Montage von Raumfachwerken als Metalleichtkonstruktionen in der UdSSR. Bauplanung-Bautechnik 35 (1981) 11, S. 519

[6.41] *Ohlemutz, A.:* Stahlfachwerkträger in Kombination mit HP-Schalen. Der Stahlbau (1981) 3, S. 92 und HP roof uses radical frame, forms. Eng. News-Rec., Vol. 205, Nr. 6, 7. 8. 80, S. 16–17

[6.42] *Umemura, H.; Suzuki, E.; Kitamura, H.:* Konstruktion dreidimensionaler Fachwerke. Tokio: Sangyō Tosho 1968

[6.43] Stahltragwerk für Rotterdamer Sportpalast. Bauplanung-Bautechnik, Berlin 26 (1972) 2, S. 101

[6.44] *Passchier, G.; Krijgsmann, A.:* Der »AHOY«-Komplex in Rotterdam (Holland). Ausgezeichnet mit dem Preis 1973 der CFEM. Acier-Stahl-Steel (1974) 1, S. 1–9

[6.45] *Hoesel, L. van:* Das Stahltragwerk des Rotterdamer Sportpalastes. Acier-Stahl-Steel (1971) 4, S. 166–168

[6.46] *Grünberg, D.; Sammet, H.; Poetzsch, K.:* Das Fachwerk 80 - ein vielseitig verwendbares Hallensystem. Informationen des VEB Metalleichtbaukombinat Leipzig 21, (1982) 2, S. 2–9

[6.47] *Grünberg, D.; Thomas, S.:* Entwicklungsstand und Tendenzen der Montage von Dachkonstruktionen in Metalleichtbauweise. Bauplanung-Bautechnik, Berlin 36 (1982) 12, S. 562–565

[6.48] *Riedeburg, K.:* Hinweise zur Berechnung von Dachpfetten und Wandriegeln in Verbindung mit leichten Hüllelementen. Information des VEB MLK, Leipzig 17 (1978) 1, S. 17–28

[7.1] *Vladovskij M. S.; Ljachin V. V.:* O progibe metalličeskich rešetčatych rigelej ram bol'šeproletnych pokrytij (Über die Durchbiegung metallischer fachwerkartiger Rahmenriegel weitgespannter Dächer. Kiev: Stroitel'nye konstrukzii, Vyp. IX, Izd. »Budivel'nik« 1968

[7.2] *Ljachin V. V.:* Issledovanie parametrov vesa i žestkosti skvoznych stal'nych dvuchšarnirnych ram bol'šeproletnych pokrytij (Untersuchung der Gewichtsparameter und der Steifigkeit durchlaufender Zweigelenk-Stahlrahmen weitgespannter Dächer). Charkov: Charkovskij inženerno-stroitel'nyj institut, Diss., 1969

[7.3] *Sammet, H.; Martin, W.; Bernig, H.; Ring H.; Kirsten, W.:* Ein neues Erzeugnis des Metalleichtbaukombinates - die Rahmenhalle 80. Informationen des VEB Metalleichtbaukombinat Leipzig 19 (1980) 2, S. 17–24

[7.4] DDR-Patentschrift WP E 04 B/210698 *Lutteroth, A.; Richter, H.-J.; Rink, H.; Scharsig, R.; Weber, K.:* Verbindung in der Rahmenecke von Trägern. 6 S., 1 Anspruch, 1 Bl. Zeichn.

[7.5] *Beyer, K.:* Die Statik im Stahlbetonbau. 2. Auflage. Berlin: Springer Verlag 1956, S. 737–742

[7.6] *Jankowiak, W.:* Konstrukcje Metalowe (Metallkonstruktionen). Poznań: Wydawnictwo Politechniki Poznańskiej 1978

[7.7] *Krzyśpiak, T.:* Konstrukcje stalowe hal. (Konstruktion von Stahlhallen). Warszawa: Arkady 1976

[7.8] *Augustyn, J.; Śledziewski, E.:* Awarie konstrukcji stalowych (Havarien bei Stahlkonstruktionen). Warszawa: Arkady 1976

[7.9] Feuerverzinkungsgerechtes Projektieren, Konstruieren, Fertigen im Stahl-, Metalleichtbau- und Feinstahlbau. Richtlinie für Projektierung und Konstruktion. VEB Metalleichtbaukombinat, Forschungsinstitut. April 1975

[7.10] *Rickenstorf, G.:* Tragwerke für Hochbauten. Leipzig: BSB B. G. Teubner Verlagsgesellschaft 1972

[7.11] *Kowal, Z.:* Wybrane działy z konstrukcji metalowych, Część I i II (Ausgewählte Kapitel aus dem Bereich der Metallkonstruktionen, Teil 1 und 2). Wrocław: Wydawnictwo Politechniki Wrocławskiej. 1974

[7.12] *Kluge, W.:* Bahnsteighalle für Karl-Marx-Stadt Hbf. Bauplanung-Bautechnik 29 (1975) 8, S. 371–380

[8.1] TGL 13471 Ausg. 11. 69. Stahltragwerke für Kranbahnen. Berechnung nach zulässigen Spannungen

[8.2] DIN 4132 Ausg. 4. 81. Kranbahnen, Stahltragwerke, Grundsätze für die Berechnung, bauliche Durchbildung und Ausführung

[8.3] Merkblatt 154. Entwurf und Berechnung von Kranbahnen nach DIN 4132. Düsseldorf: Beratungsstelle für Stahlverwendung. 1982

[8.4] Autorenkollektiv: Metallbau. Heft 2. Leipzig: Institut für Aus- und Weiterbildung im Bauwesen 1982

[8.5] *Iščenko, I. I.:* Legkie metalličeskie konstrukcii odnoetažnych proizvodstvennych zdanij. Spravočnik proektirovščika. (Metalleichtkonstruktionen eingeschossiger Industriegebäude. Handbuch des Projektanten). Moskva, Strojizdat, 1979

[8.6] *Šereševskij, I. A.:* Konstruirovanie promyšlennych zdanij i sooruženij (Konstruieren von Industriegebäuden und -anlagen). Leningrad, Strojizdat, 1979

[8.7] MLK-S 1407 Ausg. 10. 75. Werkstandard. Gelenkige Stützenfüße. VEB Metalleichtbaukombinat, Forschungsinstitut, Leipzig

[8.8] TGL 24889/01-08. Verankerung von Maschinen, Apparaten und Konstruktionen

[8.9] MLK-S 1408 Ausg. 83. Werkstandard. Eingespannte Stützenfüße. VEB Metalleichtbaukombinat, Forschungsinstitut, Leipzig

[8.10] TGL 112-0315 Ausg. 2/65. Hülsenfundamente für Stahlbetonfertigteilstützen
[8.11] TGL 18730/01 Ausg. 9/77. Korrosionsschutz. Korrosionsschutzgerechte Gestaltung. Allgemeine Forderungen
[9.1] *Grünberg, D.; Sammet, H.; Poetzsch, K.:* Das Fachwerk 80 - ein vielseitig verwendbares Hallensystem. Informationen des VEB Metalleichtbaukombinat, Leipzig 21 (1982) 2, S. 2–9
[9.2] *Grünberg, D.; Thomas, S.:* Entwicklungsstand und Tendenzen der Montage von Dachkonstruktionen in Metalleichtbauweise. Bauplanung-Bautechnik 36 (1982) 12, S. 562–565
[9.3] *Vladovskij, M. S.; Voblych, V. A.; Kamyšanov, V. P.; Rabkin, L. I.; Rožickij, N. M.:* Žestkost' diskov iz profilirovannogo stal'nogo nastila v montažnych blokach pokrytija (Steifigkeit der Platten aus profiliertem Stahlblech in Dachsegmenten). Promyšlennoe stroitel'stvo, Moskva, 1974, 2, S. 42–46
[9.4] *Groth, B.:* Beitrag zur kranlosen Montage von Dachtragwerken des Metalleichtbaues. Cottbus: Ingenieurhochschule, Diss. A, 1982
[9.5] *Bark, H.; Groth, B.; Thomas, S.:* Zur kranlosen Montage im Metalleichtbau. Informationen des VEB Metalleichtbaukombinat, Leipzig, 19 (1980) 1, S. 19–26
[9.6] *Bark, H.; Groth, B.; Lukács, I.; Thomas, S.:* Ein neues Verfahren zur kranlosen Montage von Dachtragwerken in Metalleichtbauweise. Informationen des VEB Metalleichtbaukombinat, Leipzig, 21 (1982) 3/4; 22 (1983) 1, 22 (1982),
[11.1] *Shurawlow, A. A.; Osetinskij, J. W.; Stenker, H.; Michael, A.:* Anwendung von Metall- und Metalleichtbaukonstruktionen im Industriebau der UdSSR. Bauplanung-Bautechnik 34 (1980) 6, S. 264–267
[12.1] *Conrad, W.* und Autorenkollektiv: Wer - Was - Wann? Leipzig: VEB Fachbuchverlag, 1977
[12.2] *Makowski, Z. S.:* Räumliche Tragwerke aus Stahl. Düsseldorf: Beratungsstelle für Stahlverwendung und Verlag Stahleisen m. b. H., 1963
[12.3] *Meyer-Doberenz, G.:* Runde Industriegebäude. deutsche architektur, Berlin, (1971) Heft 2, S. 94–99
[12.4] *Schneider, H. H.:* Der Superdom von New Orleans - die größte Sporthalle der Welt. Der Stahlbau, (1973) Heft 3, S. 71–77
[12.5] *Schneider, H. H.:* Der Astrodome von Houston, Texas. Der Stahlbau, (1966) Heft 6, S. 187–190
[12.6] *Schneider, H. H.:* Das Climatron von St. Louis, Mo. Der Stahlbau, (1967) Heft 4
[12.7] Nach Unterlagen von *R. B. Fuller,* Carbondale, Ill. (USA)
[12.8] Nach Unterlagen von *Chambre Syndikate de Fabricants de Tubes d'Acier,* Paris
[12.9] Aus Rund-Hohlprofile für den Stahlbau, Heft 24. Düsseldorf: Beratungsstelle für Stahlverwendung
[12.10] Nach Unterlagen von *Union-Tank-Car Corporation,* Wood River, Ill. und Baton Rouge, La. (USA)

Sachwörterverzeichnis

Aussteifung (siehe Stabilisierung)

Binderrandstabilisierung 140, 144

Dachdeckung
  Beispiele, internationale 219 bis 227
  Blechdachdeckung 222, 223
  Dachaufsätze 220
  Lichtkuppeln 221
  Warmdachausbildung 225
  Wellasbest-Plattenbefestigung 220
  Wellblech-Plattenbefestigung 220
Dachscheibe, schubfest 185
Dehnfugen in den Wänden 211, 248
Dreigurtfachwerkträger 29

Fachwerke 28
  Abmessungen, geometrische Parameter 84
  Bauschäden 98
  Beispiele, internationale 99 bis 115
  Binderformen 83
  Einsatzkriterien 74
  Entwurfsgrundlagen 74 bis 77
  Konstruktionsbeispiele, DDR 99 bis 108
  Montagesegmente 89
  Stabanschlüsse 71, 85
  Varianten 83, 84, 86 bis 88
Fenster
  Abmessungen, geometrische Parameter 231
  Flügelöffnungssysteme 216
  Rahmen 207
Firstausbildung
  AL-PUR-AL-Dachelemente 203
  Bitumendämmdach 203
  EKOTAL-Trapezprofil-Blechdachplatten 203
  Wellasbestplatten 203

Geländer 70, 238
Grundrißraster, Grundparameter 25

Hallen
  Begriffe 74
  Querschnitte, ein- oder mehrschiffig 107, 117
  Raumeinheiten 74
  Stabilisierungsprinzipien 137, 146, 147
Hüllelemente
  Außenwandarten 196, 197, 218
  Baukörperanschlüsse 192, 193
  Bauphysik 188 bis 190
  Dächer 190 bis 206, 215
  Dachkonstruktion 196
  Dehnfugen 211
  Diffusionsaufsatz 204
  Gebrauchswertanforderungen 188
  Materialien 196, 197
  Prinzipien 197, 198
  Umhüllungsarten 189
  Verglasungen 206 bis 211
  Vorschriften 191
  Wandkonstruktion 194, 195, 199 bis 202, 204 bis 214, 218, 224 bis 229
  Zeichnungsprinzipien 201

Industriehallen
  Ausführungsbeispiele 214 bis 251
  Kranbetrieb 240

Kehlausbildungen, Dachrinnen 205
Koppelkräfte 89
Korrosionsschutz
  Aggressivitätsgrade 63
  Anstriche 60
  konstruktive Regeln 61, 64, 65
  Maßnahmen 57
  Ursachen 56
  Verzinkung 58
  Vorschriften 57
Kranbahnen
  Auflager 160 bis 162, 243
  einschiffige Hallen 228, 241, 242, 244
  Konsolträger 117, 152, 156 bis 158, 251
  Kran 241
  Kranbahnträger 153, 226, 243
  Laufgang 226, 243
  Prellbock 249
  Stabilisierung 137, 151, 152, 162
  Stützen 154 bis 161, 163, 226
  zweischiffige Hallen 152, 226, 245, 246, 248
  Zweiträger-Brückenkran 241
Kuppeltragwerke
  Beispiele, internationale 257 bis 269
  Bogenrippen 257
  Dreigurt-Fachwerkrippenpaare 258
  geodätische Kuppeln 262 bis 269
  Lamellenradialrippen 260
  Tragstrukturen 254 bis 256

Lichtkuppeln 221

Montagetechnologien
  Anschlagpunkte 176, 177
  Ausführungsbeispiele 171
  Baustellenanschlüsse 174
  Dachsegmente 179 bis 184
  Grundlagen 169
  Konstruktionsdetails 170
  kranloser Hub 186
  Kranmontage 179 bis 183
  Lastaufnahmemittel 175
  Montagestöße 173
  Pneukissenhub 267
  Prinzipien 172

Nutzertechnologie 26, 27
  Beleuchtung 49
  Belichtung 49
  Brandschutz 51
  Rauchabzugsanlagen 52
  Wärmeschutz 47

Ortgänge
  AL-PUR-AL-Dach- und Wandelemente 205, 225
  Bitumendämmdach 204
  EKOTAL-Trapezprofilblech-Platten 204
  Wandanschlüsse 204

Pfetten
  Aufgaben 80
  Auflager 82
  Firstausbildung 203
  pfettenlose Tragwerke 86 bis 88, 91, 143
  Pfettentragwerke 86, 91, 108, 144
  Stahleinsatz 79
  statische Systeme 79 bis 80

Rahmen
  Beanspruchungen 119, 120
  Beispiele 127, 130 bis 133, 148
  Doppelrahmenecken 128 bis 130
  dreischiffige Halle 249
  Gestaltung 117
  Grundlagen 117, 118
  Konstruktionsprinzipien 121
  korrosionsschutzgerecht 69
  Montagestöße 118
  Rahmenecken 69, 119, 128 bis 130, 251
    geschraubt 124, 125, 251
    geschweißt 122, 123

Rahmenstiele 70
Tragwerkelemente 117
Vollwandrahmen 126
Raumstabwerke 29
   Segmente 225
   Stabilisierung 147
   TYP RUHLAND 101 bis 104
   Unterspannung 105
Riffelblechabdeckungen 70

Satteloberlichter 217, 246, 248
Sheds 53, 92, 93, 94
   Binder 28, 29
   Verglasung, doppelt kittlos 214, 215
Stabilisierung
   Aussteifung, räumliche 146, 147
   Auswahlkriterien 135
   Portale 247
   Prinzipien 135, 136
   statische Systeme 138 bis 141, 147, 244, 247
Stabnetztonnen 253
Stahlbau
   Begriffe 23
   Belastung 25
   Fertigteilbauweise 25
   Vorteile 23
Stahlhallen
   Ausstellungshallen 21
   Be- und Entlüftung 47, 48
   Einsatzbereiche 23, 24
   Entwicklung 10 bis 20
   Grundlagen 23
   Heizung 47
   Wärmeschutz 47
Stahlleichtprofile
   Kastenprofile 72
   Rohrprofile 72
   Stützenfüße 72
Steigleitern 235 bis 237
Stützen
   Fußeinspannung 165 bis 167
   Fußgelenke 164
   korrosionsschutzgerechtes Konstruieren 65 bis 67
   Kranbahnstützen 154 bis 158
   Stahlgitterstützen 159 bis 161, 226, 242, 245
   Stützenfußausbildung 67, 72
   Stützengrundrißraster 25 bis 29

Technologische Linien 26, 27
Tore
   Abmessungen 231, 232
   Gewände 210
   Hubtor 233
   Rolltor 234
   Torriegel 209
Träger
   Anschlüsse 68, 69
   korrosionsschutzgerechtes Konstruieren 68, 69
   Tragstrukturen 28 bis 32, 244
   Fachwerke, ebene 86, 90 bis 92, 94
   HYPAR 30, 31
   Kugelkalotten mit Stabstrukturen 30, 254 bis 256
   Raumstabstrukturen 29
   Seil-Stab-Strukturen 32
   Sheds 53
   Stabilisierungsprinzipien 142
   Stabnetzkuppeln 30
   Stabnetztonnen 253
   Varianten 77
Tragwerke
   Optimierung 75

Segmente 77
Stabanordnung 81 bis 91
Traufausbildung
   AL-PUR-AL-Platten 202
   Bitumendämmdach 202
   EKOTAL-Trapezprofil-Platten 202
   Wellasbestplatten 202
Traversen, Rohrleitungen 70
Treppen 235, 238, 242
Türen
   Abmessungen 250
   Gewände 210
   Türriegel 209

Überzüge, metallische 59
Unterspannung, Bindertyp Cottbus 228, 229

Verbunddach, pfettenlos 86 bis 88, 91, 143
Vollwandbinder 28
Vorschriften
   DIN 271 bis 273
   Katalogwerk Bauwesen der BA/DDR 271
   sowjetische Baunormen 273
   TGL 270, 271
   Werkstandards des VEB MLK 271
Vorspannung
   Bauschäden 95
   Details 96, 97
   Fachwerke 92, 95

Wandecken 212
Wandplatten 218, 224 bis 227
   AL-PUR-AL-Platten 205
   Aluminium-Trapezprofilband-Platten 196
   Asbestzement-PUR-Asbestzement-Platten 196, 218
   Betonplatten 194, 210
   EKOTAL-Trapezprofil-Platten 196, 204
   Gasbeton 197, 204, 207 bis 210, 218
   Gassilikatbetonwandplatten 194
   Konstruktionsbeispiele 213, 214
   Leichtbeton 197, 204
   Stahl-PUR-Stahl-Platten 206, 209, 227
Wandriegel 194, 195, 201, 202, 205, 206 bis 208, 224, 227, 229
Wandverglasungen
   Lichtbänder 194, 195, 199
   Verglasungen
      doppelt kittlos 207 bis 209
      dreifach kittlos 211
      einfach kittlos 201, 202, 205, 206, 209, 210, 212
Windverbände in Dachebene 145

Zeichnungssysteme
   Ausführungszeichnungen 34
   Darstellungsmittel 44, 45
   Konstruktionszeichnungen 34, 39, 42, 43
   Projektzeichnungen 34 bis 38
   Schablonen 41
   Skizzensysteme 34, 40, 41, 43
Zweckbauten, historische
   AEG-Turbinenhalle 19
   Bahnhofshallen 13 bis 16
   Festhalle in Frankfurt/Main 12
   Jugendstil 11
   Luftschiffhallen 17, 18
   Pariser Weltausstellung 10
   Werkhallen 20
Zweigelenk-Vollwandrahmen 136, 137, 146, 148 bis 150

Bildnachweis

Bild 10.1: *N. P. Mel'nikowa:* Sprawotschik Proektirovschtschika – Metallitscheskie Konstruktzij. Moskau: STROJIZDAT 1980

Bild 10.13 bis 10.16 und 10.23: *Grin, I. N.:* Leichte Hüllelemente für Dächer und Wände. Autorenbeitrag des Charkover Bauingenieurinstitut (CHISI). Charkov (UdSSR) 1982

Bild 10.17, 10.51 und 10.52: *Krzyśpiak, T.:* KONSTRUKCJE STALOWE HAL. Warszawa: ARKADY 1976

Bild 10.20: Autorenkollektiv: Elementy lekkiech przekryć i ścian budynków pzremysłowych. Warszawa: ARKADY 1974

Bild 10.24: Friedhofskapelle Datteln. Architektonische Gestaltung: Hochbauamt der Stadt Datteln (Bundesrepublik Deutschland). Aus: Architekturinformation 1. Bauen mit Titanzink und feuerverzinktem Stahl – Beispiele, Daten, Details. Herausgeber: »Zinkberatung e. V.«, Düsseldorf 1977

Bild 10.25 bis 10.27: Aus Lit. [5.1]

Bild 10.28 und 10.29, 10.45 bis 10.47: *Schereschewsky, I. A.:* Konstruirobanie promyschlennych sdanij i sooruschenij. Leningrad: STROJIZDAT 1979

Bild 10.30 bis 10.38: *Wroblewski, P.; St. Pyrak* und *Z. Wilamowski:* Leichte wärmegedämmte Stahlhallen des Systems MOSTOSTAL. Bauplanung – Bautechnik, Berlin (1975) Heft 6, S. 286 bis 290

Bild 10.39 bis 10.44: Chambre Syndicate de Fabricants de Tubes d'Acier. Paris (Archivbilder)

ISBN 3-345-00007-5

1. Auflage
© VEB Verlag für Bauwesen, Berlin, 1986
VLN 152·905/72/86
Printed in the German Democratic Republic
Gesamtherstellung:
IV/10/5 Druckhaus Freiheit Halle
Lektor: Bärbel Lange
Gesamtgestaltung: Jürgen-Rainer Sterl
DK 816.1
LSV 3745
Bestellnummer: 562 160 1
06800